例題と演習でマスターする
線形代数

大関 清太／遠藤 博 [共著]

森北出版株式会社

● 本書のサポート情報を当社 Web サイトに掲載する場合があります．下記の URL にアクセスし，サポートの案内をご覧ください．

http://www.morikita.co.jp/support/

● 本書の内容に関するご質問は，森北出版 出版部「(書名を明記)」係宛に書面にて，もしくは下記の e-mail アドレスまでお願いします．なお，電話でのご質問には応じかねますので，あらかじめご了承ください．

editor@morikita.co.jp

● 本書により得られた情報の使用から生じるいかなる損害についても，当社および本書の著者は責任を負わないものとします．

■ 本書に記載している製品名，商標および登録商標は，各権利者に帰属します．

■ 本書を無断で複写複製（電子化を含む）することは，著作権法上での例外を除き，禁じられています．複写される場合は，そのつど事前に（社）出版者著作権管理機構（電話 03-3513-6969，FAX 03-3513-6979，e-mail：info@jcopy.or.jp）の許諾を得てください．また本書を代行業者等の第三者に依頼してスキャンやデジタル化することは，たとえ個人や家庭内での利用であっても一切認められておりません．

まえがき

　線形代数は，理工系の学生はもちろんのこと，文科系の学生でも経済学，経営学などでは，必須科目である．そして，多くの大学において，大学1，2年生において履修することになっている．線形代数は，高校で学んだベクトルと行列に直接かかわるが，初学者にとって高校で学習した数学と異なり，敷居の高い抽象的で難しい科目に思われているのではないかと懸念している．線形代数の教科書は，演習書も含めて多数出版されているが，数学の専門書にありがちな，定義，定理，そして証明をただ書き並べてあるだけで，意味は自分で考えるもの，あるいは例題と問題を並べ，解き方だけを書いた問題集がほとんどであるように思う．

　ところで，現代を考えると，科学技術の進歩は目覚ましく，過去の事柄はすぐに忘れ去られ，インターネットによって情報は一瞬にして世界中を駆け回るような忙しい時代である．そのような状況にある学生達の学問に対する考え方も変化して当然のことと思われる．

　このような時代に対応している教科書とは，どのようなものであろうか．筆者らは教科書を，「くわしい定理の証明がなくても，その背景の概念と定理の意味するところがわかり，その理解の上に問題の解き方を学ぶ．特に，高校で学んだ数学が線形代数学によってどのように拡張され，どのような意味を持っているかを丁寧にくわしく書いた本」と解釈した．この解釈のもとで次の点に注意して本書を執筆した．

(1) 定義の意味や定義のされかたがわかりにくいところは，丁寧に説明した（数学の専門書には，えてして定義の説明がないものが多い）．

(2) ベクトル，ベクトル空間の意味は，初学者にとって抽象的でわかりにくい．それを高校で学習した内容の発展としてとらえ，わかりやすく説明した．

(3) 定理は列記してあるが，その章の内容を理解するのに必要と思われるところには証明も入れた．

(4) 図をなるべく多用して理解の手助けとした．

(5) 間違えやすい箇所は，注意として説明を加えた．

(6) 例題，問題の解答は，途中の計算を省略せずに丁寧な解答を心がけた．

(7) 演習書としては，大学院入試の線形代数に役立てられる．

以上，本書の執筆目的は，線形代数に関して高校数学と大学数学の段差を簡便に埋めることと，高校で学んだ数学がいかに線形代数により発展させられているかを，理解してもらうことである．

　本書の執筆にあたり，多くの線形代数に関する著書を参考にさせていただいた．この場をお借りして著者の方々に深謝申し上げたい．

　最後に，$\TeX$による膨大な原稿作成の作業にこころよく応じてくれた宇都宮大学工学部技官の神ノ尾淳氏，また編集，校正ではお世話になった森北出版の方々にお礼申し上げたい．

2008年3月

著者ら記す

目　　次

第 1 章　行　列 ……………………………………………………………………… 1
　1.1　行　列 ………………………………………………………………………… 1
　1.2　行列の演算 …………………………………………………………………… 2
　　　1　相　等 …………………………………………………………………… 2
　　　2　和と差 …………………………………………………………………… 2
　　　3　実数倍 (スカラー倍) …………………………………………………… 3
　　　4　積 ………………………………………………………………………… 3
　　　5　転置行列 ………………………………………………………………… 4
　　　6　正方行列と行列の分割 ………………………………………………… 7
　1.3　いろいろな正方行列 ………………………………………………………… 10
　　　1　対称行列 ………………………………………………………………… 10
　　　2　交代行列 ………………………………………………………………… 10
　　　3　直交行列 ………………………………………………………………… 12
　　　4　行列のべき ……………………………………………………………… 14
　　　5　正則行列 ………………………………………………………………… 16
　章末問題 1 ………………………………………………………………………… 17

第 2 章　行列式 ……………………………………………………………………… 18
　2.1　置　換 ………………………………………………………………………… 18
　　　1　恒等置換 ………………………………………………………………… 18
　　　2　逆置換 …………………………………………………………………… 18
　　　3　置換の合成 ……………………………………………………………… 19
　　　4　互　換 …………………………………………………………………… 19
　　　5　巡回置換 ………………………………………………………………… 19
　　　6　置換の符号 ……………………………………………………………… 20
　2.2　行列式 ………………………………………………………………………… 21
　　　1　行列式の性質 …………………………………………………………… 23
　　　2　余因子 …………………………………………………………………… 28
　　　3　クラーメルの公式 ……………………………………………………… 33
　章末問題 2 ………………………………………………………………………… 38

第3章　ベクトル … 41

3.1　ベクトルとベクトル空間 … 41
1. 有向線分 … 41
2. 幾何ベクトル … 41
3. 幾何ベクトルの和と実数倍 … 42
4. ベクトル空間 … 43
5. ベクトル空間の例 … 44
6. 部分空間 … 47
7. ベクトルの1次独立性と1次従属性 … 50
8. 1次独立，1次従属の意味 … 51
9. ベクトル空間の基底と次元 … 56

3.2　線形写像 … 66
1. 写像 … 66
2. 単射，全射，全単射など … 67
3. 線形写像 … 70
4. 線形写像の表現行列 … 73
5. 基底の変換と線形写像の表現行列 … 77
6. 線形写像と次元 … 80
7. 内積 … 82

章末問題 3 … 87

第4章　行列の階数と連立1次方程式 … 89

4.1　行列の階数 … 89
4.2　(m, n) 型連立1次方程式の解き方 … 103
1. 同次 (m, n) 型連立1次方程式 … 103
2. 非同次連立1次方程式 … 106

章末問題 4 … 111

第5章　固有値と固有ベクトル … 113

5.1　固有値と固有ベクトル … 113
5.2　ケーリー・ハミルトンの定理 … 126
5.3　行列の対角化 … 128
5.4　2次形式 … 140
1. 2次形式 … 140
2. 正値2次形式 … 143
3. シルベスターの慣性法則とフロベニウスの定理 … 145

章末問題 5 … 146

演習問題解答 … 148

索引 … 215

第1章 行列

1.1 行列

高校で学んだ行列を思い出そう．

高校で学んだ行列は次に示す形のものであった．

$$\begin{pmatrix} a & b \\ c & d \end{pmatrix}$$

行列を数の組としてとらえると，いろいろな形のものが考えられる．

$$\begin{pmatrix} 1 & 2 & 3 \\ 4 & 5 & 6 \end{pmatrix}, \begin{pmatrix} a & b \\ c & d \\ e & f \end{pmatrix}, \begin{pmatrix} 1 & 2 & 3 & 4 \\ 9 & 10 & 11 & 12 \\ 5 & 6 & 7 & 8 \end{pmatrix}, (2), \cdots$$

これらを一般にして行列の定義を与えると，

$$A = \begin{matrix} & \overbrace{}^{n} \\ & \begin{pmatrix} a_{11} & a_{12} & \cdots & a_{1n} \\ a_{21} & a_{22} & \cdots & a_{2n} \\ \vdots & \vdots & a_{ij} & \vdots \\ a_{m1} & a_{m2} & \cdots & a_{mn} \end{pmatrix} \end{matrix} \Big\} m$$

または簡単に，

$$A = [a_{ij}] \quad (1 \leqq i \leqq m,\ 1 \leqq j \leqq n)$$

とする．

このような数の組を (m,n) **型行列**といい，$A, B, C, \cdots$ などで表し，i 行 j 列の数 a_{ij} を A の (i,j) **成分**という．また，$(1,n)$ 型行列を **行ベクトル** といい，$(m,1)$ 型行列を **列ベクトル** という．

$$A = \begin{pmatrix} a_{11} & a_{12} & \cdots & a_{1n} \\ a_{21} & a_{22} & \cdots & a_{2n} \\ \vdots & \vdots & & \vdots \\ a_{m1} & a_{m2} & \cdots & a_{mn} \end{pmatrix} \longrightarrow \begin{matrix} \boldsymbol{a_1} = (a_{11}\, a_{12}\, \cdots a_{1n}) \cdots \text{第1行目の行ベクトル} \\ \boldsymbol{a_2} = (a_{21}\, a_{22}\, \cdots a_{2n}) \cdots \text{第2行目の行ベクトル} \\ \vdots \end{matrix}$$

第1列目の列ベクトル　　第2列目の列ベクトル

$$\boldsymbol{a'}_1 = \begin{pmatrix} a_{11} \\ a_{21} \\ \vdots \\ a_{m1} \end{pmatrix} \quad \boldsymbol{a'}_2 = \begin{pmatrix} a_{12} \\ a_{22} \\ \vdots \\ a_{m2} \end{pmatrix} \quad \cdots\cdots$$

これらを使って行列 A は，$A = \begin{pmatrix} \boldsymbol{a_1} \\ \boldsymbol{a_2} \\ \vdots \\ \boldsymbol{a_m} \end{pmatrix} = (\boldsymbol{a'_1}\, \boldsymbol{a'_2}\, \cdots\, \boldsymbol{a'_n})$ と書ける (p.9 を参照).

注意 上の列ベクトルを使った行列 A の表示を，各列ベクトルを明確にするために各列ベクトルの間にカンマを入れて $A = (\boldsymbol{a'_1}, \boldsymbol{a'_2}, \cdots, \boldsymbol{a'_n})$ と書くこともある.

1.2 行列の演算

1 相　等

同じ型の行列 $A = [a_{ij}], B = [b_{ij}]$ について

$$A = B \Leftrightarrow a_{ij} = b_{ij} \qquad \text{(同じ位置の成分が等しい，} \Leftrightarrow \text{は同値記号である)}$$

と定義する．たとえば，$(2,3)$ 型について考えると，次のようになる．

$$\begin{pmatrix} a_{11} & a_{12} & a_{13} \\ a_{21} & a_{22} & a_{23} \end{pmatrix} = \begin{pmatrix} b_{11} & b_{12} & b_{13} \\ b_{21} & b_{22} & b_{23} \end{pmatrix} \Leftrightarrow a_{11} = b_{11},\ a_{12} = b_{12},\ a_{13} = b_{13},\ \cdots$$

2 和と差

同じ型の行列 $A = [a_{ij}], B = [b_{ij}]$ について下記のように定義する．

$$A \pm B = [a_{ij}] \pm [b_{ij}] = [a_{ij} \pm b_{ij}] \qquad \text{(同じ位置の成分の和と差)}$$

$$A = \begin{pmatrix} -1 & 2 \\ 3 & 6 \\ 1 & 0 \end{pmatrix}, B = \begin{pmatrix} 0 & 1 \\ -1 & -2 \\ 4 & 5 \end{pmatrix}$$

上記のとき，$A + B$ と $A - B$ は次のように計算する．

$$A+B = \begin{pmatrix} -1 & 2 \\ 3 & 6 \\ 1 & 0 \end{pmatrix} + \begin{pmatrix} 0 & 1 \\ -1 & -2 \\ 4 & 5 \end{pmatrix} = \begin{pmatrix} -1 & 3 \\ 2 & 4 \\ 5 & 5 \end{pmatrix}$$

足す

$$A-B = \begin{pmatrix} -1 & 2 \\ 3 & 6 \\ 1 & 0 \end{pmatrix} - \begin{pmatrix} 0 & 1 \\ -1 & -2 \\ 4 & 5 \end{pmatrix} = \begin{pmatrix} -1 & 1 \\ 4 & 8 \\ -3 & -5 \end{pmatrix}$$

引く

3 実数倍 (スカラー倍)

行列を $A = [a_{ij}]$, λ を実数とするとき下記のように定義する.

$$\lambda A = \lambda[a_{ij}] = [\lambda a_{ij}] \quad (\text{すべての成分を } \lambda \text{ 倍})$$

$$A = \begin{pmatrix} -1 & 2 & 0 \\ 3 & 6 & 1 \\ 1 & 0 & 0 \end{pmatrix} \quad \text{のとき, } 3A \text{ は次のようになる.}$$

$$3A = \begin{pmatrix} 3\times(-1) & 3\times 2 & 3\times 0 \\ 3\times 3 & 3\times 6 & 3\times 1 \\ 3\times 1 & 3\times 0 & 3\times 0 \end{pmatrix} = \begin{pmatrix} -3 & 6 & 0 \\ 9 & 18 & 3 \\ 3 & 0 & 0 \end{pmatrix}$$

4 積

2つの行列 $A = [a_{ij}], B = [b_{ij}]$ をそれぞれ (m, n)型 (n, l)型 とする.

等しい

$$AB = \begin{pmatrix} a_{11} & a_{12} & \cdots & a_{1n} \\ \cdots & \cdots & \cdots & \cdots \\ a_{i1} & a_{i2} & \cdots & a_{in} \\ a_{m1} & a_{m2} & \cdots & a_{mn} \end{pmatrix} \begin{pmatrix} b_{11} & \vdots & b_{1j} & b_{1l} \\ b_{21} & \vdots & b_{2j} & b_{2l} \\ \vdots & \vdots & \vdots & \vdots \\ b_{n1} & \vdots & b_{nj} & b_{nl} \end{pmatrix}$$

j列

$$= \left. \begin{pmatrix} \sum_{k=1}^{n} a_{1k}b_{k1} & \sum_{k=1}^{n} a_{1k}b_{k2} & \cdots & \sum_{k=1}^{n} a_{1k}b_{kl} \\ \sum_{k=1}^{n} a_{2k}b_{k1} & \vdots & \vdots & \vdots \\ \vdots & \cdots & AB\text{の}(i,j)\text{成分} & \cdots \\ \sum_{k=1}^{n} a_{mk}b_{k1} & \cdots & \vdots & \sum_{k=1}^{n} a_{mk}b_{kl} \end{pmatrix} \right\} m$$

i行

$\underbrace{}_{l}$

と積を定義する．すなわち

$$AB \text{ の } (i,j) \text{ 成分} = \sum_{k=1}^{n} \{A \text{ の } (i,k) \text{ 成分}\} \times \{B \text{ の } (k,j) \text{ 成分}\}$$

たとえば，$(2, 3)$ 型行列，$(3, 2)$ 型行列（下線部が等しい）の積では，次のように計算される．

$$\begin{pmatrix} 1 & 2 & 3 \\ 4 & 5 & 6 \end{pmatrix} \begin{pmatrix} 1 & 0 \\ -1 & 1 \\ 0 & 2 \end{pmatrix} = \begin{pmatrix} 1\times1+2\times(-1)+3\times0 & 1\times0+2\times1+3\times2 \\ 4\times1+5\times(-1)+6\times0 & 4\times0+5\times1+6\times2 \end{pmatrix} = \begin{pmatrix} -1 & 8 \\ -1 & 17 \end{pmatrix}$$

このとき，以下が成立する．

- $A + B = B + A$, $(A + B) + C = A + (B + C)$, $A + O = O + A = A$
  $A + (-A) = (-A) + A = O$

ここで O は**零行列**（成分がすべて 0 の行列）という．特に (n,n) 型零行列を O_n と書くこともある．さらに，α, β を実数とするとき次の関係が成立する．

- $(\alpha\beta)A = \alpha(\beta A)$, $(\alpha + \beta)A = \alpha A + \beta A$
- $\alpha(A + B) = \alpha A + \alpha B$, $1A = A$
- $(AB)C = A(BC)$, $A(B + C) = AB + AC$
- $(A + B)C = AC + BC$.

AB, BA が定義されても一般に，$AB \neq BA$ である．また，$A \neq O$, $B \neq O$ のとき $AB = O$ が成立することがある．このような A, B を**零因子**という．

[例] 次の行列 A, B は零因子である．

$$A = \begin{pmatrix} 1 & 0 \\ 0 & 0 \end{pmatrix} \neq O, \quad B = \begin{pmatrix} 0 & 0 \\ 0 & -1 \end{pmatrix} \neq O,$$

$$AB = \begin{pmatrix} 1 & 0 \\ 0 & 0 \end{pmatrix}\begin{pmatrix} 0 & 0 \\ 0 & -1 \end{pmatrix} = \begin{pmatrix} 0 & 0 \\ 0 & 0 \end{pmatrix}$$

5 転置行列

次の行列 A

$$A = \begin{pmatrix} a_{11} & a_{12} & \cdots & a_{1n} \\ a_{21} & a_{22} & \cdots & a_{2n} \\ \vdots & \vdots & & \vdots \\ a_{m1} & a_{m2} & \cdots & a_{mn} \end{pmatrix}$$

の行と列を入れ替えた行列を A の**転置行列**といい，${}^tA$ で表す．

$$
{}^t\!A = \begin{pmatrix} a_{11} & a_{21} & \cdots & a_{m1} \\ a_{12} & a_{22} & \cdots & a_{m2} \\ \vdots & \vdots & & \vdots \\ a_{1n} & a_{2n} & \cdots & a_{mn} \end{pmatrix}
$$

たとえば，
$$
A = \begin{pmatrix} 1 & 2 & 3 \\ 4 & 5 & 6 \end{pmatrix}
$$
の転置行列は
$$
{}^t\!A = \begin{pmatrix} 1 & 4 \\ 2 & 5 \\ 3 & 6 \end{pmatrix}
$$
となる．

$A = [a_{ij}]$ (a_{ij} は A の (i,j) 成分) のとき，${}^t\!A = [a_{ji}]$ (a_{ji} は ${}^t\!A$ の (i,j) 成分) であり，そのとき次が成り立つ．

- ${}^t({}^t\!A) = A$
- ${}^t(A+B) = {}^t\!A + {}^t\!B$
- ${}^t(\alpha A) = \alpha\, {}^t\!A$
- ${}^t(AB) = {}^t\!B\, {}^t\!A$ (例題 1.2 参照)

例題 1.1 A, B, C が次の行列のとき，(1)〜(4) を求めよ．

$$
A = \begin{pmatrix} 0 & 1 & 2 \\ -1 & 4 & 3 \end{pmatrix},\ B = \begin{pmatrix} -2 & 3 & 0 \\ 1 & 2 & -5 \end{pmatrix},\ C = \begin{pmatrix} 1 & 0 \\ 0 & 1 \\ -1 & 2 \end{pmatrix}
$$

(1) $-2A + B$
(2) $3X + A - 2B = X - 3B$ である X
(3) $(2A + B)C$
(4) $(2\,{}^t\!C - A)\,{}^t\!A$

解答 (1) $-2A + B = -2 \begin{pmatrix} 0 & 1 & 2 \\ -1 & 4 & 3 \end{pmatrix} + \begin{pmatrix} -2 & 3 & 0 \\ 1 & 2 & -5 \end{pmatrix}$

$\qquad = \begin{pmatrix} 0 & -2 & -4 \\ 2 & -8 & -6 \end{pmatrix} + \begin{pmatrix} -2 & 3 & 0 \\ 1 & 2 & -5 \end{pmatrix}$

$\qquad = \begin{pmatrix} -2 & 1 & -4 \\ 3 & -6 & -11 \end{pmatrix}$

(2) $3X + A - 2B = X - 3B$ より,

$2X = -A - B$, よって $X = -\dfrac{1}{2}(A+B)$

$X = -\dfrac{1}{2}\left\{\begin{pmatrix} 0 & 1 & 2 \\ -1 & 4 & 3 \end{pmatrix} + \begin{pmatrix} -2 & 3 & 0 \\ 1 & 2 & -5 \end{pmatrix}\right\}$

$= \begin{pmatrix} 1 & -2 & -1 \\ 0 & -3 & 1 \end{pmatrix}$

(3) $(2A+B)C = \left\{2\begin{pmatrix} 0 & 1 & 2 \\ -1 & 4 & 3 \end{pmatrix} + \begin{pmatrix} -2 & 3 & 0 \\ 1 & 2 & -5 \end{pmatrix}\right\}\begin{pmatrix} 1 & 0 \\ 0 & 1 \\ -1 & 2 \end{pmatrix}$

$= \begin{pmatrix} -6 & 13 \\ -2 & 12 \end{pmatrix}$

(4) $(2{}^tC - A){}^tA = \left\{2\begin{pmatrix} 1 & 0 & -1 \\ 0 & 1 & 2 \end{pmatrix} - \begin{pmatrix} 0 & 1 & 2 \\ -1 & 4 & 3 \end{pmatrix}\right\}\begin{pmatrix} 0 & -1 \\ 1 & 4 \\ 2 & 3 \end{pmatrix}$

$= \begin{pmatrix} -9 & -18 \\ 0 & -6 \end{pmatrix}$

∎

[問題 1] A, B を次の行列とする. そのとき (1)〜(4) を求めよ.

$A = \begin{pmatrix} 3 & 1 & 9 \\ 2 & -1 & 1 \end{pmatrix}, \quad B = \begin{pmatrix} 2 & -1 & 2 \\ 0 & 8 & 9 \end{pmatrix}$

(1) $A + B$,   (2) $5A$,   (3) $2B$,   (4) $3A - 4B$

[問題 2] A, B を次の行列とする. そのとき行列の積 AB, BA を求めよ.

$A = \begin{pmatrix} 1 & 1 \\ 2 & 1 \\ 1 & -1 \end{pmatrix}, \quad B = \begin{pmatrix} -1 & -1 & 2 \\ 2 & 0 & 1 \end{pmatrix}$

[問題 3] A を次の行列とする. そのとき A の転置行列 ${}^tA$ と積 ${}^tAA$ を求めよ.

$A = \begin{pmatrix} 3 & 8 & 9 \\ 1 & 2 & 0 \end{pmatrix}$

例題 1.2 (m,n) 型行列 A, (n,l) 型行列 B について, ${}^t(AB) = {}^tB{}^tA$ であることを示せ.

解答 ${}^t(AB) = {}^tB{}^tA$ であることを示すには, ${}^t(AB)$ の (i,j) 成分 $= {}^tB{}^tA$ の (i,j) 成分を示せばよい.

$$
\begin{aligned}
{}^t(AB) \text{ の } (i,j) \text{ 成分} = (AB) \text{ の } (j,i) \text{ 成分} &= \sum_{k=1}^{n} \{A \text{ の } (j,k) \text{ 成分}\} \times \{B \text{ の } (k,i) \text{ 成分}\} \\
&= \sum_{k=1}^{n} \{B \text{ の } (k,i) \text{ 成分}\} \times \{A \text{ の } (j,k) \text{ 成分}\} \\
&= \sum_{k=1}^{n} \{{}^tB \text{ の } (i,k) \text{ 成分}\} \times \{{}^tA \text{ の } (k,j) \text{ 成分}\} \\
&= {}^tB\,{}^tA \text{ の } (i,j) \text{ 成分}
\end{aligned}
$$

よって,${}^t(AB) = {}^tB\,{}^tA$ である. ∎

[問題4] (m,n) 型行列 A,(n,l) 型行列をそれぞれ B, C とするとき,$A(B+C) = AB + AC$ を示せ.

[問題5] (m,n) 型行列 A,(n,l) 型行列 B,(l,p) 型行列 C のとき,$(AB)C = A(BC)$ を示せ.

6 正方行列と行列の分割

(n,n) 型行列 A つまり

$$
A = \underbrace{\left.\begin{pmatrix} a_{11} & a_{12} & \cdots & a_{1n} \\ a_{21} & a_{22} & \cdots & a_{2n} \\ \vdots & \vdots & & \vdots \\ a_{n1} & a_{n2} & \cdots & a_{nn} \end{pmatrix}\right\}n}_{\substack{n \\ (n,n) \text{ 型行列}}}
$$

を n 次の**正方行列**という.特に,$a_{ii} = 1 \ (i = 1, 2, \cdots, n)$,$a_{ij} = 0 \ (i \neq j)$,つまり

$$
E_n = \begin{pmatrix} 1 & & & 0 \\ & 1 & & \\ & & \ddots & \\ 0 & & & 1 \end{pmatrix}
$$

を n 次の**単位行列**という.右辺の行列は対角線上の成分が 1 であり,他の成分はすべて 0 を意味する.また,$AE = EA = A$ が成立する.

行列を縦線と横線によって,いくつかの小さい行列 (**小行列**という) に分けることを**行列の分割**という.たとえば,

$$A = \begin{pmatrix} a_{11} & a_{12} & a_{13} & a_{14} & a_{15} \\ a_{21} & a_{22} & a_{23} & a_{24} & a_{25} \\ \hline a_{31} & a_{32} & a_{33} & a_{34} & a_{35} \\ a_{41} & a_{42} & a_{43} & a_{44} & a_{45} \end{pmatrix}$$

$$A_{11} = \begin{pmatrix} a_{11} & a_{12} & a_{13} \\ a_{21} & a_{22} & a_{23} \end{pmatrix}, \quad A_{12} = \begin{pmatrix} a_{14} & a_{15} \\ a_{24} & a_{25} \end{pmatrix},$$

$$A_{21} = \begin{pmatrix} a_{31} & a_{32} & a_{33} \\ a_{41} & a_{42} & a_{43} \end{pmatrix}, \quad A_{22} = \begin{pmatrix} a_{34} & a_{35} \\ a_{44} & a_{45} \end{pmatrix}$$

とおけば，A は次のように表すことができる．

$$A = \begin{pmatrix} A_{11} & A_{12} \\ A_{21} & A_{22} \end{pmatrix}$$

行列 A, B, C の分割が

$$A = \begin{pmatrix} A_{11} & A_{12} & A_{13} \\ A_{21} & A_{22} & A_{23} \end{pmatrix}, B = \begin{pmatrix} B_{11} & B_{12} & B_{13} \\ B_{21} & B_{22} & B_{23} \end{pmatrix}, C = \begin{pmatrix} C_{11} & C_{12} \\ C_{21} & C_{22} \\ C_{31} & C_{32} \end{pmatrix}$$

であり，以下の A, B, C の<u>各小行列</u>の<u>和と積</u>が意味をもつとき，次のようになる．

$$A + B = \begin{pmatrix} A_{11} & A_{12} & A_{13} \\ A_{21} & A_{22} & A_{23} \end{pmatrix} + \begin{pmatrix} B_{11} & B_{12} & B_{13} \\ B_{21} & B_{22} & B_{23} \end{pmatrix}$$

$$= \begin{pmatrix} A_{11} + B_{11} & A_{12} + B_{12} & A_{13} + B_{13} \\ A_{21} + B_{21} & A_{22} + B_{22} & A_{23} + B_{23} \end{pmatrix}$$

$$\alpha A = \begin{pmatrix} \alpha A_{11} & \alpha A_{12} & \alpha A_{13} \\ \alpha A_{21} & \alpha A_{22} & \alpha A_{23} \end{pmatrix}$$

$$AC = \begin{pmatrix} A_{11} & A_{12} & A_{13} \\ A_{21} & A_{22} & A_{23} \end{pmatrix} \begin{pmatrix} C_{11} & C_{12} \\ C_{21} & C_{22} \\ C_{31} & C_{32} \end{pmatrix}$$

$$= \begin{pmatrix} A_{11}C_{11} + A_{12}C_{21} + A_{13}C_{31} & A_{11}C_{12} + A_{12}C_{22} + A_{13}C_{32} \\ A_{21}C_{11} + A_{22}C_{21} + A_{23}C_{31} & A_{21}C_{12} + A_{22}C_{22} + A_{23}C_{32} \end{pmatrix}$$

例題 1.3 次の (1), (2) を解け

(1) A, B が次の行列のとき，分割行列を使って AB を求めよ．

$$A = \begin{pmatrix} 3 & 2 & 0 & 0 \\ 0 & 3 & 0 & 0 \\ 0 & 0 & 3 & 2 \\ 0 & 0 & 0 & 3 \end{pmatrix}, B = \begin{pmatrix} 1 & 0 & -2 & 1 \\ 0 & 1 & 0 & -2 \\ -2 & 1 & 1 & 0 \\ 0 & -2 & 0 & 1 \end{pmatrix}$$

(2) (m, n) 型行列 A と (n, l) 型行列 B を，次のように分割 (行ベクトルへの分割，列ベクトルへの分割) する．すなわち，

$$A = \begin{pmatrix} \boldsymbol{a}_1 \\ \boldsymbol{a}_2 \\ \vdots \\ \boldsymbol{a}_m \end{pmatrix}, \quad B = (\boldsymbol{b}_1 \boldsymbol{b}_2 \cdots \boldsymbol{b}_l).$$

このとき，$AB = \begin{pmatrix} \boldsymbol{a}_1 \\ \boldsymbol{a}_2 \\ \vdots \\ \boldsymbol{a}_m \end{pmatrix} (\boldsymbol{b}_1 \boldsymbol{b}_2 \cdots \boldsymbol{b}_l) = \begin{pmatrix} \boldsymbol{a}_1\boldsymbol{b}_1 & \boldsymbol{a}_1\boldsymbol{b}_2 & \cdots & \boldsymbol{a}_1\boldsymbol{b}_l \\ \vdots & \vdots & \ddots & \vdots \\ \boldsymbol{a}_m\boldsymbol{b}_1 & \cdots & \cdots & \boldsymbol{a}_m\boldsymbol{b}_l \end{pmatrix}$ を示せ．

さらに，A をそのままにすると，$AB = A(\boldsymbol{b}_1 \boldsymbol{b}_2 \cdots \boldsymbol{b}_l) = (A\boldsymbol{b}_1 A\boldsymbol{b}_2 \cdots A\boldsymbol{b}_l)$ となることを示せ．

解答 (1) $A_1 = \begin{pmatrix} 3 & 2 \\ 0 & 3 \end{pmatrix}, O_2 = \begin{pmatrix} 0 & 0 \\ 0 & 0 \end{pmatrix}, E_2 = \begin{pmatrix} 1 & 0 \\ 0 & 1 \end{pmatrix}, B_1 = \begin{pmatrix} -2 & 1 \\ 0 & -2 \end{pmatrix}$
として

$$AB = \begin{pmatrix} A_1 & O_2 \\ O_2 & A_1 \end{pmatrix} \begin{pmatrix} E_2 & B_1 \\ B_1 & E_2 \end{pmatrix} = \begin{pmatrix} A_1E_2 + O_2B_1 & A_1B_1 + O_2E_2 \\ O_2E_2 + A_1B_1 & O_2B_1 + A_1E_2 \end{pmatrix}$$

$$= \begin{pmatrix} A_1 & A_1B_1 \\ A_1B_1 & A_1 \end{pmatrix} = \begin{pmatrix} 3 & 2 & -6 & -1 \\ 0 & 3 & 0 & -6 \\ -6 & -1 & 3 & 2 \\ 0 & -6 & 0 & 3 \end{pmatrix}$$

(2) 分割行列の積は，分割した個々の小行列を行列の 1 つの成分とみなして，積を考えればよいから，

$$AB = \begin{pmatrix} \boldsymbol{a}_1 \\ \boldsymbol{a}_2 \\ \vdots \\ \boldsymbol{a}_n \end{pmatrix} (\boldsymbol{b}_1 \boldsymbol{b}_2 \cdots \boldsymbol{b}_l) = \begin{pmatrix} \boldsymbol{a}_1\boldsymbol{b}_1 & \boldsymbol{a}_1\boldsymbol{b}_2 & \cdots & \boldsymbol{a}_1\boldsymbol{b}_l \\ \boldsymbol{a}_2\boldsymbol{b}_1 & \ddots & \ddots & \boldsymbol{a}_2\boldsymbol{b}_l \\ \vdots & \ddots & \ddots & \vdots \\ \boldsymbol{a}_n\boldsymbol{b}_1 & \cdots & \cdots & \boldsymbol{a}_n\boldsymbol{b}_l \end{pmatrix}$$

また，

$$AB = A(\boldsymbol{b}_1 \boldsymbol{b}_2 \cdots \boldsymbol{b}_l) = (A)(\boldsymbol{b}_1 \boldsymbol{b}_2 \cdots \boldsymbol{b}_l) = (A\boldsymbol{b}_1 A\boldsymbol{b}_2 \cdots A\boldsymbol{b}_l)$$

[問題 6] 上の例題 1.3 の A_1, O_2, E_2, B_1 において，A, B を次の行列とするとき，AB を求めよ．

$$A = \begin{pmatrix} O_2 & A_1 \\ A_1 & O_2 \end{pmatrix}, \qquad B = \begin{pmatrix} E_2 & B_1 \\ E_2 & B_1 \end{pmatrix}$$

[問題 7] C, X, Y, Z, W は n 次の正方行列であり，E_n は n 次の単位行列とするとき，次の分割行列の積を計算せよ．

$$\begin{pmatrix} X & Y \\ Z & W \end{pmatrix} \begin{pmatrix} E_n & O_n \\ C & E_n \end{pmatrix}$$

1.3　いろいろな正方行列

1　対称行列

行列 A の転置行列 ${}^tA$ が，${}^tA = A$ を満たすとき A を**対称行列**という．つまり，

$${}^tA = A \Leftrightarrow [a_{ji}] = [a_{ij}] \Leftrightarrow a_{ji} = a_{ij}$$

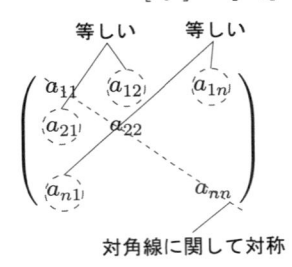

$$\begin{pmatrix} a_{11} & a_{12} & & a_{1n} \\ a_{21} & a_{22} & & \\ & & \ddots & \\ a_{n1} & & & a_{nn} \end{pmatrix}$$

等しい　等しい

対角線に関して対称

2　交代行列

1　対称行列と同様に，行列 A の転置行列 ${}^tA$ が

$${}^tA = -A$$

のとき，行列 A を**交代行列**という．つまり

$${}^tA = -A \Leftrightarrow [a_{ji}] = -[a_{ij}] = [-a_{ij}] \Leftrightarrow a_{ji} = -a_{ij}$$

特に，この式で $i = j$ のときは $a_{ii} = 0$，つまり交代行列は次のようになる．

$$\begin{pmatrix} 0 & a_{12} & & a_{1n} \\ a_{21} & & & \\ & & \ddots & \\ a_{n1} & & & 0 \end{pmatrix}$$

和は0　和は0　対角線の成分すべて0

任意の n 次正方行列 A は，$A = \underbrace{\dfrac{1}{2}(A + {}^tA)}_{対称} + \underbrace{\dfrac{1}{2}(A - {}^tA)}_{交代}$ として対称行列と交代行列の和として表される．

例題 1.4 行列 A を次のように置く．そのとき (1), (2) を解け．

$$A = \begin{pmatrix} x & x-y & z-x-2 \\ -z+4 & y & -x \\ -y & y-z & z \end{pmatrix}$$

(1) A が対称行列になるとき，x, y, z を求めよ．

(2) A が交代行列になるような x, y, z は存在するか．

解答 (1) 対称行列だから，$a_{ij} = a_{ji}$ (対角線に関して対称)．よって，

$$\begin{cases} x-y = -z+4 \\ z-x-2 = -y \\ y-z = -x \end{cases} \Leftrightarrow \begin{cases} x-y+z = 4 & (\text{i}) \\ -x+y+z = 2 & (\text{ii}) \\ x+y-z = 0 & (\text{iii}) \end{cases}$$

(i), (ii), (iii) を解いて，$x = 2$, $y = 1$, $z = 3$ から，

$$A = \begin{pmatrix} 2 & 1 & -1 \\ 1 & 1 & -2 \\ -1 & -2 & 3 \end{pmatrix}$$

(2) 交代行列は対角成分がすべて 0 となることから，$x = y = z = 0$ より行列は

$$\begin{pmatrix} 0 & 0 & -2 \\ 4 & 0 & 0 \\ 0 & 0 & 0 \end{pmatrix}$$

となり，$a_{ij} = -a_{ji}$ とならず，よって，交代行列にはならない． ■

例題 1.5 次の行列 A を対称行列と交代行列の和として表せ．

$$A = \begin{pmatrix} 0 & -1 & 4 \\ 2 & 3 & -2 \\ 1 & 2 & 5 \end{pmatrix}$$

解答 $A = \dfrac{1}{2}(A + {}^tA) + \dfrac{1}{2}(A - {}^tA)$ より，

$$= \frac{1}{2}\left\{ \begin{pmatrix} 0 & -1 & 4 \\ 2 & 3 & -2 \\ 1 & 2 & 5 \end{pmatrix} + \begin{pmatrix} 0 & 2 & 1 \\ -1 & 3 & 2 \\ 4 & -2 & 5 \end{pmatrix} \right\}$$

$$+ \frac{1}{2}\left\{ \begin{pmatrix} 0 & -1 & 4 \\ 2 & 3 & -2 \\ 1 & 2 & 5 \end{pmatrix} - \begin{pmatrix} 0 & 2 & 1 \\ -1 & 3 & 2 \\ 4 & -2 & 5 \end{pmatrix} \right\}$$

$$= \begin{pmatrix} 0 & \frac{1}{2} & \frac{5}{2} \\ \frac{1}{2} & 3 & 0 \\ \frac{5}{2} & 0 & 5 \end{pmatrix} + \begin{pmatrix} 0 & -\frac{3}{2} & \frac{3}{2} \\ \frac{3}{2} & 0 & -2 \\ -\frac{3}{2} & 2 & 0 \end{pmatrix}$$

∎

[問題 8] 次の行列 A を対称行列と交代行列の和で表せ.

$$A = \begin{pmatrix} 3 & 5 & 1 \\ 1 & 2 & 3 \\ -1 & 1 & 8 \end{pmatrix}$$

[問題 9] 対称行列と交代行列の定義を使って,対称行列でありかつ交代行列である行列は零行列であることを示せ.

3 直交行列

行列 A の転置行列 ${}^tA$ が,$A{}^tA = E$ または ${}^tAA = E$ のとき,A を**直交行列**という.

$$A{}^tA = \begin{pmatrix} a_{11} & a_{12} & \cdots & a_{1n} \\ a_{21} & a_{22} & \cdots & a_{2n} \\ \cdots & \cdots & \cdots & \cdots \\ a_{n1} & a_{n2} & \cdots & a_{nn} \end{pmatrix} \begin{pmatrix} a_{11} & a_{21} & \vdots & a_{n1} \\ a_{12} & a_{22} & \vdots & a_{n2} \\ \vdots & \vdots & \vdots & \vdots \\ a_{1n} & a_{2n} & \vdots & a_{nn} \end{pmatrix} = \begin{pmatrix} \boldsymbol{a}_1 \\ \boldsymbol{a}_2 \\ \vdots \\ \boldsymbol{a}_n \end{pmatrix} ({}^t\boldsymbol{a}_1 \ {}^t\boldsymbol{a}_2 \ \cdots \ {}^t\boldsymbol{a}_n)$$

$$= \begin{pmatrix} \boldsymbol{a}_1{}^t\boldsymbol{a}_1 & \boldsymbol{a}_1{}^t\boldsymbol{a}_2 & \cdots & \boldsymbol{a}_1{}^t\boldsymbol{a}_n \\ \vdots & \vdots & \vdots & \vdots \\ \vdots & \vdots & \ddots & \vdots \\ \boldsymbol{a}_n{}^t\boldsymbol{a}_1 & \cdots & \cdots & \boldsymbol{a}_n{}^t\boldsymbol{a}_n \end{pmatrix} = \begin{pmatrix} 1 & & & 0 \\ & 1 & & \\ & & \ddots & \\ 0 & & & 1 \end{pmatrix} = E$$

$$\Leftrightarrow \boldsymbol{a}_i{}^t\boldsymbol{a}_j = \begin{cases} 1 & (i = j) \\ 0 & (i \neq j) \end{cases}$$

$|\boldsymbol{a}_i| = 1$　　　　　(ベクトル $\boldsymbol{a}_i$ の大きさが 1),

$\boldsymbol{a}_i \perp \boldsymbol{a}_j$　　$(i \neq j)$　　(ベクトル $\boldsymbol{a}_i$ と $\boldsymbol{a}_j$ が垂直.これが"直交"(3.2 節の 7 参照)の名の由来である)

同様に,

$${}^tAA = \begin{pmatrix} {}^t\boldsymbol{a}_1' \\ {}^t\boldsymbol{a}_2' \\ \vdots \\ {}^t\boldsymbol{a}_n' \end{pmatrix} (\boldsymbol{a}_1' \ \boldsymbol{a}_2' \ \cdots \ \boldsymbol{a}_n') = E$$

より

$|\boldsymbol{a}_i'| = 1$

$\boldsymbol{a}_i' \perp \boldsymbol{a}_j' \quad (i \neq j)$ が成立する.

行列 A が直交行列であるための必要十分条件は次の (ⅰ) あるいは (ⅱ) が成り立つことである.

(ⅰ) A の各列ベクトルが単位ベクトルで互いに直交している (正規直交系をなす. 3.2 節の 7 参照)

(ⅱ) A の各行ベクトルが単位ベクトルで互いに直交している (正規直交系をなす)

例題 1.6 次の行列 A が直交行列であるように成分 $x,\ y,\ z$ を求めよ.

$$A = \begin{pmatrix} \dfrac{\sqrt{2}}{2} & -\dfrac{\sqrt{2}}{2} & x \\ \dfrac{\sqrt{2}}{2} & y & 0 \\ 0 & 0 & z \end{pmatrix}$$

そのとき各列ベクトルが, 正規直交系 (各ベクトルが単位ベクトルで互いに垂直) であることを示せ.

解答 ${}^t\!A A = E$ から,

$$\begin{pmatrix} \dfrac{\sqrt{2}}{2} & -\dfrac{\sqrt{2}}{2} & x \\ \dfrac{\sqrt{2}}{2} & y & 0 \\ 0 & 0 & z \end{pmatrix} \begin{pmatrix} \dfrac{\sqrt{2}}{2} & \dfrac{\sqrt{2}}{2} & 0 \\ -\dfrac{\sqrt{2}}{2} & y & 0 \\ x & 0 & z \end{pmatrix} = \begin{pmatrix} 1 & 0 & 0 \\ 0 & 1 & 0 \\ 0 & 0 & 1 \end{pmatrix}$$

$$\therefore \begin{cases} \left(\dfrac{\sqrt{2}}{2}\right)^2 + \left(-\dfrac{\sqrt{2}}{2}\right)^2 + x^2 = 1 & (1,1) \text{ 成分} \\ \left(\dfrac{\sqrt{2}}{2}\right)^2 - \dfrac{\sqrt{2}}{2} y = 0 & (2,1) \text{ 成分} \\ z^2 = 1 & (3,3) \text{ 成分} \end{cases}$$

これから, $x = 0,\ y = \dfrac{\sqrt{2}}{2},\ z = \pm 1$

列ベクトルは $\boldsymbol{a}_1' = \begin{pmatrix} \dfrac{\sqrt{2}}{2} \\ \dfrac{\sqrt{2}}{2} \\ 0 \end{pmatrix},\ \boldsymbol{a}_2' = \begin{pmatrix} -\dfrac{\sqrt{2}}{2} \\ \dfrac{\sqrt{2}}{2} \\ 0 \end{pmatrix},\ \boldsymbol{a}_3' = \begin{pmatrix} 0 \\ 0 \\ \pm 1 \end{pmatrix}$ より

$$\therefore {}^t\boldsymbol{a}_1' \boldsymbol{a}_2' = \begin{pmatrix} \dfrac{\sqrt{2}}{2} & \dfrac{\sqrt{2}}{2} & 0 \end{pmatrix} \begin{pmatrix} -\dfrac{\sqrt{2}}{2} \\ \dfrac{\sqrt{2}}{2} \\ 0 \end{pmatrix} = \dfrac{\sqrt{2}}{2} \times \left(-\dfrac{\sqrt{2}}{2}\right) + \dfrac{\sqrt{2}}{2} \times \dfrac{\sqrt{2}}{2} + 0 \times 0 = 0$$

$$
{}^t\boldsymbol{a}'_2\boldsymbol{a}'_3 = \begin{pmatrix} -\dfrac{\sqrt{2}}{2} & \dfrac{\sqrt{2}}{2} & 0 \end{pmatrix} \begin{pmatrix} 0 \\ 0 \\ \pm 1 \end{pmatrix} = -\dfrac{\sqrt{2}}{2} \times 0 + \dfrac{\sqrt{2}}{2} \times 0 + 0 \times (\pm 1) = 0
$$

${}^t\boldsymbol{a}'_3\boldsymbol{a}'_1$ も同様に,${}^t\boldsymbol{a}'_3\boldsymbol{a}'_1 = 0$ また,

$$
|\boldsymbol{a}'_1|^2 = {}^t\boldsymbol{a}'_1\boldsymbol{a}'_1 = \begin{pmatrix} \dfrac{\sqrt{2}}{2} & \dfrac{\sqrt{2}}{2} & 0 \end{pmatrix} \begin{pmatrix} \dfrac{\sqrt{2}}{2} \\ \dfrac{\sqrt{2}}{2} \\ 0 \end{pmatrix} = \left(\dfrac{\sqrt{2}}{2}\right)^2 + \left(\dfrac{\sqrt{2}}{2}\right)^2 + 0^2 = 1
$$

同様に,

$$
|\boldsymbol{a}'_2| = |\boldsymbol{a}'_3| = 1
$$

∎

[問題 10] 次の行列が直交行列となるように成分 x, y, z を求めよ.

$$
\begin{pmatrix} x & -\dfrac{1}{\sqrt{6}} & \dfrac{1}{\sqrt{3}} \\ 0 & -\dfrac{\sqrt{2}}{\sqrt{3}} & z \\ \dfrac{1}{\sqrt{2}} & y & -\dfrac{1}{\sqrt{3}} \end{pmatrix}
$$

[問題 11] 次の行列は直交行列であることを示せ.

$$
\begin{pmatrix} -\dfrac{1}{\sqrt{2}} & \dfrac{1}{\sqrt{3}} & -\dfrac{1}{\sqrt{6}} \\ 0 & \dfrac{1}{\sqrt{3}} & \dfrac{2}{\sqrt{6}} \\ \dfrac{1}{\sqrt{2}} & \dfrac{1}{\sqrt{3}} & -\dfrac{1}{\sqrt{6}} \end{pmatrix}
$$

4 行列のべき

行列 A が正方行列のとき,$A^n = \overbrace{A \cdot A \cdots A}^{n \text{ 個}}$ と定義し,A の n 乗という.ただし $A^0 = E$ とする.

例題 1.7 次の行列を求めよ.

$$
\begin{pmatrix} 1 & 0 & -2 \\ 0 & 1 & 0 \\ 0 & 0 & 1 \end{pmatrix}^n
$$

解答 $n = 1$ のとき,$\begin{pmatrix} 1 & 0 & -2 \\ 0 & 1 & 0 \\ 0 & 0 & 1 \end{pmatrix}$

$n=2$ のとき，$\begin{pmatrix} 1 & 0 & -2 \\ 0 & 1 & 0 \\ 0 & 0 & 1 \end{pmatrix}^2 = \begin{pmatrix} 1 & 0 & -2 \\ 0 & 1 & 0 \\ 0 & 0 & 1 \end{pmatrix}\begin{pmatrix} 1 & 0 & -2 \\ 0 & 1 & 0 \\ 0 & 0 & 1 \end{pmatrix} = \begin{pmatrix} 1 & 0 & -2\cdot 2 \\ 0 & 1 & 0 \\ 0 & 0 & 1 \end{pmatrix}$

$n=3$ のとき，$\begin{pmatrix} 1 & 0 & -2 \\ 0 & 1 & 0 \\ 0 & 0 & 1 \end{pmatrix}^3 = \begin{pmatrix} 1 & 0 & -2 \\ 0 & 1 & 0 \\ 0 & 0 & 1 \end{pmatrix}^2 \begin{pmatrix} 1 & 0 & -2 \\ 0 & 1 & 0 \\ 0 & 0 & 1 \end{pmatrix}$

$\qquad\qquad\quad = \begin{pmatrix} 1 & 0 & -2\cdot 2 \\ 0 & 1 & 0 \\ 0 & 0 & 1 \end{pmatrix}\begin{pmatrix} 1 & 0 & -2 \\ 0 & 1 & 0 \\ 0 & 0 & 1 \end{pmatrix} = \begin{pmatrix} 1 & 0 & -2\cdot 3 \\ 0 & 1 & 0 \\ 0 & 0 & 1 \end{pmatrix}$

$\vdots$

n が任意の自然数のときは，$\begin{pmatrix} 1 & 0 & -2 \\ 0 & 1 & 0 \\ 0 & 0 & 1 \end{pmatrix}^n = \begin{pmatrix} 1 & 0 & -2n \\ 0 & 1 & 0 \\ 0 & 0 & 1 \end{pmatrix}$ （ⅰ）

と予想できる．そこで，（ⅰ）を数学的帰納法で証明する．

$n=1$ のとき，$\begin{pmatrix} 1 & 0 & -2 \\ 0 & 1 & 0 \\ 0 & 0 & 1 \end{pmatrix}^1 = \begin{pmatrix} 1 & 0 & -2 \\ 0 & 1 & 0 \\ 0 & 0 & 1 \end{pmatrix}$ で成立する．

$n=k$ のとき，$\begin{pmatrix} 1 & 0 & -2 \\ 0 & 1 & 0 \\ 0 & 0 & 1 \end{pmatrix}^k = \begin{pmatrix} 1 & 0 & -2k \\ 0 & 1 & 0 \\ 0 & 0 & 1 \end{pmatrix}$ と仮定すると，

$n=k+1$ のとき，$\begin{pmatrix} 1 & 0 & -2 \\ 0 & 1 & 0 \\ 0 & 0 & 1 \end{pmatrix}^{k+1} = \begin{pmatrix} 1 & 0 & -2 \\ 0 & 1 & 0 \\ 0 & 0 & 1 \end{pmatrix}^k \begin{pmatrix} 1 & 0 & -2 \\ 0 & 1 & 0 \\ 0 & 0 & 1 \end{pmatrix}$

$\qquad\qquad\qquad = \begin{pmatrix} 1 & 0 & -2k \\ 0 & 1 & 0 \\ 0 & 0 & 1 \end{pmatrix}\begin{pmatrix} 1 & 0 & -2 \\ 0 & 1 & 0 \\ 0 & 0 & 1 \end{pmatrix}$

$\qquad\qquad\qquad = \begin{pmatrix} 1 & 0 & -2(k+1) \\ 0 & 1 & 0 \\ 0 & 0 & 1 \end{pmatrix}$ となり，成立する．

$\therefore\ \begin{pmatrix} 1 & 0 & -2 \\ 0 & 1 & 0 \\ 0 & 0 & 1 \end{pmatrix}^n = \begin{pmatrix} 1 & 0 & -2n \\ 0 & 1 & 0 \\ 0 & 0 & 1 \end{pmatrix}$

■

[問題 12] 次の行列 A に対し, $A^2, A^3, A^n (n \geq 4)$ を求めよ.

(1) $A = \begin{pmatrix} 1 & -1 \\ 0 & 1 \end{pmatrix}$ (2) $A = \begin{pmatrix} 0 & 1 & 1 \\ 0 & 0 & 1 \\ 0 & 0 & 0 \end{pmatrix}$

5 正則行列

n 次の正方行列 A に対して $AX = XA = E$ となる正方行列 X が存在するとき (存在すればただ1つである) X を A の**逆行列**といい, A^{-1} と書く. このとき, A を**正則行列**という.

A が正則のとき $(A^{-1})^m = A^{-m}$ と書く. また任意の整数 m, n に対して

- $A^m A^n = A^{m+n}, \quad (A^m)^n = A^{mn}$

が成立する.

例題 1.8 A が正則行列のとき ${}^tA$ も正則行列であり, $({}^tA)^{-1} = {}^t(A^{-1})$ が成り立つことを示せ.

解答 A が正則行列より, $AA^{-1} = A^{-1}A = E$ が成立する. 両辺の転置行列をとると, ${}^t(AA^{-1}) = {}^t(A^{-1}A) = {}^tE$. ここで転置行列の性質 (例題 1.2 参照), ${}^tE = E$ (行と列を入れ変えても等しい) から,

$${}^t(A^{-1}){}^tA = {}^tA{}^t(A^{-1}) = E$$
$$\therefore \quad {}^tA{}^t(A^{-1}) = {}^t(A^{-1}){}^tA = E$$

となり, この式は ${}^tA$ の逆行列 X つまり ${}^tAX = X{}^tA = E$ である X が ${}^t(A^{-1})$ を意味する.

$$\therefore \quad ({}^tA)^{-1} = {}^t(A^{-1}) \quad \blacksquare$$

[問題 13]
(1) A が正則行列のとき, A^{-1} も正則行列であり, $A = (A^{-1})^{-1}$ が成り立つことを示せ.
(2) A, B が正則行列のとき, AB も正則行列であり, $(AB)^{-1} = B^{-1}A^{-1}$ となることを示せ.

[問題 14] $A = \begin{pmatrix} \cos\theta & \sin\theta \\ -\sin\theta & \cos\theta \end{pmatrix}$ のとき, $A^{-1} = \begin{pmatrix} \cos\theta & -\sin\theta \\ \sin\theta & \cos\theta \end{pmatrix}$ であることを確かめよ.

[問題 15] A, B, C が n 次正則行列のとき, 次の逆行列を求めよ.

$$\begin{pmatrix} A & B \\ O_n & C \end{pmatrix}$$

ヒント 求める逆行列を分割行列の形 $\begin{pmatrix} X & Y \\ Z & W \end{pmatrix}$ と置け

章末問題 1

1.1 A, B が次の行列のとき,行列の積 AB, BA を求めよ.
$$A = (2\ 3), \qquad B = \begin{pmatrix} 3 & 5 & 4 & 2 \\ 1 & 2 & 3 & -1 \end{pmatrix}$$

1.2 A が次の行列のとき,行列 ${}^tA, A{}^tA, {}^tAA$ を求めよ.
$$A = \begin{pmatrix} 1 & 2 \\ 3 & 4 \\ -2 & -1 \end{pmatrix}$$

1.3 A は 2 次の正方行列とする. 直交行列 A は
$$\begin{pmatrix} \cos\theta & -\sin\theta \\ \sin\theta & \cos\theta \end{pmatrix} \text{ または } \begin{pmatrix} -\cos\theta & \sin\theta \\ \sin\theta & \cos\theta \end{pmatrix}$$
の形で表せることを示せ.

ヒント. 求める直交行列を $\begin{pmatrix} x & y \\ z & w \end{pmatrix}$ とおけ.

1.4 次の 3 つの行列 A, B, C について $AB = AC$ を示せ. ($AB = AC$ から $B = C$ は必ずしもいえない)
$$A = \begin{pmatrix} 1 & -3 & 2 \\ 2 & 1 & -3 \\ 4 & -3 & -1 \end{pmatrix}, B = \begin{pmatrix} 1 & 4 & 1 & 0 \\ 2 & 1 & 1 & 0 \\ 1 & -2 & 1 & 2 \end{pmatrix}, C = \begin{pmatrix} 2 & 1 & -1 & -2 \\ 3 & -2 & -1 & -2 \\ 2 & -5 & -1 & 0 \end{pmatrix}$$

1.5 A, B は k 次の正方行列で $AB = BA$ ならば $(A+B)^n = \sum_{j=0}^{n} {}_nC_j A^{n-j} B^j$ が成り立つことを示せ (行列の二項展開).

1.6 $A = \begin{pmatrix} \alpha & 1 \\ 0 & \alpha \end{pmatrix}$ とする. $A^n = \begin{pmatrix} \alpha^n & n\alpha^{n-1} \\ 0 & \alpha^n \end{pmatrix}$ を示せ.

1.7 次の分割行列の積を計算せよ. X, Y, Z, W, A はすべて n 次の正方行列, また E_n, O_n はそれぞれ n 次単位行列, n 次零行列である.
$$\begin{pmatrix} X & Y \\ Z & W \end{pmatrix} \begin{pmatrix} A & O_n \\ O_n & E_n \end{pmatrix}$$

1.8 次の行列 A に対して (1), (2) を示せ.
$$A = \begin{pmatrix} 0 & 2 & 5 \\ 0 & 0 & 3 \\ 0 & 0 & 0 \end{pmatrix}$$
(1) $A^3 = O_3$.
(2) $A + E$ の逆行列は $A^2 - A + E$ である.

1.9 行列 X, Y が n 次正則行列とする. このとき次の $2n$ 次行列 $\begin{pmatrix} X & Y \\ O_n & X \end{pmatrix}$ の逆行列を X, Y を用いて表せ.

第2章 行列式

2.1 置換

自然数の集合 $\{1, 2, \cdots, n\}$ から $\{1, 2, \cdots, n\}$ への 1 対 1 対応を，n 次の**置換**という．

$$\sigma = \begin{pmatrix} 1 & 2 & \cdots & n \\ p_1 & p_2 & \cdots & p_n \end{pmatrix}$$

と書き，ギリシア文字 $\sigma, \tau, \rho, \cdots$ で表す．

$$\sigma(1) = p_1, \sigma(2) = p_2, \cdots,$$

$$\begin{pmatrix} 1 & 2 & 3 \\ 3 & 2 & 1 \end{pmatrix} = \begin{pmatrix} 2 & 3 & 1 \\ 2 & 1 & 3 \end{pmatrix} = \begin{pmatrix} 3 & 2 & 1 \\ 1 & 2 & 3 \end{pmatrix} = \cdots = \begin{pmatrix} 3 & 1 \\ 1 & 3 \end{pmatrix}$$

これらはすべて同じ置換　　　　　　　　　　　　　動かない2を除いて書いてもよい

1　恒等置換

置換 $\begin{pmatrix} 1 & 2 & \cdots & n \\ 1 & 2 & \cdots & n \end{pmatrix}$ のように各自然数を動かさない置換を**恒等置換**といい，ε で表す．すなわち

$$\varepsilon = \begin{pmatrix} 1 & 2 & \cdots & n \\ 1 & 2 & \cdots & n \end{pmatrix}.$$

2　逆置換

σ が次の置換

$$\sigma = \begin{pmatrix} 1 & 2 & \cdots & n \\ p_1 & p_2 & \cdots & p_n \end{pmatrix}$$

のとき，逆操作の置換を σ の**逆置換**といい σ^{-1} で表す．つまり

$$\sigma^{-1} = \begin{pmatrix} p_1 & p_2 & \cdots & p_n \\ 1 & 2 & \cdots & n \end{pmatrix}.$$

3 置換の合成

置換 τ と σ があるとき,

$$\tau\sigma = \begin{pmatrix} 1 & 2 & \cdots & n \\ \tau(\sigma(1)) & \tau(\sigma(2)) & \cdots & \tau(\sigma(n)) \end{pmatrix}$$

を**合成**または**積**という.

[例] 次の置換 σ と τ に対して $\tau\sigma$ を求めると,

$$\sigma = \begin{pmatrix} 1 & 2 & 3 \\ 3 & 1 & 2 \end{pmatrix}, \qquad \tau = \begin{pmatrix} 1 & 2 & 3 \\ 2 & 1 & 3 \end{pmatrix}$$

$$\tau\sigma = \begin{pmatrix} 1 & 2 & 3 \\ 2 & 1 & 3 \end{pmatrix}\begin{pmatrix} 1 & 2 & 3 \\ 3 & 1 & 2 \end{pmatrix} = \begin{pmatrix} 1 & 2 & 3 \\ 3 & 2 & 1 \end{pmatrix} = \begin{pmatrix} 1 & 3 \\ 3 & 1 \end{pmatrix}$$

4 互換

2 つの文字だけの入れ換えの置換を**互換**といい,次のように表す.

$$\begin{pmatrix} 1 & 2 & \cdots & i & \cdots & j & \cdots & n \\ 1 & 2 & \cdots & j & \cdots & i & \cdots & n \end{pmatrix} = \begin{pmatrix} i & j \\ j & i \end{pmatrix} = (i, j)$$

5 巡回置換

$a_1, a_2, \cdots, a_s$ が次のように巡回し,他の文字は動かない置換を**巡回置換**といい,次のように表す.

$$a_1 \to a_2 \to a_3 \to \cdots \to a_s$$

$$\begin{pmatrix} a_1 & a_2 & a_3 & \cdots & a_s & a_{s+1} & \cdots & a_n \\ a_2 & a_3 & a_4 & \cdots & a_1 & a_{s+1} & \cdots & a_n \end{pmatrix} = (a_1, a_2, a_3, \cdots, a_s)$$

このとき,次の 3 つの定理が成り立つ.

定理 2.1 任意の置換は,共通の文字を含まない巡回置換の積で表される.

定理 2.2 任意の巡回置換は,いくつかの互換の積として表される.

定理 2.3 任意の置換は,いくつかの互換の積として表される.

特に定理 2.2 はたとえば,

$$(a_1, a_2, \cdots, a_{r-1}, a_r) = (a_1, a_r)(a_1, a_{r-1}) \cdots (a_1, a_2)$$

となるが,その積の表し方は一通りではない.しかし,任意の置換を互換の積で表したとき,その互換の個数が偶数であるか奇数であるかは一定である.

- 偶数個の互換の積で表される置換を**偶置換**という.
- 奇数個の互換の積で表される置換を**奇置換**という.

  注意 恒等置換 ε は偶置換である.

6 置換の符号

偶置換と奇置換を区別するため，置換の符号を定義する．sgn は符号 (signature) から取った略語である.

$$\mathrm{sgn}\,\sigma = \begin{cases} 1 & (\sigma;\text{偶置換}) \\ -1 & (\sigma;\text{奇置換}) \end{cases}$$

と定義し，**置換 σ の符号**という．このとき次の定理が成り立つ.

定理 2.4 $\mathrm{sgn}(\sigma\tau) = \mathrm{sgn}\,\sigma \cdot \mathrm{sgn}\,\tau$

$\mathrm{sgn}\,\sigma^{-1} = \mathrm{sgn}\,\sigma$

例題 2.1 次の置換の符号を求めよ．

$$\begin{pmatrix} 1 & 2 & 3 & 4 & 5 & 6 & 7 & 8 \\ 3 & 2 & 7 & 1 & 6 & 8 & 4 & 5 \end{pmatrix}$$

解答 まず $\begin{pmatrix} 1 & 2 & 3 & 4 & 5 & 6 & 7 & 8 \\ 3 & 2 & 7 & 1 & 6 & 8 & 4 & 5 \end{pmatrix}$ を共通文字を含まない巡回置換の積で表す (定理 2.1 より).

$$\begin{pmatrix} 1 & 2 & 3 & 4 & 5 & 6 & 7 & 8 \\ 3 & 2 & 7 & 1 & 6 & 8 & 4 & 5 \end{pmatrix} = (1,3,7,4)(5,6,8) \quad (\text{2は変化なしなので除く})$$

これを定理 2.2 を使い，次のように互換の積にする.

$(1,3,7,4) = (1,4)(1,7)(1,3)$

$(5,6,8) = (5,8)(5,6)$

$\therefore \begin{pmatrix} 1 & 2 & 3 & 4 & 5 & 6 & 7 & 8 \\ 3 & 2 & 7 & 1 & 6 & 8 & 4 & 5 \end{pmatrix} = \underbrace{(1,4)(1,7)(1,3)(5,8)(5,6)}_{\text{互換 5 コ…奇数}}$

$\therefore \mathrm{sgn}\begin{pmatrix} 1 & 2 & 3 & 4 & 5 & 6 & 7 & 8 \\ 3 & 2 & 7 & 1 & 6 & 8 & 4 & 5 \end{pmatrix} = -1$ ∎

例題 2.2 定理 2.2 を証明せよ．

解答 巡回置換は一般に $(a_1, a_2, \cdots, a_r)$ であるが，証明方法は同じであるから，次を証明する．

$$(1, 2, \cdots, r) = (1, r)(1, r-1) \cdots (1, 2) \tag{2.1}$$

[証明] 置換は自然数の集合 $\{1, 2, \cdots, n\}$ から $\{1, 2, \cdots, n\}$ への1対1対応であった．それを
$\sigma = \begin{pmatrix} 1 & 2 & \cdots & n \\ p_1 & p_2 & \cdots & p_n \end{pmatrix}$ のように書いた．

式 (2.1) も左辺，右辺とも置換であるから，それが置換として等しいことを示すには，左辺，右辺の両方の置換が自然数 $1, 2, \cdots, n$ をすべて同じ自然数に写せばよい．すなわち
（ⅰ） $(1, 2, \cdots, r)(1) = (1, r)(1, r-1) \cdots (1, 2)(1)$
（ⅱ） $(1, 2, \cdots, r)(2) = (1, r)(1, r-1) \cdots (1, 2)(2)$
$\vdots$
$(1, 2, \cdots, r)(n) = (1, r)(1, r-1) \cdots (1, 2)(n)$

を示せばよいことになる．（ⅰ）はまず巡回置換の定義から，左辺 $= (1, 2, \cdots r)(1) = 2$．また右辺は

$$\text{右辺} = (1, r)(1, r-1) \cdots (1, 3)\underline{(1, 2)(1)} \quad ((1, 2) \text{ で } 1 \text{ は } 2 \text{ に写る})$$
$$= (1, r)(1, r-1) \cdots (1, 4)\underline{(1, 3)(2)} \cdots (1, 3) \text{ で } 2 \text{ は動かない}$$
$$= (1, r)(1, r-1) \cdots (1, 4)(2) \cdots \text{以下 } 2 \text{ は } (1, 4) \cdots (1, r) \text{ で動かない}$$
$$= 2$$

よって，（ⅰ）は成立した．同様に（ⅱ）以下も示すことができる．ゆえに，式 (2.1) が成立する． ∎

[問題1] 次の置換の符号を求めよ．
$$\begin{pmatrix} 4 & 3 & 2 & 1 \\ 3 & 2 & 1 & 4 \end{pmatrix}^{-1} \begin{pmatrix} 1 & 2 & 3 & 4 \\ 3 & 4 & 1 & 2 \end{pmatrix}$$

[問題2] 互換について，$i, j \neq 1$, $i \neq j$ のとき $(i, j) = (1, i)(1, j)(1, i)$ を証明せよ．

2.2 行列式

n 次の正方行列 $A = [a_{ij}]$ に対して

$$|A| = \det A = \begin{vmatrix} a_{11} & a_{12} & \cdots & a_{1n} \\ a_{21} & a_{22} & \cdots & a_{2n} \\ \vdots & \vdots & & \vdots \\ a_{n1} & a_{n2} & \cdots & a_{nn} \end{vmatrix}$$

$$= \sum_{\begin{pmatrix} 1 & 2 & \cdots & n \\ p_1 & p_2 & \cdots & p_n \end{pmatrix} \in S_n} \text{sgn} \begin{pmatrix} 1 & 2 & \cdots & n \\ p_1 & p_2 & \cdots & p_n \end{pmatrix} a_{1p_1} a_{2p_2} \cdots a_{np_n}, \tag{2.2}$$

の値を A の行列式という．ここで，det は行列式 (determinant) のはじめの 3 文字をとったものである．S_n は n 次の置換のすべての集合である．

$|A|$ とはどのような値かを調べる．$a_{1p_1}, a_{2p_2}, \cdots, a_{np_n}$ に着目すると，

$$\begin{vmatrix} a_{11} & a_{12} & \vdots & a_{1p_1} & \vdots & \vdots & \vdots & \vdots \\ a_{21} & a_{22} & \vdots & \vdots & a_{2p_2} & \vdots & \vdots & \vdots \\ a_{31} & \vdots & \vdots & \vdots & \vdots & a_{3p_3} & \vdots & \vdots \\ \vdots & & & & & & & \\ a_{i1} & \vdots & \vdots & \vdots & \vdots & \vdots & a_{ip_i} & \vdots \\ a_{n1} & \vdots & \vdots & \vdots & \vdots & \vdots & \vdots & a_{np_n} \end{vmatrix} \begin{array}{l} \cdots 1\text{行目から}p_1\text{列の}a_{1p_1}\text{をとり} \\ \cdots 2\text{行目から}p_2\text{列の}a_{2p_2}\text{をとり} \\ \cdots 3\text{行目から}p_3\text{列の}a_{3p_3}\text{をとり} \\ \vdots \\ \cdots i\text{行目から}p_i\text{列の}a_{ip_i}\text{をとり} \\ \cdots n\text{行目から}p_n\text{列の}a_{np_n}\text{をとり} \end{array}$$

p_1 列　p_2 列　p_3 列　p_i 列　p_n 列
これらはすべて異なる列

これらの成分のすべての積 $a_{1p_1}a_{2p_2}\cdots a_{np_n}$ をつくり，それにそのときの置換

$$\begin{pmatrix} 1 & 2 & \cdots & n \\ p_1 & p_2 & \cdots & p_n \end{pmatrix}$$

の符号をかける ($p_1, p_2, \cdots, p_n$ の異なる理由は，置換が 1 対 1 対応でなければならないからである．たとえば次の場合は置換ではない)．

$$\begin{pmatrix} 1 & 2 & \cdots & n \\ 1 & 1 & \cdots & 1 \end{pmatrix}$$

このような積のつくり方のすべての可能性の和の値である．

[例]　(1) 2 次の行列式は次である．

1 行目から 1 列目つまり a_{11} をとり，そうすれば 2 行目からは 2 列目しかとれない．
1 行目から 2 列目つまり a_{12} をとるならば 2 行目は 1 列目しかとれない．
この 2 つの場合がすべてである．

$$\begin{vmatrix} a_{11} & a_{12} \\ a_{21} & a_{22} \end{vmatrix} = \sum_{\begin{pmatrix} 1 & 2 \\ p_1 & p_2 \end{pmatrix} \in s_2} \operatorname{sgn}\begin{pmatrix} 1 & 2 \\ p_1 & p_2 \end{pmatrix} a_{1p_1}a_{2p_2}$$

$$= \operatorname{sgn}\begin{pmatrix} 1 & 2 \\ 1 & 2 \end{pmatrix} a_{11}a_{22} + \operatorname{sgn}\begin{pmatrix} 1 & 2 \\ 2 & 1 \end{pmatrix} a_{12}a_{21}$$

$$= (\operatorname{sgn}\varepsilon)\cdot a_{11}a_{22} + \operatorname{sgn}(1,2)\cdot a_{12}\cdot a_{21}$$

$$= a_{11}a_{22} - a_{12}a_{21}$$

(2) 3 次の行列式は次である (**サラスの方法**)．とることができる成分の積の可能性を下図の線で示した．

$$\begin{vmatrix} a_{11} & a_{12} & a_{13} \\ a_{21} & a_{22} & a_{23} \\ a_{31} & a_{32} & a_{33} \end{vmatrix} = \sum_{\begin{pmatrix} 1 & 2 & 3 \\ p_1 & p_2 & p_3 \end{pmatrix} \in s_3} \mathrm{sgn}\begin{pmatrix} 1 & 2 & 3 \\ p_1 & p_2 & p_3 \end{pmatrix} a_{1p_1} a_{2p_2} a_{3p_3}$$

$$= \mathrm{sgn}\begin{pmatrix} 1 & 2 & 3 \\ 1 & 2 & 3 \end{pmatrix} a_{11}a_{22}a_{33} + \mathrm{sgn}\begin{pmatrix} 1 & 2 & 3 \\ 2 & 3 & 1 \end{pmatrix} a_{12}a_{23}a_{31} + \cdots$$

$$= a_{11}a_{22}a_{33} + a_{32}a_{21}a_{13} + a_{31}a_{12}a_{23}$$
$$- a_{13}a_{22}a_{31} - a_{32}a_{23}a_{11} - a_{33}a_{12}a_{21}$$

注意 (1) 1次の行列式は $|a_{11}| = \det(a_{11}) = a_{11}$ で，| | は絶対値ではない．
(2) 4次以上の行列式では「サラスの方法」のような便利なものはない．

1 行列式の性質

行列式は，その定義から次の性質 (a)〜(g) をもつ．

性質 (a) 行列式で行と列を入れ換えても行列式の値は変わらない．つまり $|A| = |{}^t A|$.

$$\begin{vmatrix} a_{11} & a_{12} & \cdots & a_{1n} \\ a_{21} & a_{22} & \cdots & a_{2n} \\ \cdots & \cdots & \cdots & \cdots \\ a_{n1} & a_{n2} & \cdots & a_{nn} \end{vmatrix} = \begin{vmatrix} a_{11} & a_{21} & \vdots & a_{n1} \\ a_{12} & a_{22} & \vdots & a_{n2} \\ \vdots & \vdots & & \vdots \\ a_{1n} & a_{2n} & \vdots & a_{nn} \end{vmatrix}$$

性質 (b) 行列式のいずれかの2行 (または2列) を入れ換えると符号が変わる．

$$\begin{vmatrix} a_{11} & \cdots & \cdots & a_{1n} \\ a_{i1} & \cdots & \cdots & a_{in} \\ a_{j1} & \cdots & \cdots & a_{jn} \\ a_{n1} & \cdots & \cdots & a_{nn} \end{vmatrix} = - \begin{vmatrix} a_{11} & \cdots & \cdots & a_{1n} \\ a_{j1} & \cdots & \cdots & a_{jn} \\ a_{i1} & \cdots & \cdots & a_{in} \\ a_{n1} & \cdots & \cdots & a_{nn} \end{vmatrix}$$

特に同じ
$$\begin{vmatrix} a_{11} & \cdots & \cdots & a_{1n} \\ a_{i1} & \cdots & \cdots & a_{in} \\ a_{i1} & \cdots & \cdots & a_{in} \\ a_{n1} & \cdots & \cdots & a_{nn} \end{vmatrix} = 0$$

性質 (c) ある行 (または列) の各成分を λ 倍した値はもとの行列式の値の λ 倍である．

$$\begin{vmatrix} a_{11} & \cdots & a_{1n} \\ \vdots & \ddots & \vdots \\ \lambda a_{i1} & \cdots & \lambda a_{in} \\ \vdots & \ddots & \vdots \\ a_{n1} & \cdots & a_{nn} \end{vmatrix} = \lambda \begin{vmatrix} a_{11} & \cdots & a_{1n} \\ \vdots & \ddots & \vdots \\ a_{i1} & \cdots & a_{in} \\ \vdots & \ddots & \vdots \\ a_{n1} & \cdots & a_{nn} \end{vmatrix}$$

性質 (d) 行列式の1つの行 (または列) の各成分が和の形のときは，和をなす個々の成分の行列式の和となる．

$$\begin{vmatrix} a_{11} & a_{12} & & a_{1n} \\ \vdots & \ddots & \ddots & \vdots \\ a_{i1}+b_{i1} & a_{i2}+b_{i2} & & a_{in}+b_{in} \\ \vdots & \ddots & \ddots & \vdots \\ a_{n1} & a_{n2} & & a_{nn} \end{vmatrix} = \begin{vmatrix} a_{11} & a_{12} & & a_{1n} \\ \vdots & \ddots & & \vdots \\ a_{i1} & a_{i2} & & a_{in} \\ \vdots & & \ddots & \vdots \\ a_{n1} & a_{n2} & & a_{nn} \end{vmatrix} + \begin{vmatrix} a_{11} & a_{12} & & a_{1n} \\ \vdots & \ddots & & \vdots \\ b_{i1} & b_{i2} & & b_{in} \\ \vdots & & \ddots & \vdots \\ a_{n1} & a_{n2} & & a_{nn} \end{vmatrix}$$

性質 (e) 行列式のある行 (または列) を λ 倍して他の行 (または列) に加えても，行列式の値は変わらない．

$$\begin{array}{c} \\ \\ i\,\text{行} \to \\ j\,\text{行} \to \\ \\ \\ \end{array} \begin{vmatrix} a_{11} & a_{12} & \cdots & a_{1n} \\ \vdots & \vdots & & \vdots \\ a_{i1} & a_{i2} & \cdots & a_{in} \\ a_{ji} & a_{j2} & \cdots & a_{jn} \\ \vdots & \vdots & & \vdots \\ a_{n1} & a_{n2} & \cdots & a_{nn} \end{vmatrix} = \begin{vmatrix} a_{11} & a_{12} & \cdots & a_{1n} \\ \vdots & \vdots & & \vdots \\ a_{i1}+\lambda a_{j1} & a_{i2}+\lambda a_{j2} & \cdots & a_{in}+\lambda a_{jn} \\ a_{j1} & a_{j2} & \cdots & a_{jn} \\ \vdots & \vdots & & \vdots \\ a_{n1} & a_{n2} & \cdots & a_{nn} \end{vmatrix}$$

性質 (f) 行列式の次数を下げるときによく使われる公式である (∗ は適当な数を示す)．

$$\begin{vmatrix} a_{11} & 0 & \cdots & 0 \\ a_{21} & a_{22} & \cdots & a_{2n} \\ \vdots & \vdots & \ddots & \vdots \\ a_{n1} & a_{n2} & \cdots & a_{nn} \end{vmatrix} = \begin{vmatrix} a_{11} & a_{12} & \cdots & a_{1n} \\ 0 & a_{22} & \cdots & a_{2n} \\ \vdots & \vdots & \ddots & \vdots \\ 0 & a_{n2} & \cdots & a_{nn} \end{vmatrix} = a_{11} \begin{vmatrix} a_{22} & \cdots & a_{2n} \\ \vdots & \ddots & \vdots \\ a_{n2} & \cdots & a_{nn} \end{vmatrix}$$

特に $a_{11}=1$ のとき

$$\begin{vmatrix} 1 & 0 & \cdots & 0 \\ a_{21} & a_{22} & \cdots & a_{2n} \\ \vdots & \vdots & \ddots & \vdots \\ a_{n1} & a_{n2} & \cdots & a_{nn} \end{vmatrix} = \begin{vmatrix} 1 & a_{12} & \cdots & a_{1n} \\ 0 & a_{22} & \cdots & a_{2n} \\ \vdots & \vdots & \ddots & \vdots \\ 0 & a_{n2} & \cdots & a_{nn} \end{vmatrix} = \begin{vmatrix} a_{22} & \cdots & a_{2n} \\ \vdots & \ddots & \vdots \\ a_{n2} & \cdots & a_{nn} \end{vmatrix}$$

性質 (g) n 次の正方行列 A, B に対して積 AB が定義され，AB はまた n 次の正方行列であるが (1.2 節の 4 を参照)，積 AB の行列式に関して $|AB|=|A||B|$ が成立する．

例題 2.3 次の行列式 (1), (2) の値を求めよ．

(1) $\begin{vmatrix} 1 & 2 \\ 4 & -5 \end{vmatrix}$ (2) $\begin{vmatrix} b(c+a) & c(a+b) \\ -(c+a) & (a+b) \end{vmatrix}$

解答 (1) $\begin{vmatrix} 1 & 2 \\ 4 & -5 \end{vmatrix} = 1 \times (-5) - 2 \times 4 = -13$

(2) $\begin{vmatrix} b(c+a) & c(a+b) \\ -(c+a) & (a+b) \end{vmatrix} = b(c+a)(a+b) + c(a+b)(c+a) = (a+b)(b+c)(c+a)$

■

例題 2.4 次の行列式の値を求めよ.

$$\begin{vmatrix} -1 & 2 & 3 \\ 0 & 1 & 2 \\ -1 & 0 & 4 \end{vmatrix}$$

解答 1 サラスの方法を用いる

$$\begin{vmatrix} -1 & 2 & 3 \\ 0 & 1 & 2 \\ -1 & 0 & 4 \end{vmatrix} = (-1) \times 1 \times 4 + 0 \times 0 \times 3 + (-1) \times 2 \times 2 - 3 \times 1 \times (-1)$$
$$- 0 \times 2 \times (-1) - 4 \times 2 \times 0 = -5$$

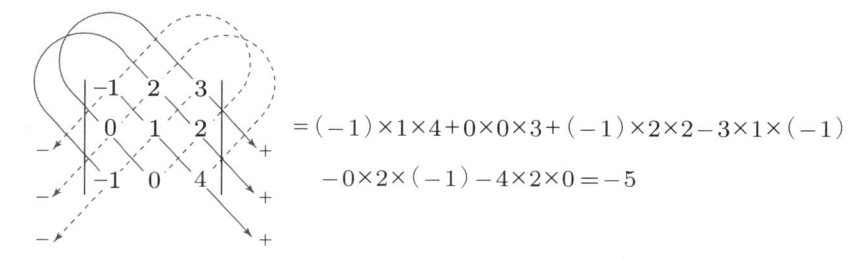

解答 2 行列式の性質を用いる (行列式の性質 (a)〜(f) を使い左上, 上端に 1 をつくる)

性質(e): 1×2列$+1$列　　1×1行$+3$行　$(-1) \times 1$行$+2$行　　性質(f)

$$\begin{vmatrix} -1 & 2 & 3 \\ 0 & 1 & 2 \\ -1 & 0 & 4 \end{vmatrix} = \begin{vmatrix} 1 & 2 & 3 \\ 1 & 1 & 2 \\ -1 & 0 & 4 \end{vmatrix} = \begin{vmatrix} 1 & 2 & 3 \\ 1 & 1 & 2 \\ 0 & 2 & 7 \end{vmatrix} = \begin{vmatrix} 1 & 2 & 3 \\ 0 & -1 & -1 \\ 0 & 2 & 7 \end{vmatrix}$$
$$= \begin{vmatrix} -1 & -1 \\ 2 & 7 \end{vmatrix} = (-1) \times 7 - (-1) \times 2 = -5$$

■

例題 2.5 次の行列式を求めよ.

$$\begin{vmatrix} x+y+2z & x & y \\ z & y+z+2x & y \\ z & x & z+x+2y \end{vmatrix}$$

解答 行列式の性質 (e) を使って

26　第2章　行列式

$$
\begin{vmatrix} x+y+2z & x & y \\ z & y+z+2x & y \\ z & x & z+x+2y \end{vmatrix}
$$

（1倍して足す／1倍して足す）

$$
= \begin{vmatrix} 2x+2y+2z & x & y \\ 2x+2y+2z & y+z+2x & y \\ 2x+2y+2z & x & z+x+2y \end{vmatrix} = 2(x+y+z) \begin{vmatrix} 1 & x & y \\ 1 & y+z+2x & y \\ 1 & x & z+x+2y \end{vmatrix}
$$

（(−1)倍して足す）

$$
= 2(x+y+z) \begin{vmatrix} 1 & x & y \\ 0 & x+y+z & 0 \\ 0 & 0 & x+y+z \end{vmatrix}
$$

$$
= 2(x+y+z)^3
$$

例題 2.6　次の形の2つの行列の積の行列式を考えることにより，平方式の差の2つの式の積が，また平方式の差になることを示せ．

$$
\begin{pmatrix} a & b \\ b & a \end{pmatrix}
$$

解答　行列式の性質 (g) を使い

$$
\begin{vmatrix} a & b \\ b & a \end{vmatrix} \begin{vmatrix} c & d \\ d & c \end{vmatrix} = \left| \begin{pmatrix} a & b \\ b & a \end{pmatrix} \begin{pmatrix} c & d \\ d & c \end{pmatrix} \right| \text{から}
$$

$$
(a^2-b^2)(c^2-d^2) = \begin{vmatrix} ac+bd & ad+bc \\ ad+bc & ac+bd \end{vmatrix} = (ac+bd)^2 - (ad+bc)^2
$$

$$
\therefore \quad (a^2-b^2)(c^2-d^2) = (ac+bd)^2 - (ad+bc)^2
$$

例題 2.7　行列式の性質の (f) を証明せよ．

解答

[証明]　行列式の定義 (式 (2.2) 参照) より

$$
\begin{vmatrix} a_{11} & 0 & \cdots & 0 \\ * & a_{22} & \cdots & a_{2n} \\ \vdots & \vdots & & \vdots \\ * & a_{n2} & \cdots & a_{nn} \end{vmatrix} = \sum_{\left(\begin{smallmatrix} 1 & 2 & \cdots & n \\ p_1 & p_2 & \cdots & p_n \end{smallmatrix}\right) \in s_n} \operatorname{sgn} \begin{pmatrix} 1 & 2 & \cdots & n \\ p_1 & p_2 & \cdots & p_n \end{pmatrix} a_{1p_1} a_{2p_2} \cdots a_{np_n},
$$

とならなければならないが，行列式の定義は 1 行目からは p_1 列の成分 a_{1p_1} をとり，2 行目からはこの p_1 列と異なる列の p_2 列の成分 a_{2p_2} をとると，3 行目からはいままでの p_1 列，p_2 列以外の p_3 列の成分 a_{3p_3} をとって，$\cdots$，と n 行の p_n 列成分 a_{np_n} の成分をとり，そのときにできる置換

$$\begin{pmatrix} 1 & 2 & \cdots & n \\ p_1 & p_2 & \cdots & p_n \end{pmatrix}$$

の符号といままで求めた成分のすべての積を考え，それらの考えうる列のとり方のすべての和のことである．そこでいまの場合は (左辺を参照) 1 行目からは a_{11} をとるしかない (他の列の成分をとっても 0 であるから，他の行の成分をとってかけても 0 になってしまうからである)．

2 行目は 1 列目をのぞいた p_2 列の成分 a_{2p_2} をとり，3 行目は 1 行目と 2 行目をのぞく p_3 列の成分 a_{3p_3} をとり，$\cdots$，とすれば，そのときの置換の符号を考えて以下のようになる．

$$\begin{aligned}
\begin{vmatrix} a_{11} & 0 & \cdots & 0 \\ * & a_{22} & \cdots & a_{2n} \\ \vdots & \vdots & & \vdots \\ * & a_{n2} & \cdots & a_{nn} \end{vmatrix} &= \sum_{\begin{pmatrix} 1 & 2 & \cdots & n \\ 1 & p_2 & \cdots & p_n \end{pmatrix} \in s_n} \text{sgn} \begin{pmatrix} 1 & 2 & \cdots & n \\ 1 & p_2 & \cdots & p_n \end{pmatrix} a_{11} a_{2p_2} \cdots a_{np_n}, \\
&= a_{11} \sum_{\begin{pmatrix} 2 & \cdots & n \\ p_2 & \cdots & p_n \end{pmatrix} \in s_{n-1}} \text{sgn} \begin{pmatrix} 2 & \cdots & n \\ p_2 & \cdots & p_n \end{pmatrix} a_{2p_2} \cdots a_{np_n}, \\
&= a_{11} \begin{vmatrix} a_{22} & \cdots & a_{2n} \\ \vdots & & \vdots \\ a_{n2} & \cdots & a_{nn} \end{vmatrix}
\end{aligned}$$

$$\left(\sum_{\begin{pmatrix} 2 & \cdots & n \\ p_2 & \cdots & p_n \end{pmatrix} \in s_{n-1}} \text{sgn} \begin{pmatrix} 2 & \cdots & n \\ p_2 & \cdots & p_n \end{pmatrix} a_{2p_2} \cdots a_{np_n} \text{は} \begin{vmatrix} a_{22} & \cdots & a_{2n} \\ \vdots & & \vdots \\ a_{n2} & \cdots & a_{nn} \end{vmatrix} \text{の行列式の定義} \right)$$

∎

[問題 3]　次の行列式 (1)〜(3) の値を求めよ．

(1) $\begin{vmatrix} 3 & 8 \\ 9 & 1 \end{vmatrix}$　　(2) $\begin{vmatrix} 9 & 6 & 1 \\ 2 & 1 & 1 \\ 2 & -1 & 3 \end{vmatrix}$　　(3) $\begin{vmatrix} -2 & 6 & 3 & 1 \\ 1 & 2 & -1 & 1 \\ -2 & 7 & 2 & 5 \\ -1 & 5 & 1 & 4 \end{vmatrix}$

[問題 4]　次の行列式を因数分解せよ．

$$\begin{vmatrix} a^3 & b^3 & c^3 \\ a & b & c \\ 1 & 1 & 1 \end{vmatrix}$$

[問題 5]　次の行列式を求めよ．

$$\begin{vmatrix} a_{11} & 0 & \cdots & \cdots & 0 \\ & a_{22} & 0 & \cdots & 0 \\ & & \ddots & & \vdots \\ & & & \ddots & 0 \\ * & & & & a_{nn} \end{vmatrix}$$

2　余因子

n 次の行列式 A に対して

$$|A| = \begin{vmatrix} a_{11} & \cdots & a_{1n} \\ \vdots & & \vdots \\ a_{n1} & \cdots & a_{nn} \end{vmatrix} \text{のとき}, \Delta_{ij} = \begin{vmatrix} a_{11} & & \cdots & & a_{1n} \\ \vdots & & & & \vdots \\ & & a_{ij} & & \\ a_{n1} & & \cdots & & a_{nn} \end{vmatrix}$$

（j 列を，i 行を　行と列を1つずつのぞく）

Δ_{ij} を A の $(n-1)$ 次**小行列式**という．また，$A_{ij} = (-1)^{i+j}\Delta_{ij}$ を a_{ij} **の余因子**という．

[例]　行列式 A の 1 行および 3 列をのぞく

$$A = \begin{pmatrix} a_{11} & a_{12} & a_{13} \\ a_{21} & a_{22} & a_{23} \\ a_{31} & a_{32} & a_{33} \end{pmatrix}$$

$$\Delta_{13} = \begin{vmatrix} a_{21} & a_{22} \\ a_{31} & a_{32} \end{vmatrix} = a_{21} \times a_{32} - a_{22} \times a_{31}$$

a_{13} の余因子は，

$$A_{13} = (-1)^{1+3}\Delta_{13} = \begin{vmatrix} a_{21} & a_{22} \\ a_{31} & a_{32} \end{vmatrix} = a_{21} \times a_{32} - a_{22} \times a_{31}$$

（a）余因子展開

$$A = \begin{pmatrix} a_{11} & a_{12} & \cdots & a_{1j} & \cdots & a_{1n} \\ \cdots & \cdots & \cdots & \cdots & \cdots & \cdots \\ a_{i1} & a_{i2} & \cdots & a_{ij} & \cdots & a_{in} \\ a_{n1} & a_{n2} & \cdots & a_{nj} & \cdots & a_{nn} \end{pmatrix}$$

（j 列，i 行）

のとき，行列式 $|A|$ は次のように求められる．

$$|A| = a_{i1} \times A_{i1} + a_{i2} \times A_{i2} + \cdots + a_{in} \times A_{in} = \sum_{k=1}^{n} a_{ik} A_{ik} \quad (i \text{ 行の展開})$$

$$|A| = a_{1j} \times A_{1j} + a_{2j} \times A_{2j} + \cdots + a_{nj} \times A_{nj} = \sum_{k=1}^{n} a_{kj} A_{kj} \quad (j \text{ 列の展開})$$

まとめると，次のようになる．

$$\sum_{k=1}^{n} a_{jk} A_{ik} = \begin{cases} |A| & (i = j) \\ 0 & (i \neq j) \end{cases}$$

$$\sum_{k=1}^{n} a_{kj} A_{ki} = \begin{cases} |A| & (i = j) \\ 0 & (i \neq j) \end{cases}$$

例題 2.8 次の行列 A の a_{31} の余因子 A_{31}, a_{33} の余因子 A_{33} をそれぞれ求めよ．

$$A = \begin{pmatrix} 1 & 2 & 3 \\ 0 & 1 & 2 \\ 4 & 0 & 2 \end{pmatrix}$$

さらに，これらを使って3行の余因子展開によりこの行列式を求めよ．同様に2列の展開で行列式を求めよ．

解答 a_{31} の余因子 A_{31} は，次の計算より，

$$\begin{pmatrix} 1 & 2 & 3 \\ 0 & 1 & 2 \\ 4 & 0 & 2 \end{pmatrix} \Rightarrow \begin{pmatrix} 2 & 3 \\ 1 & 2 \end{pmatrix}$$

のぞく

$$\therefore A_{31} = (-1)^{3+1} \begin{vmatrix} 2 & 3 \\ 1 & 2 \end{vmatrix} = 2 \times 2 - 3 \times 1 = 1$$

a_{33} の余因子 A_{33} は，次の計算より，

$$\begin{pmatrix} 1 & 2 & 3 \\ 0 & 1 & 2 \\ 4 & 0 & 2 \end{pmatrix} \Rightarrow \begin{pmatrix} 1 & 2 \\ 0 & 1 \end{pmatrix}$$

のぞく

$$\therefore A_{33} = (-1)^{3+3} \begin{vmatrix} 1 & 2 \\ 0 & 1 \end{vmatrix} = 1 \times 1 - 2 \times 0 = 1$$

また，3行の余因子展開は，

$$\therefore \begin{vmatrix} 1 & 2 & 3 \\ 0 & 1 & 2 \\ 4 & 0 & 2 \end{vmatrix} = a_{31} A_{31} + a_{32} A_{32} + a_{33} A_{33}$$

$$= 4 \times 1 + 0 \times A_{32} + 2 \times 1 = 6$$

2列の展開は，

$$\begin{vmatrix} 1 & 2 & 3 \\ 0 & 1 & 2 \\ 4 & 0 & 2 \end{vmatrix} = a_{12}A_{12} + a_{22}A_{22} + a_{32}A_{32}$$

$$= 2 \times (-1)^{1+2} \begin{vmatrix} 0 & 2 \\ 4 & 2 \end{vmatrix} + 1 \times (-1)^{2+2} \begin{vmatrix} 1 & 3 \\ 4 & 2 \end{vmatrix} + 0 \times (-1)^{3+2} \begin{vmatrix} 1 & 3 \\ 0 & 2 \end{vmatrix}$$

$$= -2 \times (0 \times 2 - 2 \times 4) + 1 \times (1 \times 2 - 3 \times 4) = 6$$

例題 2.9 例題 2.4 の行列式の値を他の方法で求めよ.

解答 1 余因子の展開による方法 (成分に 0 の多い所の行または列について展開)

2行目について展開

$$\begin{vmatrix} -1 & 2 & 3 \\ 0 & 1 & 2 \\ -1 & 0 & 4 \end{vmatrix} = 0 \times (-1)^{2+1} \begin{vmatrix} -1 & 2 & 3 \\ 0 & 1 & 2 \\ -1 & 0 & 4 \end{vmatrix}_{のぞく}^{(2,1)成分} + 1 \times (-1)^{2+2} \begin{vmatrix} -1 & 2 & 3 \\ 0 & 1 & 2 \\ -1 & 0 & 4 \end{vmatrix}_{のぞく}^{(2,2)成分}$$

$$+ 2 \times (-1)^{2+3} \begin{vmatrix} -1 & 2 & 3 \\ 0 & 1 & 2 \\ -1 & 0 & 4 \end{vmatrix}_{のぞく}^{(2,3)成分}$$

$$= \begin{vmatrix} -1 & 3 \\ -1 & 4 \end{vmatrix} + 2 \times (-1) \begin{vmatrix} -1 & 2 \\ -1 & 0 \end{vmatrix}$$

$$= (-1) \times 4 - 3 \times (-1) + (-2)((-1) \times 0 - 2 \times (-1))$$

$$= -1 - 4 = -5$$

解答 2 行列式の性質と余因子展開を組み合わせた方法 (成分に 0 の多い所をみつけ, その行または列にさらに 0 を行列式の性質を使ってつくり, 余因子展開を行う). $(-2) \times 2$列 $+ 3$列を行うと, $(2,3)$成分を 0 とすることができる.

$$\begin{vmatrix} -1 & 2 & 3 \\ 0 & 1 & 2 \\ -1 & 0 & 4 \end{vmatrix} = \begin{vmatrix} -1 & 2 & -1 \\ 0 & 1 & 0 \\ -1 & 0 & 4 \end{vmatrix} = (-1)^{2+2} \begin{vmatrix} -1 & -1 \\ -1 & 4 \end{vmatrix}$$

$$= (-1) \times 4 - (-1) \times (-1) = -5$$

注意 慣れてきたら解答 2 の方法をすすめる.

[問題 6] 次の行列式の値を求めよ.

$$\begin{vmatrix} 2 & 1 & 0 & 3 \\ 3 & 2 & 1 & 2 \\ 3 & 0 & 2 & 1 \\ 1 & 3 & 2 & 3 \end{vmatrix}$$

[問題 7] 次の行列式が成立することを示せ．

$$\begin{vmatrix} 1+x & 1 & 1 & 1 \\ 1 & 1+x & 1 & 1 \\ 1 & 1 & 1+x & 1 \\ 1 & 1 & 1 & 1+x \end{vmatrix} = x^3(x+4)$$

(b) 余因子行列

行列 A が

$$A = \begin{pmatrix} a_{11} & \cdots & a_{1n} \\ \vdots & \ddots & \vdots \\ a_{n1} & \cdots & a_{nn} \end{pmatrix}$$

のとき，各成分の余因子からつくられる行列の転置行列，すなわち

$$\widetilde{A} = {}^t\!\begin{pmatrix} A_{11} & A_{12} & \cdots & A_{1n} \\ A_{21} & A_{22} & \cdots & A_{2n} \\ \cdots & \cdots & \cdots & \cdots \\ A_{n1} & A_{n2} & \cdots & A_{nn} \end{pmatrix} = \begin{pmatrix} A_{11} & A_{21} & \vdots & A_{n1} \\ A_{12} & A_{22} & \vdots & A_{n2} \\ \vdots & \vdots & \vdots & \vdots \\ A_{1n} & A_{2n} & \vdots & A_{nn} \end{pmatrix}$$

を A の **余因子行列** という．余因子行列について次の定理が成り立つ

定理 2.5 $A\widetilde{A} = \widetilde{A}A = \begin{pmatrix} |A| & 0 & \cdots & 0 \\ 0 & \ddots & & \vdots \\ \vdots & & \ddots & 0 \\ 0 & \cdots & 0 & |A| \end{pmatrix}$

特に $|A| \neq 0$ のとき

$$A\left(\frac{\widetilde{A}}{|A|}\right) = \left(\frac{\widetilde{A}}{|A|}\right)A = E \quad \text{となり,}$$

$$\frac{\widetilde{A}}{|A|} = A^{-1}$$

となる．

(c) 逆行列 (定義については 1.3 節の 5 を参照)

行列 A に対して $|A| \neq 0$ のとき A^{-1} は存在して，

$$A^{-1} = \frac{\widetilde{A}}{|A|}$$

である.このとき A^{-1} が存在する (A は正則)⇔$|A| \neq 0$ が成立する.

A^{-1} は次の性質 (a)〜(f) をもつ.

- $(A^{-1})^{-1} = A$
- $(AB)^{-1} = B^{-1}A^{-1}$
- $(A^n)^{-1} = (A^{-1})^n$
- $|A^{-1}| = \dfrac{1}{|A|}$
- $(\alpha A)^{-1} = \dfrac{1}{\alpha}A^{-1}$, ただし $\alpha \neq 0$
- $({}^tA)^{-1} = {}^t(A^{-1})$ (例題 1.8 参照)

例題 2.10 次の行列 A の余因子行列 $\tilde{A}$ を求め,A^{-1} を求めよ.

$$A = \begin{pmatrix} 1 & 2 & 3 \\ 0 & 1 & 2 \\ 4 & 0 & 2 \end{pmatrix}$$

解答 各成分の余因子をそれぞれ求める.

$$A_{11} = (-1)^{1+1}\begin{vmatrix} 1 & 2 & 3 \\ 0 & 1 & 2 \\ 4 & 0 & 2 \end{vmatrix} \text{のぞく} = (-1)^{1+1}\begin{vmatrix} 1 & 2 \\ 0 & 2 \end{vmatrix} = 1 \times 2 - 2 \times 0 = 2$$

$$A_{12} = (-1)^{1+2}\begin{vmatrix} 1 & 2 & 3 \\ 0 & 1 & 2 \\ 4 & 0 & 2 \end{vmatrix} = (-1)^{1+2}\begin{vmatrix} 0 & 2 \\ 4 & 2 \end{vmatrix} = -(0 \times 2 - 2 \times 4) = 8$$

同様に,

$$A_{13} = (-1)^{1+3}\begin{vmatrix} 0 & 1 \\ 4 & 0 \end{vmatrix} = 0 \times 0 - 1 \times 4 = -4$$

$$A_{21} = (-1)^{2+1}\begin{vmatrix} 2 & 3 \\ 0 & 2 \end{vmatrix} = -(2 \times 2 - 3 \times 0) = -4$$

$$A_{22} = (-1)^{2+2}\begin{vmatrix} 1 & 3 \\ 4 & 2 \end{vmatrix} = 1 \times 2 - 3 \times 4 = -10$$

$$A_{23} = (-1)^{2+3}\begin{vmatrix} 1 & 2 \\ 4 & 0 \end{vmatrix} = -(1 \times 0 - 2 \times 4) = 8$$

$$A_{31} = (-1)^{3+1}\begin{vmatrix} 2 & 3 \\ 1 & 2 \end{vmatrix} = 2 \times 2 - 3 \times 1 = 1$$

$$A_{32} = (-1)^{3+2}\begin{vmatrix} 1 & 3 \\ 0 & 2 \end{vmatrix} = -(1 \times 2 - 3 \times 0) = -2$$

$$A_{33} = (-1)^{3+3}\begin{vmatrix} 1 & 2 \\ 0 & 1 \end{vmatrix} = 1 \times 1 - 2 \times 0 = 1$$

$$\therefore \tilde{A} = {}^t\!\begin{pmatrix} A_{11} & A_{12} & A_{13} \\ A_{21} & A_{22} & A_{23} \\ A_{31} & A_{32} & A_{33} \end{pmatrix} = \begin{pmatrix} A_{11} & A_{21} & A_{31} \\ A_{12} & A_{22} & A_{32} \\ A_{13} & A_{23} & A_{33} \end{pmatrix} = \begin{pmatrix} 2 & -4 & 1 \\ 8 & -10 & -2 \\ -4 & 8 & 1 \end{pmatrix}$$

また逆行列 A^{-1} は, $|A| = \begin{vmatrix} 1 & 2 & 3 \\ 0 & 1 & 2 \\ 4 & 0 & 2 \end{vmatrix} = 6$ (例題 2.8 参照)

$$\therefore A^{-1} = \frac{1}{|A|}\tilde{A} = \frac{1}{6}\begin{pmatrix} 2 & -4 & 1 \\ 8 & -10 & -2 \\ -4 & 8 & 1 \end{pmatrix} = \begin{pmatrix} \frac{1}{3} & -\frac{2}{3} & \frac{1}{6} \\ \frac{4}{3} & -\frac{5}{3} & -\frac{1}{3} \\ -\frac{2}{3} & \frac{4}{3} & \frac{1}{6} \end{pmatrix}$$

∎

[問題 8] 次の行列の余因子行列を求め, A^{-1} が存在すれば A^{-1} を求めよ.

(1) $A = \begin{pmatrix} 0 & 1 \\ -1 & 0 \end{pmatrix}$ (2) $A = \begin{pmatrix} 1 & 1 & 1 \\ 1 & 3 & 3 \\ 1 & 0 & 6 \end{pmatrix}$

3 クラーメルの公式

次のような連立方程式を**非同次連立1次方程式**という. この連立方程式を行列式を使って求める.

$$\text{連立方程式} \begin{cases} a_{11}x_1 + a_{12}x_2 + \cdots + a_{1n}x_n = b_1 \\ a_{21}x_1 + a_{22}x_2 + \cdots + a_{2n}x_n = b_2 \\ \quad\vdots \\ a_{n1}x_1 + a_{n2}x_2 + \cdots + a_{nn}x_n = b_n \end{cases}$$

は行列の積を使うと次のように表すことができる.

$$\begin{pmatrix} a_{11} & a_{12} & \cdots & a_{1n} \\ a_{21} & a_{22} & \cdots & a_{2n} \\ \cdots & \cdots & \cdots & \cdots \\ a_{n1} & a_{n2} & \cdots & a_{nn} \end{pmatrix} \begin{pmatrix} x_1 \\ x_2 \\ \vdots \\ x_n \end{pmatrix} = \begin{pmatrix} b_1 \\ b_2 \\ \vdots \\ b_n \end{pmatrix}.$$

$$\begin{vmatrix} a_{11} & \cdots & a_{1n} \\ \vdots & & \vdots \\ a_{n1} & \cdots & a_{nn} \end{vmatrix} \neq 0$$

のとき，次のように解を求めることができる．これを**クラーメルの公式**という．

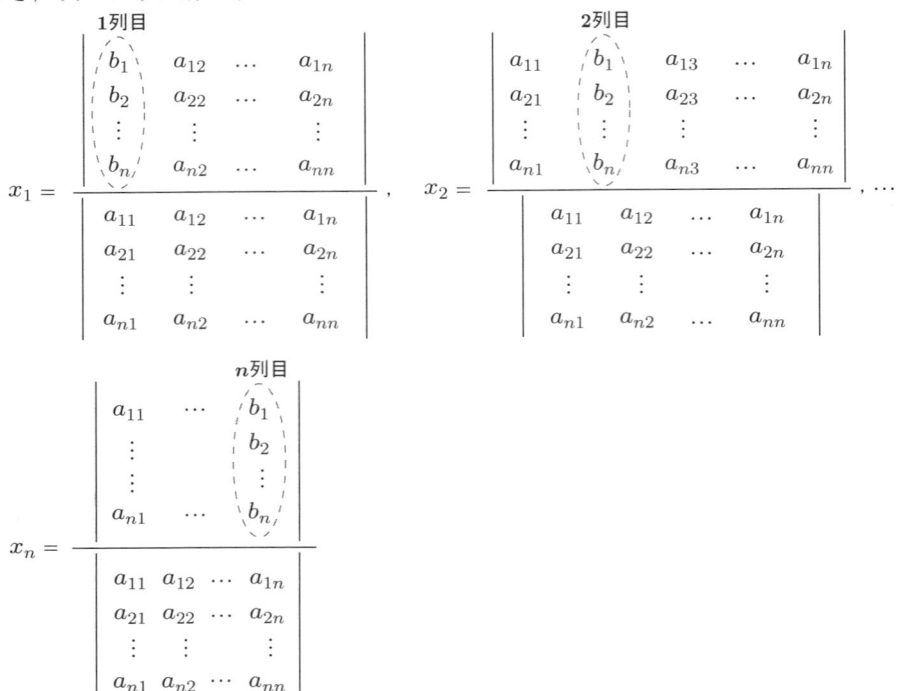

$$x_1 = \frac{\begin{vmatrix} b_1 & a_{12} & \cdots & a_{1n} \\ b_2 & a_{22} & \cdots & a_{2n} \\ \vdots & \vdots & & \vdots \\ b_n & a_{n2} & \cdots & a_{nn} \end{vmatrix}}{\begin{vmatrix} a_{11} & a_{12} & \cdots & a_{1n} \\ a_{21} & a_{22} & \cdots & a_{2n} \\ \vdots & \vdots & & \vdots \\ a_{n1} & a_{n2} & \cdots & a_{nn} \end{vmatrix}} \text{(1列目)}, \quad x_2 = \frac{\begin{vmatrix} a_{11} & b_1 & a_{13} & \cdots & a_{1n} \\ a_{21} & b_2 & a_{23} & \cdots & a_{2n} \\ \vdots & \vdots & \vdots & & \vdots \\ a_{n1} & b_n & a_{n3} & \cdots & a_{nn} \end{vmatrix}}{\begin{vmatrix} a_{11} & a_{12} & \cdots & a_{1n} \\ a_{21} & a_{22} & \cdots & a_{2n} \\ \vdots & \vdots & & \vdots \\ a_{n1} & a_{n2} & \cdots & a_{nn} \end{vmatrix}} \text{(2列目)}, \cdots$$

$$x_n = \frac{\begin{vmatrix} a_{11} & \cdots & b_1 \\ \vdots & & b_2 \\ \vdots & & \vdots \\ a_{n1} & \cdots & b_n \end{vmatrix}}{\begin{vmatrix} a_{11} & a_{12} & \cdots & a_{1n} \\ a_{21} & a_{22} & \cdots & a_{2n} \\ \vdots & \vdots & & \vdots \\ a_{n1} & a_{n2} & \cdots & a_{nn} \end{vmatrix}} \text{(n列目)}$$

特に右辺がすべて 0 の連立方程式

$$\begin{cases} a_{11}x_1 + a_{12}x_2 + \cdots + a_{1n}x_n = 0 \\ a_{21}x_1 + a_{22}x_2 + \cdots + a_{2n}x_n = 0 \\ \quad \vdots \\ a_{n1}x_1 + a_{n2}x_2 + \cdots + a_{nn}x_n = 0 \end{cases}$$

を**同次連立 1 次方程式**という．

$x_1 = x_2 = \cdots = x_n = 0$ はこの連立方程式の解となり，この解を**自明な解**という．このとき次の定理が成り立つ．

定理 2.6 同次連立 1 次方程式が自明な解だけをもつための必要十分条件は，次の関係が成立することである．

$$\begin{vmatrix} a_{11} & \cdots & a_{1n} \\ \vdots & \ddots & \vdots \\ a_{n1} & \cdots & a_{nn} \end{vmatrix} \neq 0$$

定理 2.6 の対偶をとると，定理 2.6′ となる．

定理 2.6′ 同次連立 1 次方程式が自明でない解をもつための必要十分条件は，次の関

係が成立することである．

$$\begin{vmatrix} a_{11} & \cdots & a_{1n} \\ \vdots & \ddots & \vdots \\ a_{n1} & \cdots & a_{nn} \end{vmatrix} = 0$$

例題 2.11 次の連立方程式をクラーメルの公式で解け．

$$\begin{cases} 3x + 5y - 7z = 10 \\ 5x - 7y + 3z = 30 \\ 7x + 3y + 5z = 70 \end{cases}$$

解答 連立方程式を行列で表すと，

$$\begin{pmatrix} 3 & 5 & -7 \\ 5 & -7 & 3 \\ 7 & 3 & 5 \end{pmatrix} \begin{pmatrix} x \\ y \\ z \end{pmatrix} = \begin{pmatrix} 10 \\ 30 \\ 70 \end{pmatrix}$$

$$\begin{vmatrix} 3 & 5 & -7 \\ 5 & -7 & 3 \\ 7 & 3 & 5 \end{vmatrix} = \begin{vmatrix} 3 & -2 & -7 \\ 5 & -4 & 3 \\ 7 & 8 & 5 \end{vmatrix} = \begin{vmatrix} 1 & -2 & -7 \\ 1 & -4 & 3 \\ 15 & 8 & 5 \end{vmatrix} \begin{matrix} (-1)\text{倍して} \\ \text{足す} \\ (-15)\text{倍して} \\ \text{足す} \end{matrix}$$

$$= \begin{vmatrix} 1 & -2 & -7 \\ 0 & -2 & 10 \\ 0 & 38 & 110 \end{vmatrix} = \begin{vmatrix} -2 & 10 \\ 38 & 110 \end{vmatrix} = -2 \times 110 - 10 \times 38 = -600 \neq 0$$

これから

$$x = \frac{\begin{vmatrix} 10 & 5 & -7 \\ 30 & -7 & 3 \\ 70 & 3 & 5 \end{vmatrix}}{\begin{vmatrix} 3 & 5 & -7 \\ 5 & -7 & 3 \\ 7 & 3 & 5 \end{vmatrix}}, \quad y = \frac{\begin{vmatrix} 3 & 10 & -7 \\ 5 & 30 & 3 \\ 7 & 70 & 5 \end{vmatrix}}{\begin{vmatrix} 3 & 5 & -7 \\ 5 & -7 & 3 \\ 7 & 3 & 5 \end{vmatrix}}, \quad z = \frac{\begin{vmatrix} 3 & 5 & 10 \\ 5 & -7 & 30 \\ 7 & 3 & 70 \end{vmatrix}}{\begin{vmatrix} 3 & 5 & -7 \\ 5 & -7 & 3 \\ 7 & 3 & 5 \end{vmatrix}}$$

$$\begin{vmatrix} 10 & 5 & -7 \\ 30 & -7 & 3 \\ 70 & 3 & 5 \end{vmatrix} = 10 \times \begin{vmatrix} 1 & 5 & -7 \\ 3 & -7 & 3 \\ 7 & 3 & 5 \end{vmatrix} \begin{matrix} (-3)\text{倍} \\ \text{して足す} \\ (-7)\text{倍} \\ \text{して足す} \end{matrix} = 10 \times \begin{vmatrix} 1 & 5 & -7 \\ 0 & -22 & 24 \\ 0 & -32 & 54 \end{vmatrix}$$

$$= 10 \times \begin{vmatrix} -22 & 24 \\ -32 & 54 \end{vmatrix} = 10 \times (-2) \begin{vmatrix} 11 & 24 \\ 16 & 54 \end{vmatrix} = 10 \times (-2) \times 6 \begin{vmatrix} 11 & 4 \\ 16 & 9 \end{vmatrix}$$

$$= -120 \times (11 \times 9 - 4 \times 16) = -4200$$

$$\begin{vmatrix} 3 & 10 & -7 \\ 5 & 30 & 3 \\ 7 & 70 & 5 \end{vmatrix} = 10 \times \begin{vmatrix} 3 & 1 & -7 \\ 5 & 3 & 3 \\ 7 & 7 & 5 \end{vmatrix} = 10 \times (-1) \begin{vmatrix} 1 & 3 & -7 \\ 3 & 5 & 3 \\ 7 & 7 & 5 \end{vmatrix}$$

　　　　　　　　　　　　入れ換え　　　　　　(−3)倍して足す　　7倍して足す

$$= -10 \times \begin{vmatrix} 1 & 0 & 0 \\ 3 & -4 & 24 \\ 7 & -14 & 54 \end{vmatrix} = -10 \times \begin{vmatrix} -4 & 24 \\ -14 & 54 \end{vmatrix} = -10 \times (-2) \times 6 \times \begin{vmatrix} 2 & 4 \\ 7 & 9 \end{vmatrix}$$

$$= 120 \times (2 \times 9 - 4 \times 7) = -1200$$

$$\begin{vmatrix} 3 & 5 & 10 \\ 5 & -7 & 30 \\ 7 & 3 & 70 \end{vmatrix} = 10 \times \begin{vmatrix} 3 & 5 & 1 \\ 5 & -7 & 3 \\ 7 & 3 & 7 \end{vmatrix} = -10 \times \begin{vmatrix} 1 & 5 & 3 \\ 3 & -7 & 5 \\ 7 & 3 & 7 \end{vmatrix}$$

　　　　　　　　　　　　入れ換え　　(−5)倍して足す　　(−3)倍して足す

$$= -10 \times \begin{vmatrix} 1 & 0 & 0 \\ 3 & -22 & -4 \\ 7 & -32 & -14 \end{vmatrix} = -10 \times (-2) \times (-2) \begin{vmatrix} 1 & 0 & 0 \\ 3 & 11 & 2 \\ 7 & 16 & 7 \end{vmatrix} = -40 \begin{vmatrix} 11 & 2 \\ 16 & 7 \end{vmatrix}$$

$$= -40 \times (11 \times 7 - 2 \times 16) = -1800$$

$$\therefore \quad x = \frac{-4200}{-600} = 7, \quad y = \frac{-1200}{-600} = 2, \quad z = \frac{-1800}{-600} = 3$$

例題 2.12 次の連立1次方程式が自明でない解をもつように a の値を定めよ．また，そのときの解も求めよ．

$$\begin{cases} ax_1 + x_2 + x_3 = 0 \\ x_1 + ax_2 + x_3 = 0 \\ x_1 + x_2 + ax_3 = 0 \end{cases}$$

解答 連立方程式を行列で表し，定理 2.6′ を使って

$$\begin{pmatrix} a & 1 & 1 \\ 1 & a & 1 \\ 1 & 1 & a \end{pmatrix} \begin{pmatrix} x_1 \\ x_2 \\ x_3 \end{pmatrix} = \begin{pmatrix} 0 \\ 0 \\ 0 \end{pmatrix}$$

$$\begin{vmatrix} a & 1 & 1 \\ 1 & a & 1 \\ 1 & 1 & a \end{vmatrix} = \begin{vmatrix} a+2 & 1 & 1 \\ a+2 & a & 1 \\ a+2 & 1 & a \end{vmatrix} = (a+2) \begin{vmatrix} 1 & 1 & 1 \\ 1 & a & 1 \\ 1 & 1 & a \end{vmatrix}$$

　足す 足す　　　　　　　　　　　(−1)倍して足す　(−1)倍して足す

$$= (a+2) \begin{vmatrix} 1 & 0 & 0 \\ 1 & a-1 & 0 \\ 1 & 0 & a-1 \end{vmatrix} = (a+2)((a-1)^2 - 0^2) = (a+2)(a-1)^2 = 0$$

より，$a = -2, 1$.

$a = -2$ のとき，もとの式にもどって

$$\begin{cases} -2x_1 + x_2 + x_3 = 0 & \text{(i)} \\ x_1 - 2x_2 + x_3 = 0 & \text{(ii)} \\ x_1 + x_2 - 2x_3 = 0 & \text{(iii)} \end{cases}$$

(i) − (ii) から，　　$-3x_1 + 3x_2 = 0$　　∴ $x_1 = x_2$　　(iv)

(iv) と (iii) から，　　$2x_1 = 2x_3$　　∴ $x_1 = x_3$

∴ $x_1 = x_2 = x_3$

これは $x_1 = x_2 = x_3$ を満たす数であれば，それらがすべて解であることを意味する．つまり，$x_1 = x_2 = x_3 = t$ とおくと，解は

$$\begin{pmatrix} x_1 \\ x_2 \\ x_3 \end{pmatrix} = \begin{pmatrix} t \\ t \\ t \end{pmatrix} = t \begin{pmatrix} 1 \\ 1 \\ 1 \end{pmatrix} \quad (t: \text{任意の数})$$

$a = 1$ のときは，もとの式にもどって

$$\begin{cases} x_1 + x_2 + x_3 = 0 \\ x_1 + x_2 + x_3 = 0 \\ x_1 + x_2 + x_3 = 0 \end{cases} \Leftrightarrow x_1 + x_2 + x_3 = 0$$

そこで，$x_1 + x_2 + x_3 = 0$ を満たす数であればすべてが解である．

$x_1 = s$ と $x_2 = t$ とすれば，$x_3 = -s - t$ となり

$$\begin{pmatrix} x_1 \\ x_2 \\ x_3 \end{pmatrix} = \begin{pmatrix} s \\ t \\ -s-t \end{pmatrix} = s \begin{pmatrix} 1 \\ 0 \\ -1 \end{pmatrix} + t \begin{pmatrix} 0 \\ 1 \\ -1 \end{pmatrix} \quad (s,t \text{は，} s = t = 0 \text{を除く任意の数})$$

■

[問題 9]　次の連立方程式 (1), (2) をクラーメルの公式を用いて解け．

(1) $\begin{cases} x_1 + x_2 + 3x_3 = 5 \\ -x_1 + 3x_2 + 2x_3 = 4 \\ 6x_1 - 2x_2 + 5x_3 = 9 \end{cases}$　　(2) $\begin{cases} -x_1 + x_2 - 3x_4 = 2 \\ x_1 - x_3 + 2x_4 = -4 \\ 2x_1 - x_2 + x_4 = -1 \\ x_2 + x_3 = 5 \end{cases}$

[問題 10]　次の連立方程式 (1), (2) が自明な解以外の解をもつように k の値を求め，そのときの解を求めよ．

(1) $\begin{cases} kx - 5y = 0 \\ -x + ky = 0 \end{cases}$ (2) $\begin{cases} kx + y + 2z = x \\ ky - z = y \\ kz = 2z \end{cases}$

章末問題 2

2.1 $\sigma = (2,3,5,1,4)$, $\tau = (3,4,1,2,5)$ とする.
(1) σ は偶置換か奇置換かを判定せよ
(2) 次の合成置換 $\tau\sigma, \sigma\tau, \tau^{-1}$ を求めよ

2.2 次の置換 (1)〜(3) を互換の積として表し,その符号を求めよ.
(1) $\begin{pmatrix} 1 & 2 & 3 & 4 \\ 3 & 4 & 1 & 2 \end{pmatrix}$ (2) $\begin{pmatrix} 1 & 2 & 3 & 4 & 5 & 6 & 7 \\ 4 & 1 & 3 & 5 & 7 & 6 & 2 \end{pmatrix}$ (3) $\begin{pmatrix} 1 & 2 & \cdots & n \\ n & n-1 & \cdots & 1 \end{pmatrix}$

2.3 7次の行列式 $\det(a_{ik})$ における $a_{13}a_{21}a_{34}a_{45}a_{52}a_{67}a_{76}$ の符号を求めよ.

2.4 次の行列式 (1)〜(8) の値を求めよ.

(1) $\begin{vmatrix} 2 & 1 \\ 9 & 6 \end{vmatrix}$ (2) $\begin{vmatrix} 1 & 2 \\ 4 & 3 \end{vmatrix}$ (3) $\begin{vmatrix} a(b-c) & b(a-c) \\ c(b-c) & c-a \end{vmatrix}$ (4) $\begin{vmatrix} 1 & -1 & 2 \\ 2 & 3 & 1 \\ 8 & -3 & 4 \end{vmatrix}$

(5) $\begin{vmatrix} 1 & 2 & 2 \\ -2 & -1 & 2 \\ -2 & 2 & -1 \end{vmatrix}$ (6) $\begin{vmatrix} 6 & 7 & -2 \\ 2 & -3 & 5 \\ 5 & 6 & -7 \end{vmatrix}$ (7) $\begin{vmatrix} a & a & a \\ b & a & a \\ c & b & a \end{vmatrix}$

(8) $\begin{vmatrix} c & a+b & c \\ b+c & a & a \\ b & b & c+a \end{vmatrix}$

2.5 次の行列式の値を求めよ

(1) $\begin{vmatrix} 1 & -1 & 1 & -1 \\ -1 & 1 & -2 & 3 \\ 1 & 3 & 1 & 2 \\ 2 & 1 & 5 & 1 \end{vmatrix}$ (2) $\begin{vmatrix} 4 & 3 & 2 & 6 \\ 2 & 3 & 1 & 2 \\ 0 & 3 & 2 & 1 \\ -3 & -2 & 0 & 2 \end{vmatrix}$ (3) $\begin{vmatrix} 2 & 7 & 5 & 6 \\ 1 & 1 & 3 & 1 \\ 1 & 5 & 4 & 3 \\ 4 & 4 & 6 & 5 \end{vmatrix}$

(4) $\begin{vmatrix} 1 & 1 & 1 & 1 \\ 0 & 1 & 2 & 3 \\ 1 & 3 & 6 & 10 \\ 0 & 3 & 9 & 19 \end{vmatrix}$ (5) $\begin{vmatrix} 1 & a & a^2 & a^3+bcd \\ 1 & b & b^2 & b^3+acd \\ 1 & c & c^2 & c^3+abd \\ 1 & d & d^2 & d^3+abc \end{vmatrix}$

2.6 次の行列式が成り立つような k の値を求めよ.

$$\begin{vmatrix} k & 3k \\ 4 & k \end{vmatrix} = 0$$

2.7 次の行列式 (1), (2) を計算せよ.

(1) $\begin{vmatrix} t+1 & 6 \\ 2 & t-3 \end{vmatrix}$ (2) $\begin{vmatrix} t+3 & -1 & 1 \\ 7 & t-5 & 1 \\ 6 & -6 & t+2 \end{vmatrix}$

2.8 次の連立方程式を解け.
$$\begin{cases} x_1 + x_2 - x_3 = 5 \\ 3x_1 - x_2 + 5x_3 = 11 \\ 5x_1 + 2x_2 - 6x_3 = 15 \end{cases}$$

2.9 クラーメルの公式を使って x, y について解け.
$$\begin{cases} ax - by = c \\ 2ax + 3by = -8c \end{cases} \quad (ab \neq 0)$$

2.10 クラーメルの公式を使って次の連立方程式 (1)〜(3) を解け.

(1) $\begin{cases} 9x_1 + 2x_2 + 3x_3 = 14 \\ 3x_1 + 2x_2 + x_3 = 6 \\ x_1 + 4x_2 + 2x_3 = 7 \end{cases}$ (2) $\begin{cases} 3x_1 - x_2 + x_3 + 2x_4 = 6 \\ x_1 + 2x_2 - x_3 + x_4 = 9 \\ 4x_1 + x_2 - 3x_4 = -3 \\ -2x_1 + 2x_2 + 3x_3 + x_4 = 2 \end{cases}$

(3) $\begin{cases} x + y + z = 0 \\ ax + by + cz = 0 \\ bcx + acy + abz = -(b-c)(c-a)(a-b) \end{cases}$
(ただし a, b, c は互いに異なる定数)

2.11 次の連立方程式 (1), (2) が自明でない解をもつように k の値を定めよ.

(1) $\begin{cases} kx + y - z = 3x \\ -x + ky + z = 3y \\ x - y + kz = 3z \end{cases}$ (2) $\begin{cases} kx_1 + x_2 + x_3 + x_4 = 2x_1 \\ x_1 + kx_2 + x_3 + x_4 = 2x_2 \\ x_1 + x_2 + kx_3 + x_4 = 2x_3 \\ x_1 + x_2 + x_3 + kx_4 = 2x_4 \end{cases}$

2.12 次の行列の逆行列を求めよ.
$$\begin{pmatrix} 1 & 1 \\ 0 & 1 \end{pmatrix}$$

2.13 次の行列は正則かどうか調べて, 正則のときは逆行列も求めよ.

(1) $A = \begin{pmatrix} 1 & 1 & -1 \\ 2 & 1 & -2 \\ -1 & 3 & 4 \end{pmatrix}$ (2) $B = \begin{pmatrix} 1 & 2 & 3 \\ -1 & 3 & 2 \\ 3 & 1 & 4 \end{pmatrix}$

2.14 A が奇数次の交代行列ならば, A の行列式 $\det A = 0$ であることを示せ.

2.15 次の等式を示せ.

$xyz \neq 0$ ならば $\begin{vmatrix} 1+x & 1 & 1 \\ 1 & 1+y & 1 \\ 1 & 1 & 1+z \end{vmatrix} = xyz\left(1 + \dfrac{1}{x} + \dfrac{1}{y} + \dfrac{1}{z}\right)$

2.16 (1) 余因子展開を使って次を証明せよ．

$$\begin{vmatrix} a_{11} & a_{12} & & & * \\ a_{21} & a_{22} & & & \\ & & b_{11} & \cdots & b_{1p} \\ & & \vdots & \ddots & \vdots \\ 0 & & b_{p1} & \cdots & b_{pp} \end{vmatrix} = \begin{vmatrix} a_{11} & a_{12} \\ a_{21} & a_{22} \end{vmatrix} \begin{vmatrix} b_{11} & \cdots & b_{1p} \\ \vdots & \ddots & \vdots \\ b_{p1} & \cdots & b_{pp} \end{vmatrix}$$

(2) (1) を使って $\begin{vmatrix} x & y & z & w \\ a & b & c & d \\ d & c & b & a \\ w & z & y & x \end{vmatrix} = \begin{vmatrix} x+w & y+z \\ a+d & b+c \end{vmatrix} \begin{vmatrix} x-w & y-z \\ a-d & b-c \end{vmatrix}$ を示せ．

注意 一般に A, B をそれぞれ m 次，n 次の正方行列とするとき，
$\begin{vmatrix} A & * \\ 0 & B \end{vmatrix} = \begin{vmatrix} A & 0 \\ * & B \end{vmatrix} = |A||B|$ が成立する．

2.17 次の (1), (2) を答えよ．

(1) $x^3 + y^3 + z^3 - 3xyz = -\begin{vmatrix} y & z & -x \\ x & y & -z \\ z & x & -y \end{vmatrix} = \begin{vmatrix} z & y & -x \\ y & x & -z \\ x & z & -y \end{vmatrix}$ を示せ．

(2) (1) を使って $\begin{vmatrix} 2yz - x^2 & z^2 & y^2 \\ z^2 & 2xz - y^2 & x^2 \\ y^2 & x^2 & 2xy - z^2 \end{vmatrix} = (x^3 + y^3 + z^3 - 3xyz)^2$ を示せ

2.18 $\begin{vmatrix} 0 & 0 & 0 & \beta & \alpha \\ c & b & a & 0 & \beta \\ f & e & d & a & 0 \\ h & g & e & b & 0 \\ i & h & f & c & 0 \end{vmatrix} = 0$ のとき，$\beta^2 \begin{vmatrix} d & e & f \\ e & g & h \\ f & h & i \end{vmatrix} = \alpha \begin{vmatrix} 0 & a & b & c \\ a & d & e & f \\ b & e & g & h \\ c & f & h & i \end{vmatrix}$ を示せ．

2.19 A, B を n 次の正方行列とするとき，問題 2.16 の注意を使って次の (1)〜(3) に答えよ．

(1) $\begin{vmatrix} A & B \\ B & A \end{vmatrix} = |A+B||A-B|$ を示せ．

(2) $\begin{vmatrix} -B & A \\ B & A \end{vmatrix}$ を $|A|, |B|$ を使って表せ．

(3) (1) を使って $\begin{vmatrix} a & b & c & d \\ b & a & d & c \\ c & d & a & b \\ d & c & b & a \end{vmatrix}$ を因数分解せよ．

第3章

ベクトル

3.1 ベクトルとベクトル空間

1 有向線分

空間内における2点A, Bにおいて，AからBへの方向も考えた線分ABを**有向線分**といい，$\overrightarrow{AB}$ と書く．

2 幾何ベクトル

図 3.1 のように2つの有向線分 $\overrightarrow{AB}, \overrightarrow{CD}$ について大きさと向きが等しいとき，これらの有向線分を同一のものとみなし，**幾何ベクトル**という．$\overrightarrow{AB}, \overrightarrow{CD}, \vec{a}, \vec{b}, \vec{c}, \cdots$ で表す．

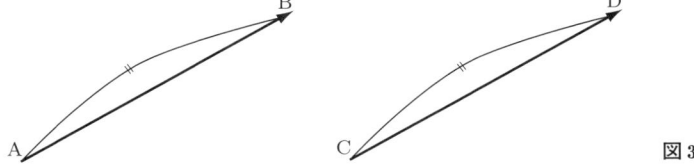

図 3.1

$\vec{a}$ に対して大きさが同じで向きが反対のベクトルを $-\vec{a}$ と書き，$\vec{a}$ の**逆ベクトル**という．

大きさが0で向きが任意のベクトルを $\vec{0}$ と書き，**零ベクトル**という．

$\vec{a}$ の大きさを $|\vec{a}|$ で表す．また，$\vec{a}$ の成分表示を

$$\vec{a} = \begin{pmatrix} a_1 \\ a_2 \\ a_3 \end{pmatrix} \text{ で表す．}$$

a_1 を $\vec{a}$ の x **成分**，a_2 を $\vec{a}$ の y **成分**，a_3 を $\vec{a}$ の z **成分**と，それぞれいう．

なお，$\vec{0} = \begin{pmatrix} 0 \\ 0 \\ 0 \end{pmatrix}$ である．

注意 高校においてはベクトルの成分表示を $\vec{a} = (a_1, a_2, a_3)$ と書いていたが，

$$\vec{a} = \begin{pmatrix} a_1 \\ a_2 \\ a_3 \end{pmatrix}$$

のように縦書きも使用する．

3　幾何ベクトルの和と実数倍

2つのベクトル

$$\vec{a} = \begin{pmatrix} a_1 \\ a_2 \\ a_3 \end{pmatrix}, \ \vec{b} = \begin{pmatrix} b_1 \\ b_2 \\ b_3 \end{pmatrix}$$

と実数 c に対して，

$$\vec{a} + \vec{b} = \begin{pmatrix} a_1 + b_1 \\ a_2 + b_2 \\ a_3 + b_3 \end{pmatrix}, \ c\vec{a} = \begin{pmatrix} ca_1 \\ ca_2 \\ ca_3 \end{pmatrix}$$

である．このとき，次の (G1)〜(G8) が成り立つ．ここで，G は幾何ベクトル (Geometric Vector) の G である．

> (G1) $\vec{a} + \vec{b} = \vec{b} + \vec{a}$ 　　（和の交換法則）
> (G2) $(\vec{a} + \vec{b}) + \vec{c} = \vec{a} + (\vec{b} + \vec{c})$ 　　（和の結合法則）
> (G3) $\vec{a} + \vec{0} = \vec{a}$ 　　（$\vec{0}$ を零元という）
> (G4) $\vec{a} + (-\vec{a}) = \vec{0}$ 　　（$-\vec{a}$ を逆元という）
> (G5) $(c + d)\vec{a} = c\vec{a} + d\vec{a}$
> (G6) $c(\vec{a} + \vec{b}) = c\vec{a} + c\vec{b}$
> (G7) $(cd)\vec{a} = c(d\vec{a})$
> (G8) $1 \cdot \vec{a} = \vec{a}$

さらに，$\vec{a} \neq \vec{0}$, $\vec{b} \neq \vec{0}$ のとき，$\vec{a} // \vec{b}$ ($\vec{a}$ と $\vec{b}$ が平行) $\Leftrightarrow \vec{a} = c\vec{b}$, $c \neq 0$ となる．

基本ベクトル

$$\vec{e_1} = \begin{pmatrix} 1 \\ 0 \\ 0 \end{pmatrix}, \vec{e_2} = \begin{pmatrix} 0 \\ 1 \\ 0 \end{pmatrix}, \vec{e_3} = \begin{pmatrix} 0 \\ 0 \\ 1 \end{pmatrix}$$

によって任意のベクトル $\vec{a}$ は，次のように書ける．

$$\vec{a} = \begin{pmatrix} a_1 \\ a_2 \\ a_3 \end{pmatrix} = a_1 \begin{pmatrix} 1 \\ 0 \\ 0 \end{pmatrix} + a_2 \begin{pmatrix} 0 \\ 1 \\ 0 \end{pmatrix} + a_3 \begin{pmatrix} 0 \\ 0 \\ 1 \end{pmatrix}$$

4　ベクトル空間

集合 K は実数全体の集合 $(= \boldsymbol{R})$，または複素数全体の集合 $(= \boldsymbol{C})$ とする．空でない集合を V とするとき，和とスカラー倍という演算，つまり

$\boldsymbol{a}, \boldsymbol{b} \in V \Rightarrow \boldsymbol{a} + \boldsymbol{b} \in V$　　　（**和**）

$\boldsymbol{a} \in V, c \in K \Rightarrow c\boldsymbol{a} \in V$　　　（**スカラー倍**）

が定義され，以下の (V1)〜(V8) が成り立つとき，V を K 上の**ベクトル空間**という ($K = \boldsymbol{R}$ のとき，**実ベクトル空間**という，$K = \boldsymbol{C}$ のとき**複素ベクトル空間**という). 本書ではほとんどの場合 $K = \boldsymbol{R}$ である．そして V の元をベクトルとよぶ．

すなわちベクトル空間 V とは V の中で和とスカラー倍が定義され，次の (V1)〜(V8) が成り立つ集合である．ここで V はベクトル空間 (Vector Space) の V である．

> (V1) $\boldsymbol{a} + \boldsymbol{b} = \boldsymbol{b} + \boldsymbol{a}$　　（和の交換法則）
> (V2) $(\boldsymbol{a} + \boldsymbol{b}) + \boldsymbol{c} = \boldsymbol{a} + (\boldsymbol{b} + \boldsymbol{c})$　　（和の結合法則）
> (V3) 任意の $\boldsymbol{a} \in V$ に対して，$\boldsymbol{a} + \boldsymbol{0} = \boldsymbol{a}$ となる $\boldsymbol{0} \in V$ が存在する
> 　　　（$\boldsymbol{0}$ を**零元**という）
> (V4) 任意の $\boldsymbol{a} \in V$ に対して，$\boldsymbol{a} + \boldsymbol{a}' = \boldsymbol{0}$ となる $\boldsymbol{a}' \in V$ が存在する
> 　　　（この $\boldsymbol{a}'$ を $\boldsymbol{a}$ の**逆元**といい，$\boldsymbol{a}' = -\boldsymbol{a}$ と書く）
> (V5) $(c+d)\boldsymbol{a} = c\boldsymbol{a} + d\boldsymbol{a}$
> (V6) $c(\boldsymbol{a} + \boldsymbol{b}) = c\boldsymbol{a} + c\boldsymbol{b}$
> (V7) $(cd)\boldsymbol{a} = c(d\boldsymbol{a})$
> (V8) $1 \cdot \boldsymbol{a} = \boldsymbol{a}$

これら (V1)〜(V8) から，零元，逆元はただ 1 つしか存在しないことが証明される．さらに次の (V'1)〜(V'4) が成立する．

> (V'1) $c\boldsymbol{0} = \boldsymbol{0}$
> (V'2) $0\boldsymbol{a} = \boldsymbol{0}$
> (V'3) $c\boldsymbol{a} = \boldsymbol{0} \Rightarrow c = 0$ または $\boldsymbol{a} = \boldsymbol{0}$
> (V'4) $(-c)\boldsymbol{a} = c(-\boldsymbol{a}) = -c\boldsymbol{a}$

注意 1　今後，単にベクトル空間と書くときは実ベクトル空間とする．

注意 2　ベクトル空間とは和，スカラー倍という演算が定義されていて上述の (V1)〜(V8) が成り立てばよいのであり，その元をVのベクトルという．高校で学んだベクトルは (本書では 3.1 の 2, 3 を参照)，ベクトル空間として，平面上のベクトルの集合や空間のベクトルの集合を考えたときのベクトルとなる．成分表示の場合，それらをそれぞれ$\boldsymbol{R}^2, \boldsymbol{R}^3$と書く．

5 ベクトル空間の例

ベクトル空間は次の例のように対象によって多様にとらえられる．

[例1] 高校で学んだ平面上のベクトルの集合 GV_2，空間のベクトルの集合 GV_3 はベクトル空間となる [1](例題 3.1 参照)．

[例2] 実数を成分とした (m,n) 型行列の全体を $M(m,n)$ とすれば，$M(m,n)$ は行列の和とスカラー倍に関してベクトル空間となる (1.2 節 行列の演算参照)．

[例3] 実数全体の集合 R も実数の和 (普通の和)，積 (普通の積) に関してベクトル空間となる (例題 3.2 参照)．

[例4] n 次以下の実数係数の多項式全体の集合 P も多項式の和，多項式と実数との積に関してベクトル空間となる (例題 3.3 参照)．

[例5] 実数値関数の全体を F とする．$f, g \in F, c$ を実数とするとき
$$(f+g)(x) = f(x) + g(x)$$
$$(cf)(x) = cf(x)$$
のように和とスカラー倍を定義すれば F はベクトル空間となる (例題 3.4 参照)．

例題 3.1 平面上の幾何ベクトルの集合 GV_2 はベクトル空間となることを確かめよ．

解答 $\vec{a}, \vec{b} \in GV_2$ に対して $\vec{a} + \vec{b} \in GV_2$ (和) は定義されていた (図 3.2)．

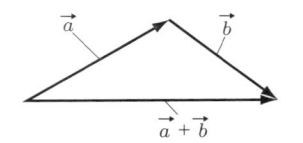

図 3.2

そして，
(V1) $\vec{a} + \vec{b} = \vec{b} + \vec{a}$
(V2) $(\vec{a} + \vec{b}) + \vec{c} = \vec{a} + (\vec{b} + \vec{c})$ は成立していた
さらに，$\vec{0} \in GV_2$ が存在し，
(V3) $\vec{a} + \vec{0} = \vec{a}$ であった．
(V4) $\vec{a} + \vec{x} = \vec{0}$ である $\vec{x}$，つまり $\vec{x} = -\vec{a}$ (逆ベクトル) は存在していた

$\vec{a} \in GV_2, c \in K$ のとき，$c\vec{a} \in GV_2$ (スカラー倍) は定義されていた．そのとき，$\vec{a}, \vec{b} \in GV_2, c, d \in K$ に対して，
(V5) $(c+d)\vec{a} = c\vec{a} + d\vec{a}$
(V6) $c(\vec{a} + \vec{b}) = c\vec{a} + c\vec{b}$
(V7) $(cd)\vec{a} = c(d\vec{a})$
(V8) $1 \cdot \vec{a} = \vec{a}$
は成立していた．

---

[1] 3 幾何ベクトルの和と実数倍の (G1)〜(G8) を参照せよ

よって GV_2 は平面上の幾何ベクトルの和,スカラー倍に関しベクトル空間となる.

例題 3.2 実数全体の集合 R は普通の和,積に関してベクトル空間となることを確かめよ.

解答 $a, b \in R$ に対して,$a + b \in R$ である.たとえば,$3 + 5 = 8$ で 8 は実数である.もちろん $a, b, c \in R$ に対して

(V1) $a + b = b + a$

(V2) $(a + b) + c = a + (b + c)$

また,0 は実数であり,$(0 \in R)$

(V3) $a + 0 = a$

である.もちろん $a \in R$ のとき,$-a \in R$ であり,

(V4) $a + (-a) = 0$

となる.次にスカラー倍であるが,$a \in R$, $c \in K = R$ に対して $ca \in R$ であり,$a, b, c, d \in R$ で

(V5) $(c + d)a = ca + da$

(V6) $c(a + b) = ca + cb$

(V7) $(cd)a = c(da)$

(V8) $1 \cdot a = a$

は成立する.

よって普通の和,積に関して R はベクトル空間である.

例題 3.3 n 次以下の実数係数の多項式全体の集合 $P(= R[x]_n)$ は多項式の和,実数との積に関してベクトル空間となることを確かめよ.

解答 $q = a_n x^n + a_{n-1} x^{n-1} + \cdots + a_0$, $q' = a'_n x^n + a'_{n-1} x^{n-1} + \cdots + a'_0 \in P$ のとき和は

$$q + q' = (a_n + a'_n)x^n + (a_{n-1} + a'_{n-1})x^{n-1} + \cdots + (a_0 + a'_0) \in P$$

であり,$q, q', q'' \in P$ のとき,

(V1) $q + q' = q' + q$

(V2) $(q + q') + q'' = q + (q' + q'')$

で,多項式としての $0 \in P$ は存在し

(V3) $q + 0 = q$

(V4) $q + (-q) = 0$ である $-q$ は $-q \in P$ として存在する.

$c, d \in R$, $q \in P$ のとき

(V5) $(c + d)q = cq + dq$

(V6) $c(q + q') = cq + cq'$

(V7) $(cd)q = c(dq)$

(V8) $1 \cdot q = q$

は明らかである． ∎

例題 3.4 実数値関数の全体 F は $f, g \in F, c$ を実数とするとき，$(f+g)(x) = f(x)+g(x)$ (すなわち $f+g : x \longrightarrow f(x)+g(x)$)，$(cf)(x) = cf(x)$ ($cf : x \longrightarrow cf(x)$) と，和とスカラー倍を定義すればベクトル空間であることを確かめよ．

解答 $f, g \in F$ のとき $f+g, cf$ は1つの実数値関数であるから，$f+g, cf \in F$ であり，

(V1) $(f+g)(x) = f(x)+g(x) = g(x)+f(x) = (g+f)(x)$ より $f+g = g+f$

(V2) $f, g, h \in F$ のとき

$$\{(f+g)+h\}(x) = (f+g)(x) + h(x) = (f(x)+g(x)) + h(x)$$
$$= f(x) + (g(x)+h(x))$$
$$= f(x) + (g+h)(x)$$
$$= \{f+(g+h)\}(x)$$
$$\therefore \ (f+g)+h = f+(g+h)$$

(V3) すべての x について $0(x) = 0$ となる実数値関数を考えると

$$(f+0)(x) = f(x) + 0(x) = f(x) + 0 = f(x)$$

$f+0 = f$，よって零元 $0 \in F$

(V4) $f \in F$ に対して $(-f)(x) = -f(x)$ なる関数を考えると

$$\{f+(-f)\}(x) = f(x) + (-f)(x) = f(x) + (-f(x)) = 0 = 0(x)$$
$$f+(-f) = 0$$

より，$-f \in F$ である．

次に，$c \in \mathbf{R}, f \in F$ のとき，$(cf)(x) = cf(x)$ から，$f, g \in F$，$c, d \in \mathbf{R}$ のとき

(V5) $((c+d)f)(x) = (c+d)f(x)$
$$= cf(x) + df(x)$$
$$= (cf)(x) + (df)(x)$$
$$= (cf + df)(x)$$
$$(c+d)f = cf + df$$

(V6) $(c(f+g))(x) = c(f+g)(x)$
$$= c(f(x)+g(x)) = cf(x) + cg(x)$$
$$= (cf)(x) + (cg)(x)$$
$$= (cf + cg)(x)$$
$$c(f+g) = cf + cg$$

(V7) $((cd)f)(x) = (cd)f(x)$
$ = c(df(x))$
$ = c(df)(x)$
$(cd)f = c(df)$

(V8) $(1 \cdot f)(x) = 1 \cdot f(x) = f(x)$ よって $1 \cdot f = f$

よって以上から F は上の和，スカラー倍に関してベクトル空間となる． ∎

[問題 1] 2 次の正方行列の全体 $M_2(\boldsymbol{R})$ は行列の和とスカラー倍に関してベクトル空間であることを確かめよ．またそのときの零元，逆元を求めよ．

[問題 2] 2 次の対称行列の全体 $S_2(\boldsymbol{R})$ は行列の和とスカラー倍に関してベクトル空間であることを示せ．

6 部分空間

ベクトル空間 V の空でない部分集合 W が次の条件を満たすとき，すなわち

> (S1) $\boldsymbol{a}, \boldsymbol{b} \in W \Rightarrow \boldsymbol{a} + \boldsymbol{b} \in W$
> (S2) $c \in \boldsymbol{R}, \boldsymbol{a} \in W \Rightarrow c\boldsymbol{a} \in W$

が成り立つとき，W は V の**部分空間** (**部分ベクトル空間**) という (図 3.3)．S は部分空間 (Subspace) の S である．

注意 部分集合と部分空間は違う．

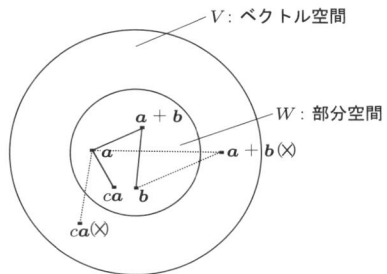

図 3.3

(S1), (S2) の意味は，まず (S1) は $\boldsymbol{a}, \boldsymbol{b} \in W$ をとると $W \subset V$ であるから $\boldsymbol{a}, \boldsymbol{b} \in V$．そこで $\boldsymbol{a} + \boldsymbol{b}$ が考えられるが，$\boldsymbol{a} + \boldsymbol{b} \in W$ であるとはかぎらない．しかし，この (S1) は $\boldsymbol{a} + \boldsymbol{b} \in W$ であるといっている．

そのとき，$\boldsymbol{a} + \boldsymbol{b} \in W \subset V$ より，<u>ベクトル空間 V での和の交換法則 (V1) $\boldsymbol{a} + \boldsymbol{b} = \boldsymbol{b} + \boldsymbol{a}$</u> が成り立つが，この (V1) が <u>W の中において</u>成立することを意味する．

次の和の結合法則も，$a, b, c \in W$ のとき $a+b, c \in W$ より，$(a+b)+c \in W \subset V$. もちろん，$b+c \in W, a+(b+c) \in W \subset V$. そして V での (V2) $(a+b)+c = a+(b+c)$ が $\underline{W\text{で成立する}}$.

$\mathbf{0} \in W$ である．これは (S2) を使って $c=0$ とし，$a \in W$ をとると，$0 \cdot a$ は $\underline{V \text{の元} a}$ のスカラー倍 (0 倍) として考えられる．ベクトル空間の性質 (V′2) から $0 \cdot a = \mathbf{0}$ であるが，(S2) の性質から $0 \cdot a = \underline{\mathbf{0} \in W}$ となる．これらの $a \in W$ と $\mathbf{0} \in W$ の $\underline{V}$ $\underline{\text{の和としては}}$ $a + \mathbf{0} = a$ となり (V3) $\underline{a + \mathbf{0} = a \in W \text{となる}}$.

さらに，$a \in W$ のとき，(S2) の性質と V のベクトル空間の性質 (V′4) を使って $(-1)a = -a \in W$ となり，$a+(-a) = \mathbf{0}$ がベクトル空間の性質 (V4) より，(V4) が $\underline{W\text{で成立する}}$.

今度はスカラー倍であるが，(S2) の性質を使って $c, d \in \mathbf{R}, a \in W$ のとき，$(c+d)a \in W$ であり，$\underline{\text{これは} V \text{の元でもあるから}}$ $(c+d)a = ca + da$ となり，(V5) が $\underline{W\text{で成立する}}$.

また，(V6)～(V8) も同様に成立する．

注意 W がベクトル空間 V の部分空間であるとは，$W \subset V$ であるが V の和，スカラー倍を W に制限しても W においてまたベクトル空間となっていることを意味する．

次に部分空間の例をあげる．

[例1] 平面上のベクトルの集合 (成分表示と考えて) $U = \{(x, y, 0) | x, y \in \mathbf{R}\}$ は，空間のベクトルの集合 $GV_3 = \{(x, y, z) | x, y, z \in \mathbf{R}\}$ の部分空間である (例題 3.5 参照)．

[例2] 次の集合は行列の和，スカラー倍に関して部分空間となる (例題 3.6 参照)．

$$M_2(\mathbf{R}) \supset \left\{ \begin{pmatrix} a & 0 \\ 0 & d \end{pmatrix} \middle| a, d \in \mathbf{R} \right\}$$

[例3] $\{f | f(x) = 0\}$ はベクトル空間 F (例5) の部分空間となる (例題 3.7 参照)．

[例4] $\underline{a_1, a_2, \cdots, a_n \in V}$ (ベクトル空間) のとき $\underline{W = \{c_1 a_1 + c_2 a_2 + \cdots + c_n a_n | c_i}$ $\underline{\in \mathbf{R}\} \text{は} V \text{の部分空間となる．このとき，} W \text{は} a_1, a_2, \cdots, a_n \text{によって}}$ **生成されている** という．逆に，$a_1, a_2, \cdots, a_n$ は W を **生成している** という．これを $\underline{W = \{a_1, a_2, \cdots, a_n\}}$ $\underline{\text{と書く}}$ (例題 3.9 参照)．

例題 3.5 平面上のベクトルの集合 $U = \{(x, y, 0) | x, y \in \mathbf{R}\}$ は，空間のベクトルの集合 $GV_3 = \{(x, y, z) | x, y, z \in \mathbf{R}\}$ の部分空間であることを示し，$W = \{(x, y, 1) | x, y \in \mathbf{R}\}$ は GV_3 の部分集合であるが部分空間でないことを示せ．

解答 $\{(x, y, 0) | x, y \in \mathbf{R}\} \subset \{(x, y, z) | x, y, z \in \mathbf{R}\}$ より，U は GV_3 の部分集合である．部分空間の定義から

$(x, y, 0), (x', y', 0) \in U, c \in \mathbf{R}$ のとき

$$(x, y, 0) + (x', y', 0) = (x+x', y+y', 0) \in U \quad (\text{ベクトルの成分の和})$$
$$c(x, y, 0) = (cx, cy, 0) \in U \quad (\text{ベクトルの成分のスカラー倍})$$

よって，U は GV_3 の部分空間である (図 3.4).

$\{(x, y, 1) \mid x, y \in \mathbf{R}\} \subset \{(x, y, z) \mid x, y, z \in \mathbf{R}\}$ から W は GV_3 の部分集合であるが，W が部分空間でないことは，

$$(x, y, 1), (x', y', 1) \in W, \; c \in \mathbf{R}$$
$$(x, y, 1) + (x', y', 1) = (x+x', y+y', 2) \notin W$$

または，$c \neq 1$ のとき，$c(x, y, 1) = (cx, cy, c) \notin W$ などから示される．

よって，W は部分空間でない．

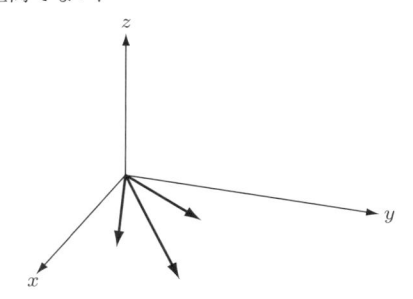

図 3.4

注意 この例題の前半の意味は，高校で学習した空間のベクトルの集合はベクトル空間となるが (本節の例 1 参照)，その部分集合である平面上のベクトルの集合が，空間のベクトルの和，スカラー倍に関して部分空間 (制限したベクトル空間) となっていることを示す．

例題 3.6 次の集合は行列の和，スカラー倍に関して部分空間となることを示せ．

$$M_2(\mathbf{R}) \supset D = \left\{ \begin{pmatrix} a & 0 \\ 0 & d \end{pmatrix} \middle| a, d \in \mathbf{R} \right\}$$

解答 $\begin{pmatrix} a' & 0 \\ 0 & d' \end{pmatrix}, \begin{pmatrix} a'' & 0 \\ 0 & d'' \end{pmatrix} \in D, \; c \in \mathbf{R}$ として，

$$\begin{pmatrix} a' & 0 \\ 0 & d' \end{pmatrix} + \begin{pmatrix} a'' & 0 \\ 0 & d'' \end{pmatrix} = \begin{pmatrix} a'+a'' & 0 \\ 0 & d'+d'' \end{pmatrix} \in D$$

$$c \begin{pmatrix} a & 0 \\ 0 & d \end{pmatrix} = \begin{pmatrix} ca & 0 \\ 0 & cd \end{pmatrix} \in D$$

となり，部分空間となる．

例題 3.7 $\{f|f(x)=0\} \subset F$ (本節の 5 の例 5 参照) は F の部分空間となることを示せ.

解答 $f_1, f_2 \in \{f|f(x)=0\}, c \in \boldsymbol{R}$
$(f_1+f_2)(x) = f_1(x) + f_2(x) = 0 + 0 = 0$
$(cf_1)(x) = cf_1(x) = c \cdot 0 = 0$
$\therefore \{f|f(x)=0\}$ は F の部分空間となる.

例題 3.8 何回でも微分可能な実数値関数の集合 U は F (本節の 5 の例 5 参照) の部分空間となることを示せ.

解答 $y_1, y_2 \in U, \lambda \in \boldsymbol{R}$ のとき, つまり何回でも微分可能な関数 y_1, y_2 をとれば, その和 $y_1 + y_2$ も何回でも微分可能である.
cy_1 も同様である. よって, $y_1 + y_2 \in U, cy_1 \in U$

例題 3.9 本節の 6 の例 4 の W は V の部分空間であることを示せ.

解答 $c_1\boldsymbol{a}_1 + c_2\boldsymbol{a}_2 + \cdots + c_n\boldsymbol{a}_n, c'_1\boldsymbol{a}_1 + c'_2\boldsymbol{a}_2 \cdots + c'_n\boldsymbol{a}_n \in W, d \in \boldsymbol{R}$
$(c_1\boldsymbol{a}_1 + c_2\boldsymbol{a}_2 + \cdots + c_n\boldsymbol{a}_n) + (c'_1\boldsymbol{a}_1 + \cdots + c'_n\boldsymbol{a}_n)$
$= (c_1+c'_1)\boldsymbol{a}_1 + (c_2+c'_2)\boldsymbol{a}_2 + \cdots + (c_n+c'_n)\boldsymbol{a}_n \in W$
$d(c_1\boldsymbol{a}_1 + c_2\boldsymbol{a}_2 + \cdots + c_n\boldsymbol{a}_n) = dc_1\boldsymbol{a}_1 + dc_2\boldsymbol{a}_2 + \cdots + dc_n\boldsymbol{a}_n \in W$
より, W は V の部分空間である.

[問題 3] 次の集合 (1)〜(4) が, $\boldsymbol{R}^3 = \{(x,y,z)|x,y,z \in \boldsymbol{R}\}$ の部分空間であるかを調べよ.
(1) $W_1 = \{(x,0,z)|x,z \in \boldsymbol{R}\}$
(2) $W_2 = \{(x,y,z)|x+5y-3z=0, x,y,z \in \boldsymbol{R}\}$
(3) $W_3 = \{(x,y,z)|x+y+z=1, x,y,z \in \boldsymbol{R}\}$
(4) $W_4 = \{(x,y,z)|x<1, x,y,z \in \boldsymbol{R}\}$

[問題 4] 積分 $\int_{-1}^{1} f(x)\,dx = 0$ をみたす実数値関数の全体 F_0 は, 実数値関数全体のベクトル空間 F の部分空間であることを示せ.

7 ベクトルの 1 次独立性と 1 次従属性

ベクトル空間 V の中のベクトル $\boldsymbol{a}_1, \boldsymbol{a}_2, \cdots, \boldsymbol{a}_n$ と, 実数 $c_1, c_2, \cdots, c_n$ について $c_1\boldsymbol{a}_1 + c_2\boldsymbol{a}_2 + \cdots + c_n\boldsymbol{a}_n \in V$ となる. このとき <u>$c_1\boldsymbol{a}_1 + c_2\boldsymbol{a}_2 + \cdots + c_n\boldsymbol{a}_n$ を $\boldsymbol{a}_1, \boldsymbol{a}_2, \cdots, \boldsymbol{a}_n$ の 1 次結合</u>という.

この1次結合を $\mathbf{0}$ としたとき,すなわち $c_1\boldsymbol{a}_1 + c_2\boldsymbol{a}_2 + \cdots + c_n\boldsymbol{a}_n = \mathbf{0}$ とする.これが成立するのは $c_1 = c_2 = \cdots = c_n = 0$ のときに限る場合,ベクトル $\boldsymbol{a}_1, \boldsymbol{a}_2, \cdots, \boldsymbol{a}_n$ は**1次独立**であるという.そうでない場合,つまり $c_1, c_2, \cdots, c_n$ のうち少なくとも1つが0でない場合でも $c_1\boldsymbol{a}_1 + c_2\boldsymbol{a}_2 + \cdots + c_n\boldsymbol{a}_n = \mathbf{0}$ が成り立つとき,$\boldsymbol{a}_1, \boldsymbol{a}_2, \cdots, \boldsymbol{a}_n$ は**1次従属**であるという.いいかえれば,ある $c_i(c_i \neq 0)$ で両辺を割ると,$\boldsymbol{a}_i = d_1\boldsymbol{a}_1 + d_2\boldsymbol{a}_2 + \cdots + d_{i-1}\boldsymbol{a}_{i-1} + d_{i+1}\boldsymbol{a}_{i+1} + \cdots + d_n\boldsymbol{a}_n$ と書けることである.

8　1次独立,1次従属の意味

1次独立,1次従属の意味を幾何ベクトルによって考える.

(a) 1つのベクトル $\vec{a}$ が1次独立とは,定義からまず1つのベクトルの1次結合をつくると $c_1\vec{a}$ である.次にそれを $\vec{0}$ とする.そのとき $c_1\vec{a} = \vec{0}$ が成立するのは $c_1 = 0$ のときにかぎる.つまり $\vec{a} \neq \vec{0}$ となる (図 3.5).逆に $\vec{a}$ が1次従属であることは $\vec{a} = \vec{0}$ のことである.

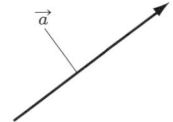

図 3.5

(b) 次に2つのベクトル $\vec{a}, \vec{b}$ の1次独立性を考えるが,ここでは逆に,1次従属の場合を考える.まず $\vec{a}, \vec{b}$ の1次結合 $c_1\vec{a} + c_2\vec{b}$ を $\vec{0}$ とすると,$c_1\vec{a} + c_2\vec{b} = \vec{0}$.そのとき $c_1 = c_2 = 0$ でなくても成立するから,$c_1 \neq 0$ とすると $\vec{a} = -c_2\vec{b}/c_1$ となる.つまり $\vec{a}/\!/\vec{b}$.これが $\vec{a}, \vec{b}$ が1次従属であるから,$\vec{a}$ と $\vec{b}$ の1次独立は $\vec{a} \not/\!/ \vec{b}$ となる (図 3.6).

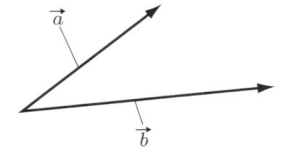

図 3.6

(c) 次に3つのベクトル $\vec{a}, \vec{b}, \vec{c}$ の1次独立性.まず1次従属から考えると,1次結合 $c_1\vec{a} + c_2\vec{b} + c_3\vec{c} = \vec{0}$ で,c_1, c_2, c_3 の少なくとも1つが0でなくても成立する.たとえば,$c_1 \neq 0$ とすれば,$\vec{a} = -c_2\vec{b}/c_1 - c_3\vec{c}/c_1$ となり,$\vec{a}$ が,$\vec{b}$ の何倍かと $\vec{c}$ の何倍かの和となっている.つまり $\vec{a}$ が,$\vec{b}$ と $\vec{c}$ で決定される平面上にある (図 3.7).

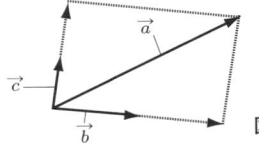

図 3.7

よって,$\vec{a}, \vec{b}, \vec{c}$ が1次独立であると,$\vec{a}$ は $\vec{b}$ と $\vec{c}$ で決定される平面上にないとい

うことである.以上から,1次独立である (a) $\vec{a}$, (b) $\vec{a}$ と $\vec{b}$, (c) $\vec{a}$ と $\vec{b}$ と $\vec{c}$ とは,それぞれ,$\vec{a}$ から直線,$\vec{a}$, $\vec{b}$ から平面,$\vec{a}$, $\vec{b}$, $\vec{c}$ から空間をつくるもとになるベクトルといえる (図 3.8).

つまり,1次独立,1次従属とは次のように示される (図 3.9).

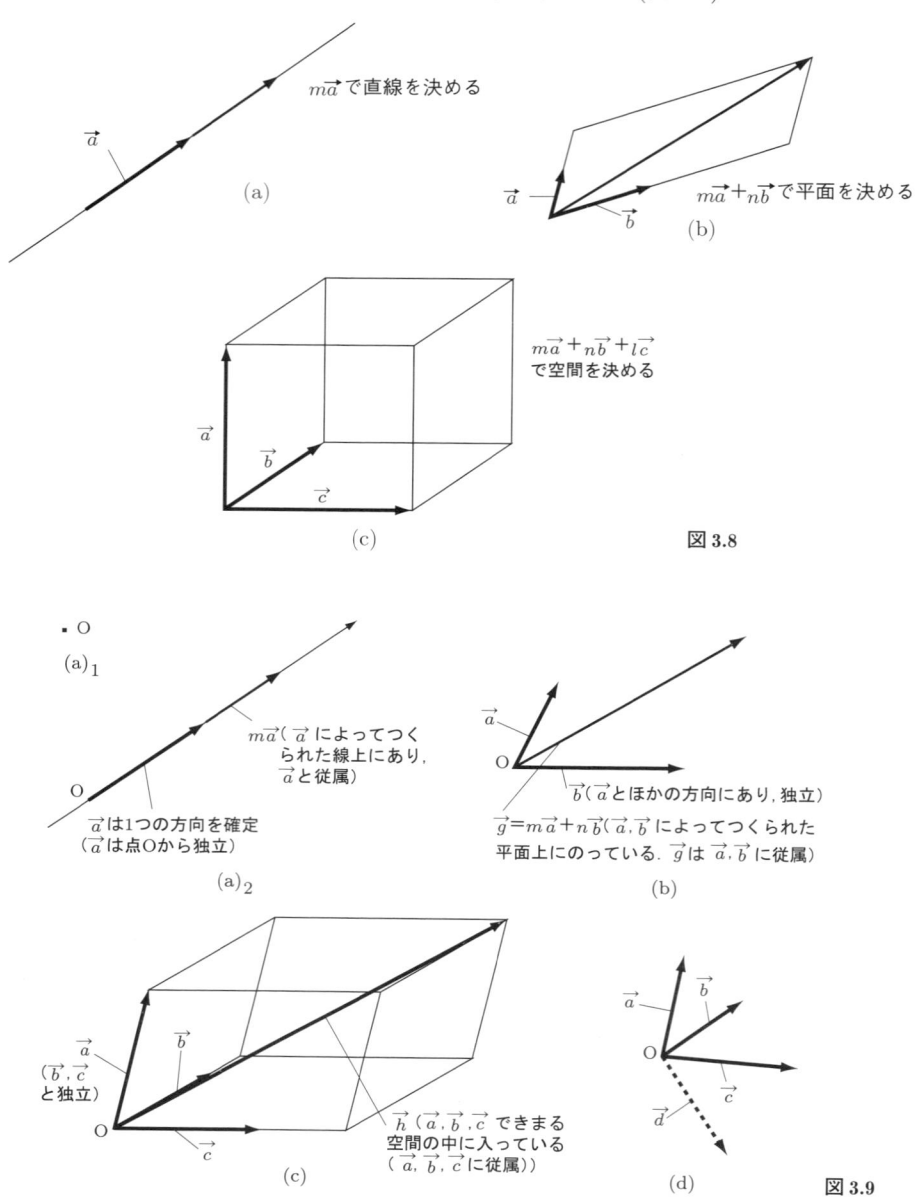

図 3.8

図 3.9

(a)₁ 零ベクトル $\vec{0}$
点 $0(=\vec{0})$ は方向をもたない．これは点 O に従属していて，この点から独立していない．つまり $\vec{0}$ は 1 次従属である．

(a)₂ 1 つのベクトル $\vec{a} \neq \vec{0}$

(b) 平行でない 2 つのベクトル $\vec{a}, \vec{b}$

(c) 空間を作る $\vec{a}, \vec{b}, \vec{c}$

(d) 4 つのベクトル $\vec{a}, \vec{b}, \vec{c}, \vec{d}$ が 1 次独立．$\vec{a}, \vec{b}, \vec{c}$ でつくられる空間からとび出したベクトル $\vec{d}$ をもたなければならない．つまり，$\vec{d}$ はこの世にない方向へのベクトルということである．

1 次独立, 1 次従属に関して次の 2 つの定理が成立する．

定理 3.1 ベクトル空間 V の中のベクトル $\boldsymbol{a}_1, \boldsymbol{a}_2, \cdots, \boldsymbol{a}_n$ が 1 次独立であり，他の n 個のベクトル $\boldsymbol{b}_1, \boldsymbol{b}_2, \cdots, \boldsymbol{b}_n$ が，

$$\boldsymbol{b}_1 = c_{11}\boldsymbol{a}_1 + c_{12}\boldsymbol{a}_2 + \cdots + c_{1n}\boldsymbol{a}_n$$
$$\boldsymbol{b}_2 = c_{21}\boldsymbol{a}_1 + c_{22}\boldsymbol{a}_2 + \cdots + c_{2n}\boldsymbol{a}_n$$
$$\vdots$$
$$\boldsymbol{b}_n = c_{n1}\boldsymbol{a}_1 + c_{n2}\boldsymbol{a}_2 + \cdots + c_{nn}\boldsymbol{a}_n$$

と表されるとき，$\boldsymbol{b}_1, \boldsymbol{b}_2, \cdots, \boldsymbol{b}_n$ が 1 次独立である必要十分条件は，

$$\begin{vmatrix} c_{11} & c_{12} & \cdots & c_{1n} \\ c_{21} & \cdots & \cdots & c_{2n} \\ \vdots & \ddots & \ddots & \vdots \\ c_{n1} & \cdots & \cdots & c_{nn} \end{vmatrix} \neq 0 \text{ である．}$$

また，$\boldsymbol{b}_1, \boldsymbol{b}_2, \cdots, \boldsymbol{b}_n$ が 1 次従属である必要十分条件は，

$$\begin{vmatrix} c_{11} & c_{12} & \cdots & c_{1n} \\ c_{21} & \cdots & \cdots & c_{2n} \\ \vdots & \ddots & \ddots & \vdots \\ c_{n1} & \cdots & \cdots & c_{nn} \end{vmatrix} = 0 \text{ である．}$$

特に $\boldsymbol{a}_1 = (1, 0, \cdots, 0), \boldsymbol{a}_2 = (0, 1, \cdots, 0), \cdots, \boldsymbol{a}_n = (0, \cdots, 0, 1)$ のときを考えると，

$$\boldsymbol{b_1} = (c_{11}, c_{12}, \cdots, c_{1n})$$
$$\boldsymbol{b_2} = (c_{21}, c_{22}, \cdots, c_{2n})$$
$$\vdots$$
$$\boldsymbol{b_n} = (c_{n1}, c_{n2}, \cdots, c_{nn})$$

となり，次の行列式は $\boldsymbol{b}_1, \boldsymbol{b}_2, \cdots, \boldsymbol{b}_n$ の成分の行列式となる．よって，一般に，n 個のベクトル $\boldsymbol{b}_1, \boldsymbol{b}_2, \cdots, \boldsymbol{b}_n$ の 1 次独立性，1 次従属性は，それぞれのベクトルの成分でつ

くられた行列式の非零あるいは零によって定まることになる.

$$\begin{vmatrix} c_{11} & c_{12} & \cdots & c_{1n} \\ c_{21} & \cdots & \cdots & c_{2n} \\ \vdots & \ddots & \ddots & \vdots \\ c_{n1} & \cdots & \cdots & c_{nn} \end{vmatrix} = \begin{cases} 0 & (1 \text{次従属}) \\ 0 \text{でない} & (1 \text{次独立}) \end{cases}$$

定理 3.2 $a_1, a_2, \cdots, a_n, b$ をベクトル空間 V の中のベクトルとする.いま $a_1, a_2, \cdots, a_n$ が 1 次独立であり,$a_1, a_2, \cdots, a_n, b$ が 1 次従属のとき,b は $a_1, a_2, \cdots, a_n$ の 1 次結合で書ける.

例題 3.10 ベクトル $a_1 = \begin{pmatrix} 4 \\ 1 \\ 2 \end{pmatrix}, a_2 = \begin{pmatrix} 1 \\ 4 \\ 1 \end{pmatrix}, a_3 = \begin{pmatrix} 5 \\ -2 \\ 1 \end{pmatrix}, a_4 = \begin{pmatrix} -2 \\ 3 \\ 0 \end{pmatrix}$ について次の (1)〜(4) に答えよ.

(1) a_2, a_3, a_4 は 1 次従属なベクトルであることを示せ.
(2) a_3 を a_2, a_4 の 1 次結合で表せ.
(3) a_1, a_2, a_3 は 1 次独立なベクトルであることを示せ.
(4) $\mathbb{R}^3$ 内の a_1, a_2, a_3, a_4 によって生成される部分空間 $\{a_1, a_2, a_3, a_4\}$ に属する 3 個の 1 次独立なベクトルを求めよ.((3) 以外のもの)

解答 (1) $a_1 = \begin{pmatrix} 4 \\ 1 \\ 2 \end{pmatrix} = 4 \begin{pmatrix} 1 \\ 0 \\ 0 \end{pmatrix} + 1 \begin{pmatrix} 0 \\ 1 \\ 0 \end{pmatrix} + 2 \begin{pmatrix} 0 \\ 0 \\ 1 \end{pmatrix}$

$a_2 = \begin{pmatrix} 1 \\ 4 \\ 1 \end{pmatrix} = 1 \begin{pmatrix} 1 \\ 0 \\ 0 \end{pmatrix} + 4 \begin{pmatrix} 0 \\ 1 \\ 0 \end{pmatrix} + 1 \begin{pmatrix} 0 \\ 0 \\ 1 \end{pmatrix}, \quad a_3 = \begin{pmatrix} 5 \\ -2 \\ 1 \end{pmatrix} = 5 \begin{pmatrix} 1 \\ 0 \\ 0 \end{pmatrix} - 2 \begin{pmatrix} 0 \\ 1 \\ 0 \end{pmatrix} + 1 \begin{pmatrix} 0 \\ 0 \\ 1 \end{pmatrix}$

$a_4 = \begin{pmatrix} -2 \\ 3 \\ 0 \end{pmatrix} = -2 \begin{pmatrix} 1 \\ 0 \\ 0 \end{pmatrix} + 3 \begin{pmatrix} 0 \\ 1 \\ 0 \end{pmatrix} + 0 \begin{pmatrix} 0 \\ 0 \\ 1 \end{pmatrix}$

であり,$\begin{pmatrix} 1 \\ 0 \\ 0 \end{pmatrix}, \begin{pmatrix} 0 \\ 1 \\ 0 \end{pmatrix}, \begin{pmatrix} 0 \\ 0 \\ 1 \end{pmatrix}$ は 1 次独立である.

よって定理 3.1 を使って,$\begin{vmatrix} 1 & 4 & 1 \\ 5 & -2 & 1 \\ -2 & 3 & 0 \end{vmatrix} = \begin{vmatrix} {}^t a_2 \\ {}^t a_3 \\ {}^t a_4 \end{vmatrix}$ を考えると $\begin{vmatrix} 1 & 4 & 1 \\ 5 & -2 & 1 \\ -2 & 3 & 0 \end{vmatrix} = 1 \times (-2) \times 0 + 4 \times 1 \times (-2) + 1 \times 3 \times 5 - 1 \times (-2) \times (-2) - 1 \times 3 \times 1 - 0 \times 5 \times 4 = -8 + 15 - 4 - 3 = 0$
よって a_2, a_3, a_4 は 1 次従属である.

3.1 ベクトルとベクトル空間   55

注意 1 たとえば，a_2, a_3, a_4 の 1 次従属性を調べるとき，転置行列の行列式はもとの行列式と等しいから，

$$\begin{vmatrix} {}^t a_2 \\ {}^t a_3 \\ {}^t a_4 \end{vmatrix} = |a_2 a_3 a_4|$$

より，a_2, a_3, a_4 の成分をそのままとって

$$\begin{vmatrix} 1 & 5 & -2 \\ 4 & -2 & 3 \\ 1 & 1 & 0 \end{vmatrix}$$ を調べてもよい．

(2) $a_3 = \begin{pmatrix} 5 \\ -2 \\ 1 \end{pmatrix} = \alpha a_2 + \beta a_4 = \alpha \begin{pmatrix} 1 \\ 4 \\ 1 \end{pmatrix} + \beta \begin{pmatrix} -2 \\ 3 \\ 0 \end{pmatrix}$

$\therefore \begin{cases} 5 = \alpha - 2\beta \\ -2 = 4\alpha + 3\beta \\ 1 = \alpha \end{cases} \quad \therefore \alpha = 1, \beta = -2 \quad \therefore a_3 = a_2 - 2a_4$

(3) a_1, a_2, a_3 については，

$$\begin{vmatrix} 4 & 1 & 2 \\ 1 & 4 & 1 \\ 5 & -2 & 1 \end{vmatrix} = 4 \times 4 \times 1 + 1 \times 1 \times 5 + 2 \times (-2) \times 1 \\ - 2 \times 4 \times 5 - 1 \times (-2) \times 4 - 1 \times 1 \times 1 = -16 \neq 0$$

よって，a_1, a_2, a_3 は 1 次独立である．

(4) 行列 (a_1, a_2, a_3, a_4) をつくり次のような変形を行う (この変形を列基本変形という．くわしくは 4.1 節で解説する)

$$(a_1, a_2, a_3, a_4) = \begin{pmatrix} 4 & 1 & 5 & -2 \\ 1 & 4 & -2 & 3 \\ 2 & 1 & 1 & 0 \end{pmatrix} \to \begin{pmatrix} 1 & 4 & 5 & -2 \\ 4 & 1 & -2 & 3 \\ 1 & 2 & 1 & 0 \end{pmatrix} \to \begin{pmatrix} 1 & 0 & 5 & 0 \\ 4 & -15 & -2 & 11 \\ 1 & -2 & 1 & 2 \end{pmatrix}$$
（交換，−4倍して足す，2倍して足す，交換）

$$\to \begin{pmatrix} 1 & 0 & 0 & 5 \\ 4 & -15 & 11 & -2 \\ 1 & -2 & 2 & 1 \end{pmatrix} \to \begin{pmatrix} 1 & 0 & 0 & 0 \\ 4 & -15 & 11 & -22 \\ 1 & -2 & 2 & -4 \end{pmatrix} \to \begin{pmatrix} 1 & 0 & 0 & 0 \\ 4 & -15 & 11 & 0 \\ 1 & -2 & 2 & 0 \end{pmatrix}$$
（−5倍して足す，2倍して足す）

ここで 3 つのベクトルをとる．

$$\begin{pmatrix} 1 \\ 4 \\ 1 \end{pmatrix}, \begin{pmatrix} 0 \\ -15 \\ -2 \end{pmatrix}, \begin{pmatrix} 0 \\ 11 \\ 2 \end{pmatrix}$$

これらは
$$\begin{vmatrix} 1 & 0 & 0 \\ 4 & -15 & 11 \\ 1 & -2 & 2 \end{vmatrix} \neq 0$$
より 1 次独立であり，次が成立する．
$$\begin{pmatrix} 1 \\ 4 \\ 1 \end{pmatrix}, \begin{pmatrix} 0 \\ -15 \\ -2 \end{pmatrix}, \begin{pmatrix} 0 \\ 11 \\ 2 \end{pmatrix} \in \{\boldsymbol{a}_1, \boldsymbol{a}_2, \boldsymbol{a}_3, \boldsymbol{a}_4\}$$

注意 2 この列変形は $(\boldsymbol{a}_1, \boldsymbol{a}_2, \boldsymbol{a}_3, \boldsymbol{a}_4) \to (\boldsymbol{a}_2, \boldsymbol{a}_1, \boldsymbol{a}_3, \boldsymbol{a}_4) \to (\boldsymbol{a}_2, \boldsymbol{a}_1 - 4\boldsymbol{a}_2, \boldsymbol{a}_3, \boldsymbol{a}_4 + 2\boldsymbol{a}_2) \to (\boldsymbol{a}_2, \boldsymbol{a}_1 - 4\boldsymbol{a}_2, \boldsymbol{a}_4 + 2\boldsymbol{a}_2, \boldsymbol{a}_3)$ なる変形であり，各列ベクトルの和，スカラー倍の演算を行っているのみで変形後のベクトルはすべて部分空間としての $\{\boldsymbol{a}_1, \boldsymbol{a}_2, \boldsymbol{a}_3, \boldsymbol{a}_4\}$ に属するベクトルとなる．

注意 3 この解答は 1 例であり，この列変形を行い他の 1 次独立なベクトルの組を求めてもよい．

[問題 5] $\boldsymbol{R}^3 \ni \boldsymbol{a} = (2, k, 0)$ が，$\boldsymbol{b} = (1, -2, 1), \boldsymbol{c} = (3, 1, -2)$ の 1 次結合で表せるように k の値を求め，$\boldsymbol{b}, \boldsymbol{c}$ の 1 次結合で表せ．

[問題 6] 次の 3 つのベクトルが 1 次従属であるような x の値を求めよ．
$$\begin{pmatrix} 1 \\ 1 \\ 2 \end{pmatrix}, \begin{pmatrix} -2 \\ 3 \\ 1 \end{pmatrix}, \begin{pmatrix} x \\ 5 \\ 4 \end{pmatrix}$$

9 ベクトル空間の基底と次元

ベクトル空間 V の中のベクトル $\boldsymbol{a}_1, \boldsymbol{a}_2, \cdots, \boldsymbol{a}_n$ が次の 2 つの条件を満たすとする．

> (B1) $\boldsymbol{a_1}, \boldsymbol{a_2}, \cdots, \boldsymbol{a_n}$ は 1 次独立である
> (B2) $\boldsymbol{a_1}, \boldsymbol{a_2}, \cdots, \boldsymbol{a_n}$ は V を生成する （本節 6 の例 4 を参照）

このとき，$\boldsymbol{a}_1, \boldsymbol{a}_2, \cdots, \boldsymbol{a}_n$ は V の**基底**であるといい，V の**次元**は n であるという．B は基底 (Base) の B である．それを $\dim V = n$ と表す．ここで dim は次元 (dimension) の略語である．

$$\boxed{(B1), (B2)}$$
$$\Updownarrow$$
$$\boxed{\begin{array}{l} \text{任意の } \boldsymbol{x} \in V \text{ は 1 次独立なベクトル } \boldsymbol{a}_1, \boldsymbol{a}_2, \cdots, \boldsymbol{a}_n \text{ で} \\ \quad \boldsymbol{x} = c_1 \boldsymbol{a_1} + c_2 \boldsymbol{a_2} + \cdots + c_n \boldsymbol{a}_n \\ \text{と書けること．} \end{array}}$$

$$\Updownarrow$$

> 任意の $x \in V$ は V 内のベクトル $a_1, a_2, \cdots, a_n$ で
> $$x = c_1 a_1 + c_2 a_2 + \cdots + c_n a_n$$
> と一通りに書ける．つまり，$c_1, c_2, \cdots, c_n$ が一意的に定まる．

このとき，$a_1, a_2, \cdots, a_n$ は V の**基底**で，

$$x = (c_1, c_2, \cdots, c_n), \text{ または } \begin{pmatrix} c_1 \\ c_2 \\ \vdots \\ c_n \end{pmatrix}$$

と書き，x の**成分表示**という．

例題 3.11 高校で学んだ平面上のベクトルの集合 GV_2 は 2 次元のベクトル空間であることを示せ．

解答 任意の平面上のベクトル $\vec{a} = (x, y)$ は基本ベクトル $\vec{e_1} = (1, 0)$ と $\vec{e_2} = (0, 1)$ によって一意的に $\vec{a} = (x, y) = x(1, 0) + y(0, 1) = x\vec{e_1} + y\vec{e_2}$ と書ける (図 3.10)．

よって，GV_2 の 1 つの基底は $\vec{e_1}$ と $\vec{e_2}$ であり，$\dim GV_2 = 2$ である．

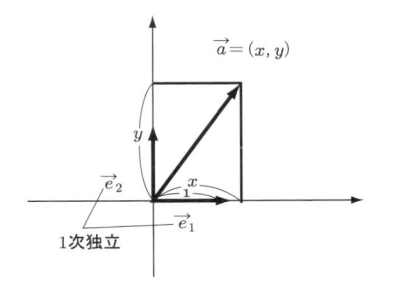

図 3.10

例題 3.12 高校で学んだ空間のベクトルの集合 GV_3 は 3 次元ベクトル空間であることを示せ．

解答 $\vec{b} \in GV_3$ は $\vec{b} = (x, y, z) = x(1, 0, 0) + y(0, 1, 0) + z(0, 0, 1) = x\vec{e_1} + y\vec{e_2} + z\vec{e_3}$ と一意的に書ける (図 3.11)．

よって，GV_3 の 1 つの基底は $\vec{e_1}, \vec{e_2}, \vec{e_3}$ であり，$\dim GV_3 = 3$ である．

注意 $\vec{e}_1 = (1, 0), \vec{e}_2 = (0, 1)$ を $\mathbf{R}^2$ の**標準基底**という．一般に $\vec{e}_1 = (1, 0, \cdots, 0), \vec{e}_2 = (0, 1, 0, \cdots, 0), \cdots \vec{e}_n = (0, 0, \cdots, 1)$ を $\mathbf{R}^n$ の**標準基底**という．

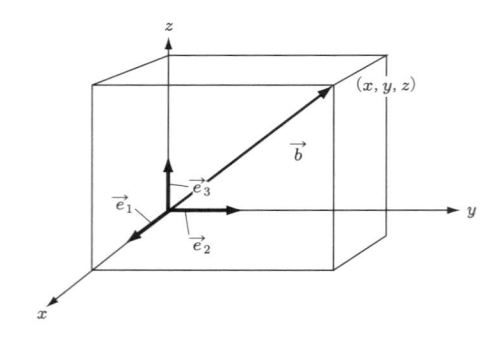

図 3.11

例題 3.13 $\boldsymbol{R}$ は普通の和，積 (スカラー倍) に関して 1 次元のベクトル空間であることを示せ．

解答 任意の $x \in \boldsymbol{R}$ は $x = x \cdot 1$ と表され，1 が $\boldsymbol{R}$ を生成している．しかも $1 \neq 0$ から，1 次独立である．

なぜなら，$\alpha \cdot 1 = 0$ とすると，$\alpha = 0$ でなければならない．

よって 1 は $\boldsymbol{R}$ の基底であり，$\dim \boldsymbol{R} = 1$ である．

例題 3.14 n 次以下の多項式の集合 P の次元を求めよ．

解答 任意の $q \in P$ は，$q = a_n x^n + a_{n-1} x^{n-1} + \cdots a_1 x + a_0 \cdot 1$ と書ける $(a_i \in \boldsymbol{R})$．これは，P が $x^n, x^{n-1}, \cdots, x, 1$ で生成されていることを意味している．また，$x^n, x^{n-1}, \cdots, x, 1$ は 1 次独立である．なぜなら $c_n x^n + c_{n-1} x^{n-1} + \cdots + c_0 \cdot 1 = 0$ とおくと，これが任意の x について成立しなければならないから，$c_n = c_{n-1} = \cdots = c_0 = 0$ となり，$x^n, x^{n-1}, \cdots, x, 1$ は 1 次独立である．

よって，$\dim P = n + 1$ である．

例題 3.15 実数列 $\{x_n\} = \{x_0, x_1, \cdots, x_n, \cdots\}$ の全体の集合 V は，和を $\{x_n\} + \{y_n\} = \{x_n + y_n\}$ で表す．つまり，

$$\{x_0, x_1, \cdots x_n, \cdots\} + \{y_0, y_1, y_2, \cdots y_n, \cdots\}$$
$$= \{x_0 + y_0, x_1 + y_1, x_2 + y_2, \cdots, x_n + y_n, \cdots\}$$

スカラー倍を $c\{x_n\} = \{cx_n\}$ つまり，

$$c\{x_0, x_1, \cdots, x_n, \cdots\} = \{cx_0, cx_1, \cdots, cx_n, \cdots\}$$

と定義することにより，V はベクトル空間となることを示せ．また，次の漸化式を満たす $\{x_n\}$ の全体は V の部分空間であることを示し，その次元を求めよ．

$$x_{n+2} = x_{n+1} + x_n$$

解答 まず V がベクトル空間であることは

(V1) $\{x_n\} + \{y_n\} = \{y_n\} + \{x_n\}$ は,

$$\{x_n\} + \{y_n\} = \{x_n + y_n\} = \{x_0 + y_0, x_1 + y_1, x_2 + y_2, \cdots, x_n + y_n, \cdots\}$$
$$= \{y_0 + x_0, y_1 + x_1, y_2 + x_2, \cdots, y_n + x_n, \cdots\}$$
$$= \{y_0, y_1, y_2, \cdots y_n, \cdots\} + \{x_0, x_1, \cdots x_n, \cdots\}$$
$$= \{y_n\} + \{x_n\}$$

(V2) 同様に,

$$(\{x_n\} + \{y_n\}) + \{z_n\} = \{x_n\} + (\{y_n\} + \{z_n\})$$

(V3) 零元は $\{0\} = \{0, 0, \cdots, 0, \cdots\}$ である. なぜなら

$$\{x_n\} + \{0\} = \{x_0 + 0, x_1 + 0, \cdots, x_n + 0, \cdots\} = \{x_0, x_1, \cdots, x_n, \cdots\}$$
$$= \{x_n\}$$

(V4) 同様に $\{x_n\}$ の逆元は $-\{x_n\} = \{-x_0, -x_1, \cdots, -x_n, \cdots\}$ である.

次にスカラー倍であるが

(V5) $(c + d)\{x_n\} = \{(c+d)x_0, (c+d)x_1, \cdots, (c+d)x_n, \cdots\}$
$$= \{cx_0 + dx_0, cx_1 + dx_1, \cdots cx_n + dx_n, \cdots\}$$
$$= \{cx_0, cx_1, \cdots cx_n, \cdots\} + \{dx_0, dx_1, \cdots, dx_n, \cdots\}$$
$$= c\{x_0, x_1, \cdots, x_n, \cdots\} + d\{x_0, x_1, \cdots, x_n, \cdots\}$$
$$= c\{x_n\} + d\{x_n\}$$

同様に, (V6), (V7), (V8) のすべてが成立する. よってベクトル空間である.

次に $x_{n+2} = x_{n+1} + x_n$ を満たす数列 $\{x_n\}$ の集合は部分空間であることを示す. $S = \{\{x_n\} | x_{n+2} = x_{n+1} + x_n\}$ とする. $\{x_n\}, \{y_n\} \in S$ とするとき, $\{x_n\} + \{y_n\} \in S, c\{x_n\} \in S$ がいえればよい. $\{x_n\}, \{y_n\} \in S$ より

$$\begin{array}{r} x_{n+2} = x_{n+1} + x_n \\ +) \; y_{n+2} = y_{n+1} + y_n \\ \hline (x_{n+2} + y_{n+2}) = (x_{n+1} + y_{n+1}) + (x_n + y_n) \end{array}$$

また, $(cx_{n+2}) = (cx_{n+1}) + (cx_n)$ が成立するから

$$\{x_n\} + \{y_n\} = \{x_n + y_n\}, c\{x_n\} = \{cx_n\} \in S$$

よって S は部分空間である.

次に S の次元は, 次のように考える.

この漸化式を満たす数列 $\{x_n\}$ は, x_0 と x_1 の値によって次の x_2 が定まり, 次の x_3 は x_1 といま定まった x_2 により決まる. 以下同様にすべての項が定まるので, x_0 と x_1 の 2 つの値によってすべての項が決まる. そこで, 次の 2 つの数列を $\{e_0\}, \{e_1\}$ と置く. すなわち

$$\{1, 0, 1, 1, 2, 3, \cdots\} = \{\boldsymbol{e}_0\}$$
$$\{0, 1, 1, 2, 3, 5, \cdots\} = \{\boldsymbol{e}_1\}$$

$\{\boldsymbol{e}_0\}, \{\boldsymbol{e}_1\}$ の各項は $x_{n+2} = x_{n+1} + x_n$ を満たしているから，$\{\boldsymbol{e}_0\}, \{\boldsymbol{e}_1\} \in S$ である．また，この数列 $\{\boldsymbol{e}_0\}, \{\boldsymbol{e}_1\}$ は 1 次独立である．なぜなら，$c\{\boldsymbol{e}_0\} + d\{\boldsymbol{e}_1\} = \{0, 0, 0, \cdots, 0, \cdots\}$ とすると

$$\begin{aligned} c\{\boldsymbol{e}_0\} + d\{\boldsymbol{e}_1\} &= c\{1, 0, 1, 1, 2, 3, \cdots\} + d\{0, 1, 1, 2, 3, 5, \cdots\} \\ &= \{c, 0, c, c, \cdots\} + \{0, d, d, 2d, \cdots\} \\ &= \{c, d, c+d, c+2d, \cdots\} \\ &= \{0, 0, \cdots, 0, \cdots\} \end{aligned}$$

より
$$c = d = 0$$

また，この漸化式を満たす数列 $\{x_n\}$ はこの $\boldsymbol{e}_0, \boldsymbol{e}_1$ で生成されている．なぜなら

$$\begin{aligned} \{x_n\} &= \{x_0, x_1, x_0 + x_1, x_0 + 2x_1, 2x_0 + 3x_1, \cdots\} \\ &= x_0\{1, 0, 1, 1, 2, 3, \cdots\} + x_1\{0, 1, 1, 2, 3, 5, \cdots\} \\ &= x_0\{\boldsymbol{e}_0\} + x_1\{\boldsymbol{e}_1\} \end{aligned}$$

と表される．よって，この漸化式を満たす $\{x_n\}$ の全体は 2 次元のベクトル空間となる．

注意 $\{\boldsymbol{e}_0\} = \{\underline{1, 0,} 1, \cdots\}$
$\{\boldsymbol{e}_1\} = \{\underline{0, 1,} 1, \cdots\}$
↑
重要

例題 3.16 n 次以下の多項式全体の集合 P はベクトル空間となったが (例題 3.3 参照)．2 次以下の実係数多項式全体の集合 $\boldsymbol{R}[x]_2$ において，$N = \{f(x) | f(2) = 0, f(x) \in \boldsymbol{R}[x]_2\}$ とするとき，N は $\boldsymbol{R}[x]_2$ の部分空間であることを示し，その次元を求めよ．

解答 $\boldsymbol{R}[x]_2$ の任意の元 $f(x)$ は，$f(x) = a_2 x^2 + a_1 x + a_0$ と表されるから，$f(2) = 0$ となるには，$4a_2 + 2a_1 + a_0 = 0$

$$\therefore \quad a_0 = -4a_2 - 2a_1$$
$$\therefore \quad f(x) = a_2 x^2 + a_1 x - 4a_2 - 2a_1$$
$$= a_2(x^2 - 4) + a_1(x - 2)$$

と表される．

よって，$f_1(x), f_2(x) \in N, \lambda \in \boldsymbol{R}$ とすると

$$\begin{aligned} f_1(x) + f_2(x) &= a_2(x^2 - 4) + a_1(x - 2) + a_2'(x^2 - 4) + a_1'(x - 2) \\ &= (a_2 + a_2')(x^2 - 4) + (a_1 + a_1')(x - 2) \end{aligned}$$

$$cf_1(x) = ca_2(x^2-4) + ca_1(x-2)$$

となり，$f_1(x) + f_2(x) \in N$, $cf_1(x) \in N$ となる．

よって N は部分空間．N の任意の元 $f(x)$ は $f(x) = a_2(x^2-4) + a_1(x-2)$ と書け，x^2-4 と $x-2$ によって生成されている．

ここで x^2-4 と $x-2$ は1次独立である．なぜなら $c(x^2-4) + d(x-2) = 0$ とすれば，$cx^2 + dx - 4c - 2d = 0$ から

$$\therefore \quad c = d = 0$$

よって基底は x^2-4 と $x-2$ で $\dim N = 2$. ∎

例題 3.17 n 次の正方行列全体のなす空間は行列の和，スカラー倍に関してベクトル空間となる．それを $M_n(\boldsymbol{R})$ とする．このとき $M_n(\boldsymbol{R})$ の次元および1組の基底を求めよ．また n 次の対称行列の全体は $M_n(\boldsymbol{R})$ の部分空間であることを示せ．またその次元を求めよ．

解答 $M_n(\boldsymbol{R})$ がベクトル空間となることは本節5の例2，問題1を参照せよ．

まず $M_n(\boldsymbol{R})$ の次元は，

$$\begin{pmatrix} a_{11} & a_{12} & \cdots & a_{1n} \\ a_{21} & a_{22} & \cdots & a_{2n} \\ \vdots & \vdots & & \vdots \\ a_{n1} & \cdots & \cdots & a_{nn} \end{pmatrix} \in M_n(\boldsymbol{R})$$

を任意にとる．ここで

$$E_{ij} = \begin{pmatrix} 0 & \vdots & 0 \\ \cdots & 1 & \cdots \\ 0 & \vdots & 0 \end{pmatrix} \begin{matrix} \\ i \\ \\ \end{matrix} \quad \text{とすると}((i,j)\text{成分以外はすべて}0)$$
$$\phantom{E_{ij} = }\quad\quad\quad j$$

$$\begin{pmatrix} a_{11} & a_{12} & \cdots & a_{1n} \\ a_{21} & a_{22} & \cdots & a_{2n} \\ \vdots & \vdots & & \vdots \\ a_{n1} & \cdots & \cdots & a_{nn} \end{pmatrix} = a_{11} \begin{pmatrix} 1 & 0 & \cdots & 0 \\ 0 & & & \vdots \\ \vdots & & & \\ 0 & \cdots & \cdots & 0 \end{pmatrix} + a_{12} \begin{pmatrix} 0 & 1 & \cdots & 0 \\ 0 & & & \vdots \\ \vdots & & & \\ 0 & \cdots & \cdots & 0 \end{pmatrix}$$

$$+ \cdots + a_{1n} \begin{pmatrix} 0 & 0 & \cdots & 1 \\ 0 & & & \vdots \\ \vdots & & & \vdots \\ 0 & \cdots & \cdots & 0 \end{pmatrix} + a_{21} \begin{pmatrix} 0 & 0 & \cdots & 0 \\ 1 & & & \vdots \\ 0 & & & \\ 0 & \cdots & \cdots & 0 \end{pmatrix} + \cdots$$

$$= a_{11}E_{11} + a_{12}E_{12} + \cdots = \sum_{i,j} a_{ij}E_{ij}$$

と書ける．さらに，$E_{ij}\ (1 \leqq i, j \leqq n)$ は 1 次独立である．

$$\sum_{1 \leqq i, j \leqq n} a_{ij}E_{ij} = O_n\ \text{とすると}$$

$$\therefore\ a_{ij} = 0 \quad (1 \leqq i, j \leqq n)$$

よって $\dim M_n(\boldsymbol{R}) = n^2$ である．

次に対称行列の全体はこの $M_n(\boldsymbol{R})$ の部分空間であることを調べると，対称行列は

$$\begin{pmatrix} a_{11} & a_{12} & \cdots & a_{1n} \\ a_{21} & a_{22} & \cdots & a_{2n} \\ \vdots & \vdots & & \vdots \\ a_{n1} & a_{n2} & \cdots & a_{nn} \end{pmatrix}$$

のとき，すべての i,j で $a_{ij} = a_{ji}$．

よって，上 (または下) 半分の成分 $(a_{11}a_{12}\cdots a_{1n},\ a_{22}\cdots a_{2n}, \cdots, a_{nn})$ が決まれば決定される．この成分の全体の個数は $1 + 2 + \cdots + n = n(n+1)/2$ である．

$$\begin{pmatrix} a_{11} & a_{12} & \cdots & a_{1n} \\ a_{21} & a_{22} & \cdots & a_{2n} \\ \vdots & \vdots & & \vdots \\ a_{n1} & a_{n2} & \cdots & a_{nn} \end{pmatrix} = a_{11}\begin{pmatrix} 1 & 0 & \cdots & 0 \\ 0 & & & \vdots \\ \vdots & & & \vdots \\ 0 & \cdots & \cdots & 0 \end{pmatrix} + a_{12}\begin{pmatrix} 0 & 1 & \cdots & 0 \\ 0 & & & \vdots \\ \vdots & & & \vdots \\ 0 & \cdots & \cdots & 0 \end{pmatrix} + \cdots$$

$$+ a_{21}\begin{pmatrix} 0 & 0 & \cdots & 0 \\ 1 & & & \vdots \\ 0 & & & \vdots \\ 0 & \cdots & \cdots & 0 \end{pmatrix} + a_{22}\begin{pmatrix} 0 & 0 & \cdots & 0 \\ 0 & 1 & \cdots & 0 \\ \vdots & \vdots & & \vdots \\ 0 & 0 & \cdots & 0 \end{pmatrix} + \cdots$$

$$= a_{11}E_{11} + a_{12}(E_{12} + E_{21}) + a_{13}(E_{13} + E_{31}) + \cdots (a_{12} = a_{21}, a_{13} = a_{31} \cdots \text{より})$$

$$= \sum_{i=1}^{n} a_{ii}E_{ii} + \sum_{i<j} a_{ij}(E_{ij} + E_{ji})$$

したがって，次元は $n(n+1)/2$ となる．基底は $E_{ii},\ E_{ij} + E_{ji}\ (1 \leqq i < j \leqq n)$ である． ∎

例題 3.18 $\boldsymbol{R}^3$ の次の部分集合 S_1, S_2 を考える．そのとき，(1), (2) に答えよ．

$$S_1 = \left\{ \begin{pmatrix} x_1 \\ x_2 \\ x_3 \end{pmatrix} \middle| x_1 + x_2 - x_3 = 0 \right\},\ S_2 = \left\{ \begin{pmatrix} x_1 \\ x_2 \\ x_3 \end{pmatrix} \middle| 2x_2 = x_3 \right\}$$

(1) S_1 は $\mathbf{R}^3$ の部分空間であることを示せ．また $\dim S_1$ を求め，1 組の基底を求めよ．

(2) $\dim(S_1 \cap S_2)$ を求め，1 組の基底を求めよ．

解答 (1) $\begin{pmatrix} x_1 \\ x_2 \\ x_3 \end{pmatrix}, \begin{pmatrix} x_1' \\ x_2' \\ x_3' \end{pmatrix} \in S_1$ とするとき，$\begin{cases} x_1 + x_2 - x_3 = 0 \\ x_1' + x_2' - x_3' = 0 \end{cases}$ となるから，上下の式をたすと

$$(x_1 + x_1') + (x_2 + x_2') - (x_3 + x_3') = 0$$

これは，$\begin{pmatrix} x_1 + x_1' \\ x_2 + x_2' \\ x_3 + x_3' \end{pmatrix} = \begin{pmatrix} x_1 \\ x_2 \\ x_3 \end{pmatrix} + \begin{pmatrix} x_1' \\ x_2' \\ x_3' \end{pmatrix} \in S_1$ を意味する．

同様に，$cx_1 + cx_2 - cx_3 = 0$ より

$$c\begin{pmatrix} x_1 \\ x_2 \\ x_3 \end{pmatrix} = \begin{pmatrix} cx_1 \\ cx_2 \\ cx_3 \end{pmatrix} \in S_1$$

よって S_1 は部分空間となる．

任意の $\begin{pmatrix} x_1 \\ x_2 \\ x_3 \end{pmatrix} \in S_1$ は $x_1 + x_2 - x_3 = 0$ を満たす（式が 1 個で未知数が 3 個であり，自由度は $3 - 1 = 2$）．そこで，$x_1 = c_1, x_2 = c_2$ とおくと，$x_3 = c_1 + c_2$ となる．

$$\therefore \begin{pmatrix} x_1 \\ x_2 \\ x_3 \end{pmatrix} = \begin{pmatrix} c_1 \\ c_2 \\ c_1 + c_2 \end{pmatrix} = c_1 \begin{pmatrix} 1 \\ 0 \\ 1 \end{pmatrix} + c_2 \begin{pmatrix} 0 \\ 1 \\ 1 \end{pmatrix}$$

よって任意の

$$\begin{pmatrix} x_1 \\ x_2 \\ x_3 \end{pmatrix} \in S_1 \text{ は，} \begin{pmatrix} 1 \\ 0 \\ 1 \end{pmatrix}, \begin{pmatrix} 0 \\ 1 \\ 1 \end{pmatrix}$$

で生成され，また，

$$c\begin{pmatrix} 1 \\ 0 \\ 1 \end{pmatrix} + d\begin{pmatrix} 0 \\ 1 \\ 1 \end{pmatrix} = \begin{pmatrix} 0 \\ 0 \\ 0 \end{pmatrix}$$

とすれば $c = 0, d = 0$ となり 1 次独立である．よって，たとえば 1 組の基底としてこれらをとり，

$$S_1 = \left\{ \begin{pmatrix} 1 \\ 0 \\ 1 \end{pmatrix}, \begin{pmatrix} 0 \\ 1 \\ 1 \end{pmatrix} \right\} \text{ となる.}$$

$$\therefore \dim S_1 = 2$$

注意 自由度 2 から任意の数 c_1, c_2 のおき方は，x_1, x_2, x_3 のいずれでもよい．たとえば $x_2 = c_1, x_3 = c_2$ とおけば，$x_1 = -c_1 + c_2$ となる．
　そのときはもちろん生成するベクトルも基底も変わってくる．基底のとり方はいろいろとることができる．

(2) $S_1 \cap S_2$ は次のように表すことができる．

$$S_1 \cap S_2 = \left\{ \begin{pmatrix} x_1 \\ x_2 \\ x_3 \end{pmatrix} \middle| \begin{array}{l} x_1 + x_2 - x_3 = 0 \\ 2x_2 = x_3 \end{array} \right\}$$

$$\begin{cases} x_1 + x_2 - x_3 = 0 & (\text{i}) \\ 2x_2 = x_3 & (\text{ii}) \end{cases}, (\text{ii}) \text{ を } (\text{i}) \text{ へ代入して } \begin{cases} x_1 = x_2 \\ x_3 = 2x_2 \end{cases}$$

(式が 2 個で未知数が 3 個であり，自由度は 1) $x_2 = c$ とおくと，任意の

$$\begin{pmatrix} x_1 \\ x_2 \\ x_3 \end{pmatrix} \in S_1 \cap S_2 \text{ は } \begin{pmatrix} x_1 \\ x_2 \\ x_3 \end{pmatrix} = \begin{pmatrix} c \\ c \\ 2c \end{pmatrix} = c \begin{pmatrix} 1 \\ 1 \\ 2 \end{pmatrix}$$

となり，$\begin{pmatrix} 1 \\ 1 \\ 2 \end{pmatrix} \neq \begin{pmatrix} 0 \\ 0 \\ 0 \end{pmatrix}$ だから

$S_1 \cap S_2$ はこの 1 次独立なベクトルで生成されている．$\dim(S_1 \cap S_2) = 1$ で

$$\therefore \quad S_1 \cap S_2 = \left\{ \begin{pmatrix} 1 \\ 1 \\ 2 \end{pmatrix} \right\}$$

∎

例題 3.19 実数値関数の全体 F はベクトル空間であったが (例題 3.4 を参照)，F の部分集合である $y'' + py' + qy = 0$ を満たす関数 y の集合 (解空間) は F の部分空間であることを示し，その次元を求めよ．ただし，y', y'' は y のそれぞれ 1 階，2 階の導関数を表し，p, q は定数．

解答 $W = \{y | y'' + py' + qy = 0\}$ とし，$y_1, y_2 \in W, c \in \boldsymbol{R}$ とすると

$$y_1'' + py_1' + qy_1 = 0$$
$$+)\quad y_2'' + py_2' + qy_2 = 0$$
$$\overline{y_1'' + y_2'' + p(y_1' + y_2') + q(y_1 + y_2) = 0}$$
$$\therefore\ (y_1 + y_2)'' + p(y_1 + y_2)' + q(y_1 + y_2) = 0 \qquad \therefore\ y_1 + y_2 \in W$$

また，$y_1'' + py_1' + qy_1 = 0$ から，$cy_1'' + cpy_1' + cqy_1 = 0$ より

$$(cy_1)'' + p(cy_1)' + q(cy_1) = 0 \qquad \therefore\ cy_1 \in W$$

よって W は部分空間である．

一般に，以下のことが知られている．

(*) 2階定係数同次線形微分方程式の解は，初期条件 $y(0) = t_1, y'(0) = t_2$ を与えると一意的に定まる．

よって2つの値によって一意的に定まるから2次元であると考えてもよいが，きちんと示すには，いま $(y(0), y'(0)) = (1, 0), (0, 1)$ の2つの初期条件を満たす解をそれぞれ y_1, y_2 とすれば，この y_1, y_2 は1次独立である．なぜなら

$$cy_1 + dy_2 = 0 \text{ とすると, } cy_1' + dy_2' = 0$$
$$\therefore\ cy_1(0) + dy_2(0) = c = 0,\ cy_1'(0) + dy_2'(0) = d = 0$$
$$\therefore\ c = d = 0$$

よって，y_1 と y_2 は1次独立．

また，$y = t_1 y_1 + t_2 y_2$ とおけば，この y は部分空間の所と同様に $y'' + py' + qy = 0$ を満たし，$y' = t_1 y_1' + t_2 y_2'$

$$\therefore\ y(0) = t_1 y_1(0) + t_2 y_2(0) = t_1$$
$$y'(0) = t_1 y_1'(0) + t_2 y_2'(0) = t_2$$

より上の * の初期条件を満たす．さらに (*) によって $y'' + py' + qy = 0$ の任意の解は，t_1, t_2 を任意に与えて $y = t_1 y_1 + t_2 y_2$ と書ける．したがって，$\dim W = 2$ である．

[問題7] $\{f(t) | f(-1) = f(1) = 0, f(t) \in \boldsymbol{R}[t]_3\}$ の次元および1組の基底を求めよ．

[問題8] U, W を $\boldsymbol{R}^4$ の次の部分空間とする．次の (1)～(3) を答えよ．

$$U = \{(a, b, c, d) | b + c + d = 0\},\quad W = \{(a, b, c, d) | a + b = 0, c = 2d\}$$

(1) U の基底と次元を求めよ．
(2) W の基底と次元を求めよ．
(3) $U \cap W$ の基底と次元を求めよ．

部分空間についてさらに，次の定理が成り立つ

定理 3.3 W をベクトル空間 V の部分空間とし，$\dim V = n$, $\dim W = r (n > r)$ とする．W の基底を $\boldsymbol{w}_1, \boldsymbol{w}_2, \cdots, \boldsymbol{w}_r$ とすると，$n - r$ 個の適当な V のベクトル

$v_{r+1}, v_{r+2}, \cdots, v_n$ をつけ加えて V の基底 $w_1, w_2, \cdots, w_r, v_{r+1}, \cdots, v_n$ をつくることができる．

3.2 線形写像

1 写 像

集合 X, Y において，X の任意の元 x に対して Y の元 y が，ただ1つ定まる対応 f を X から Y への**写像**といい，$f : X \longrightarrow Y$ と書く．この y を x の f による**像**といい，$y = f(x)$ で表す．特に $f : X \longrightarrow X$ なる写像を X 上の**変換**という（図 3.12）．

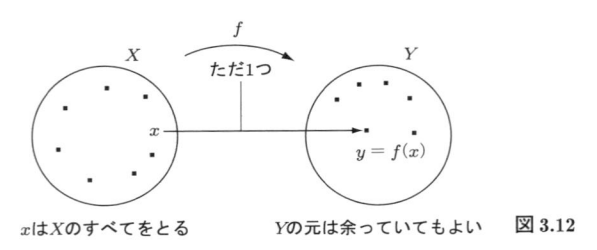

図 3.12

本書では，X の元や Y の像を強調するときは $f : X \longrightarrow Y$ と書く．
$$\begin{array}{c} \cup \quad\quad \cup \\ x \longrightarrow y = f(x) \end{array}$$

注意 このような場合は写像といわない（図 3.13）．

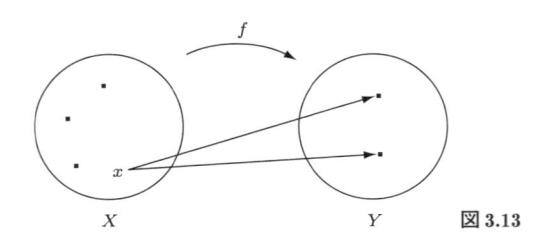

図 3.13

[例 1] 高校で学んだ $y = f(x) = x^2 + 1$ を考えると，つまり，実数の集合 $\overset{R}{\to} x$（横軸）から，実数の集合 $\overset{y}{\uparrow} R$（縦軸）への写像とみることができる（図 3.14）．
つまり，$f : R \longrightarrow R$
$$\begin{array}{c} \cup \quad\quad \cup \\ x \longrightarrow y = x^2 + 1 \end{array}$$
このように高校で学んだすべての関数は，写像の 1 つと考えられる．

図 3.14

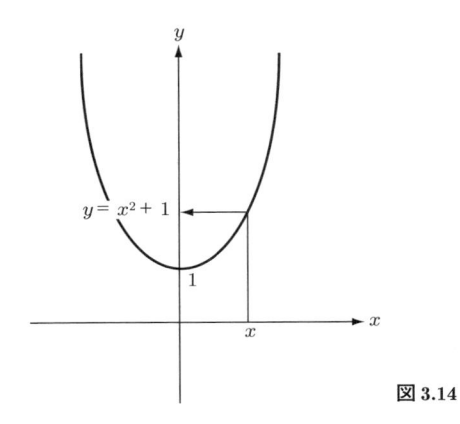

[例 2] ある大学の学生の集合を D と，月日の集合を T とする．f として各学生に誕生日 (月日のみ) を対応させると f は 1 つの写像となる (図 3.15).

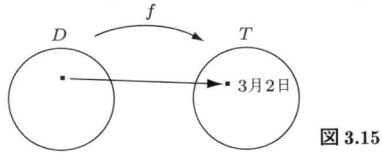

図 3.15

2 単射，全射，全単射など

(a) 像，逆像

写像 $f: X \longrightarrow Y$ があるとき，X の部分集合 $A \subset X$ に対して $f(A)$ を $f(A) = \{f(a)|a \in A\}$ を A の f による**像**といい，$f^{-1}(B) = \{x \in X | f(x) \in B\}$ を B の f による**逆像**という (図 3.16, 3.17).

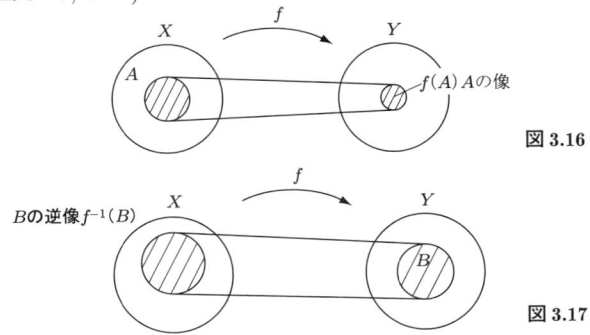

図 3.16

図 3.17

(b) 単射

$f: X \longrightarrow Y$ のとき，$x_1 \neq x_2 \Rightarrow f(x_1) \neq f(x_2)$ で，これは $f(x_1) = f(x_2) \Rightarrow x_1 = x_2$ と同値である．

このような f を X から Y への**単射**という (図 3.18).

図 3.18

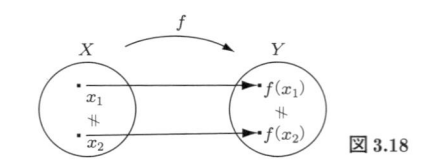

f が $X \longrightarrow Y$ の単射であっても以下のようになる可能性がある (図 3.19).

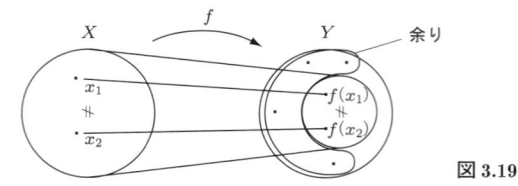

図 3.19

(c) 全 射

$f : X \longrightarrow Y$ で $f(X) = Y$ のとき，つまり X の f の像が Y と一致するとき，f は**全射**という．全射であっても次のようなことは起こりうる (図 3.20).

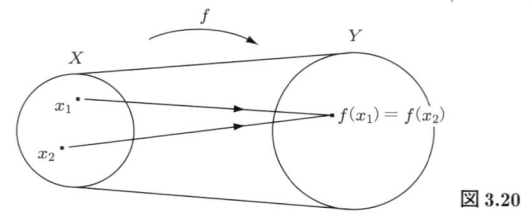

図 3.20

(d) 全単射

$f : X \longrightarrow Y$ で f が単射で，しかも全射であるとき，f は**全単射**という．このとき集合 X と集合 Y が 1 対 1 の対応になっている (図 3.21).

そのとき，$f^{-1} : Y \longrightarrow X$ が存在する．これを f の**逆写像**という．つまり，$f^{-1}(f(x)) = x$, $x \in X$, $f(f^{-1}(y)) = y$, $y \in Y$ である．

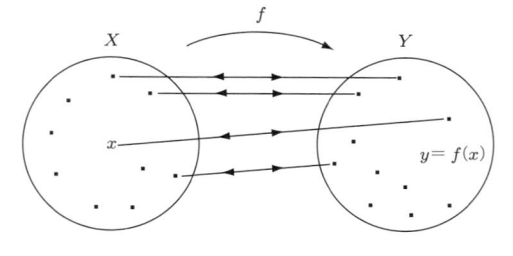

図 3.21

(e) 合成写像

$f : X \longrightarrow Y$, $g : Y \longrightarrow Z$ なる 2 つの写像があるとき，

$$\begin{array}{ccc} X \longrightarrow & Y \longrightarrow & Z \\ \cup & \cup & \cup \\ x \longrightarrow & f(x) \longrightarrow & g(f(x)) \end{array}$$

これを $g \circ f$ と書いて f と g の**合成写像**という．つまり，$g \circ f : X \longrightarrow Z$ である．

そこで，$(g \circ f)(x) = g(f(x))$ となる (図 3.22)．

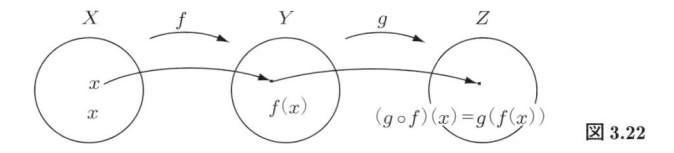

図 3.22

[例 1]　$f(x) = x^2 + 1$ を次のように表すと，つまり

$$\begin{array}{cc} f : \boldsymbol{R} \longrightarrow & \boldsymbol{R} \\ \cup & \cup \\ x \longrightarrow & f(x) = x^2 + 1 \end{array}$$

は $\boldsymbol{R}$ から $\boldsymbol{R}$ への単射でも全射でもない (例題 3.20 参照)．

[例 2]　$f(x) = 2x - 1$ を次のように表すと，

$$\begin{array}{cc} f : \boldsymbol{R} \longrightarrow & \boldsymbol{R} \\ \cup & \cup \\ x \longrightarrow & y = f(x) = 2x - 1 \end{array}$$

は $\boldsymbol{R}$ から $\boldsymbol{R}$ への全単射であり，逆写像は

$$\begin{array}{cc} f^{-1} : \boldsymbol{R} \longrightarrow & \boldsymbol{R} \\ \cup & \cup \\ y \longrightarrow & f^{-1}(y) = \dfrac{1}{2}(y + 1) \end{array}$$

である (例題 3.21 参照)．

例題 3.20　高校で学んだ $y = f(x) = x^2 + 1$ を実数の集合 $\boldsymbol{R}$ から $\boldsymbol{R}$ への写像と考えるとき，f は単射でもなく全射でもないことを示せ．

解答　f が全射でないことは，

$$\begin{array}{cc} f : \boldsymbol{R} \longrightarrow & \boldsymbol{R} \\ \cup & \cup \\ x \longrightarrow & f(x) = x^2 + 1 \end{array}$$

$f(x) = x^2 + 1 \geqq 1$ であり，$f(\boldsymbol{R}) \subsetneq \boldsymbol{R}$ である．

よって，全射ではない．次に

$$f: R \longrightarrow R$$
$$\cup \qquad \cup$$
$$0 \neq x_1 \longrightarrow f(x_1) = x_1^2 + 1$$
$$\not\parallel \qquad \parallel$$
$$-x_1 \longrightarrow f(-x_1) = (-x_1)^2 + 1 = x_1^2 + 1$$

$x_1 \neq -x_1 (\neq 0) \Rightarrow f(x_1) = f(-x_1)$ である．よって，f は単射ではない (図 3.23)．

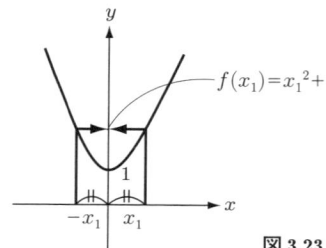

図 3.23

例題 3.21 $y = f(x) = 2x - 1$ を R から R への写像と考えるとき，これは全単射となるが，f の逆写像 f^{-1} を求めよ．

解答 $y = f(x) = 2x - 1$ は次のように表すことができる．
$$f: R \longrightarrow R$$
$$\cup \qquad \cup$$
$$x \longrightarrow f(x) = 2x - 1$$
$$\parallel \qquad \parallel$$
$$\tfrac{1}{2}(y+1) \longrightarrow y \quad (y = 2x - 1 \text{ から } x \text{ を解くと } x = \tfrac{1}{2}(y+1))$$
$$\therefore f^{-1}: R \longrightarrow R$$
$$\cup \qquad \cup$$
$$y \longrightarrow \tfrac{1}{2}(y+1)$$
$$\therefore f^{-1}(y) = \tfrac{1}{2}(y+1)$$

3　線形写像

R 上のベクトル空間 V_1, V_2 があるとき，$a, b \in V_1, c \in R$ に対して，$f: V_1 \longrightarrow V_2$ が次の 2 つの条件を満たすとき，f を V_1 から V_2 への **線形写像** という．

> (L1) $f(a + b) = f(a) + f(b)$
> (L2) $f(ca) = cf(a)$

L は線形写像 (Linear Mapping) の L である．特に $V_1 = V_2$ のとき，線形写像 f を **線形変換** という．

(L1), (L2) はそれぞれ次の意味をもつ．

(L1)：V_1 におけるベクトルの和が f によって V_2 のベクトルの和へ保存される (図 3.24, 3.25)．

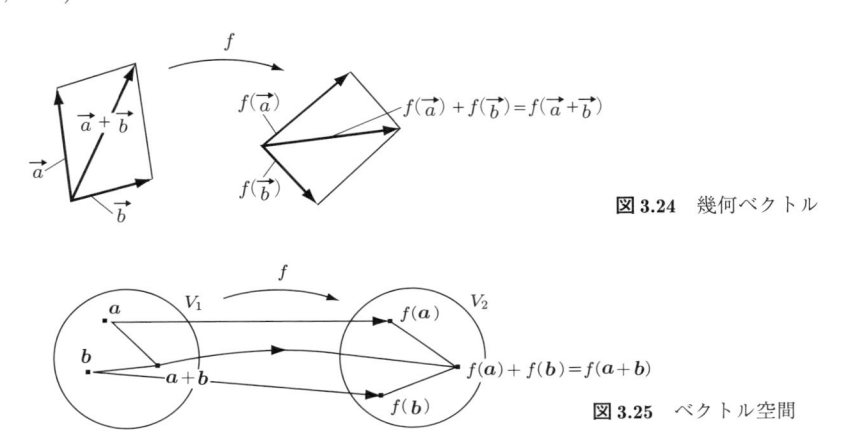

図 3.24 幾何ベクトル

図 3.25 ベクトル空間

(L2)：V_1 におけるベクトルのスカラー倍が f によって V_2 のベクトルのスカラー倍へ保存される (図 3.26, 3.27)．

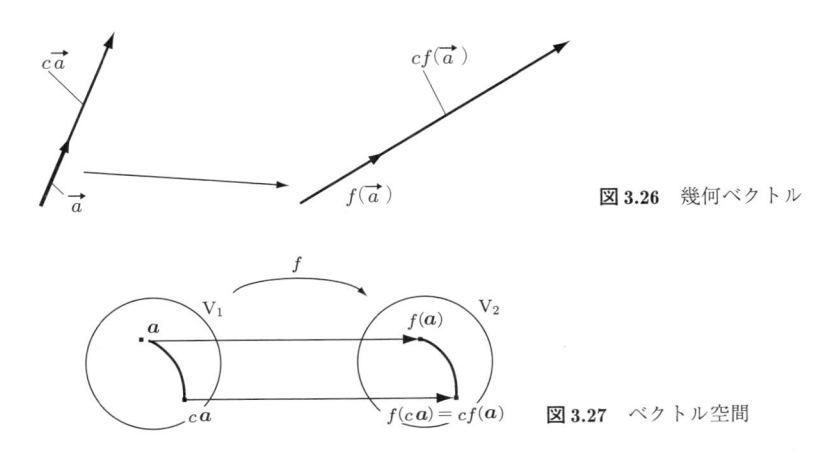

図 3.26 幾何ベクトル

図 3.27 ベクトル空間

[例 1]　$\mathbf{R}$ は実数の集合とする．$f:\mathbf{R} \longrightarrow \mathbf{R}$ ($f(x) = kx$) は線形写像である (例題 3.22 参照)．
$$\begin{array}{c} \cup \quad\quad \cup \\ x \longrightarrow kx \end{array}$$

[例 2]　n 次以下の実係数の多項式の集合を P とすると，P はベクトル空間をなすが (例題 3.3 参照)，P においての微分演算子 $\dfrac{d}{dx}$，積分演算子 $\int$ は P において線形変換である (例題 3.22 参照)．

例題 3.22

(1) $\boldsymbol{R}$ を実数の集合とするとき

$f : \boldsymbol{R} \longrightarrow \boldsymbol{R}$ $(f(x) = kx)$ は線形写像であることを示し，
$\quad \cup \qquad \cup$
$\quad x \longrightarrow kx$

$g : \boldsymbol{R} \longrightarrow \boldsymbol{R}$ $(g(x) = kx + 1)$ が線形写像でないことを示せ．
$\quad \cup \qquad \cup$
$\quad x \longrightarrow kx + 1$

(2) 何回でも微分可能な実数値関数の集合 U(例題 3.8 参照) において，微分演算子 $D = d/dx$ は線形変換であることを示せ．

解答 (1) f は定義から，$f(x) = kx$ より $x_1, x_2 \in \boldsymbol{R}$ とすると

$$f(x_1 + x_2) = k(x_1 + x_2) = kx_1 + kx_2 = f(x_1) + f(x_2)$$
$$f(cx_1) = kcx_1 = ckx_1 = cf(x_1)$$

から $f(x_1 + x_2) = f(x_1) + f(x_2)$, $f(cx_1) = cf(x_1)$ が成立する．

よって線形写像である．

g については，$g(x) = kx + 1$ より，$x_1, x_2 \in \boldsymbol{R}$ とすると，

$$\begin{aligned} g(x_1 + x_2) &= k(x_1 + x_2) + 1 \\ &= kx_1 + 1 + kx_2 \\ &\neq kx_1 + 1 + kx_2 + 1 \\ &= g(x_1) + g(x_2) \end{aligned}$$

よって g は線形写像でない．

(2) $y_1, y_2 \in U, c \in \boldsymbol{R}$ とするとき，

$$D(y_1 + y_2) = \frac{d}{dx}(y_1 + y_2) = \frac{d}{dx}y_1 + \frac{d}{dx}y_2 = Dy_1 + Dy_2$$
$$D(cy_1) = \frac{d}{dx}(cy_1) = c\frac{d}{dx}y_1 = cDy_1$$

より線形変換である． ∎

例題 3.23 次の写像 f は線形写像であることを示せ．

$$f : \boldsymbol{R}^3 \longrightarrow \boldsymbol{R}^2, \quad f\left(\begin{pmatrix} x_1 \\ x_2 \\ x_3 \end{pmatrix}\right) = \begin{pmatrix} 2x_1 - x_2 \\ x_3 \end{pmatrix}$$

解答 $\begin{pmatrix} x_1 \\ x_2 \\ x_3 \end{pmatrix}, \begin{pmatrix} x_1' \\ x_2' \\ x_3' \end{pmatrix} \in \boldsymbol{R}^3, \ c \in \boldsymbol{R}$ のとき

$$f\left(\begin{pmatrix}x_1\\x_2\\x_3\end{pmatrix}+\begin{pmatrix}x_1'\\x_2'\\x_3'\end{pmatrix}\right)=f\left(\begin{pmatrix}x_1+x_1'\\x_2+x_2'\\x_3+x_3'\end{pmatrix}\right)=\begin{pmatrix}2(x_1+x_1')-(x_2+x_2')\\x_3+x_3'\end{pmatrix}$$

$$=\begin{pmatrix}2x_1-x_2+2x_1'-x_2'\\x_3+x_3'\end{pmatrix}$$

$$=\begin{pmatrix}2x_1-x_2\\x_3\end{pmatrix}+\begin{pmatrix}2x_1'-x_2'\\x_3'\end{pmatrix}$$

$$=f\left(\begin{pmatrix}x_1\\x_2\\x_3\end{pmatrix}\right)+f\left(\begin{pmatrix}x_1'\\x_2'\\x_3'\end{pmatrix}\right).$$

$$f\left(c\begin{pmatrix}x_1\\x_2\\x_3\end{pmatrix}\right)=f\left(\begin{pmatrix}cx_1\\cx_2\\cx_3\end{pmatrix}\right)=\begin{pmatrix}2cx_1-cx_2\\cx_3\end{pmatrix}=c\begin{pmatrix}2x_1-x_2\\x_3\end{pmatrix}$$

$$=cf\left(\begin{pmatrix}x_1\\x_2\\x_3\end{pmatrix}\right).$$

よって, f は線形写像である. ∎

[問題9]　$f(x)=x^2$ のとき, f は $\boldsymbol{R}$ から $\boldsymbol{R}$ への単射でも全射でもないことを示せ. また線形写像でないことを示せ.

[問題10]　(1) $f(x,y)=(x+y,x)$ によって定義される写像 f は線形であることを示せ.
(2) $f(x,y)=(x+1,2y,x+y)$ によって定義される写像 f は線形ではないことを示せ.

4　線形写像の表現行列

n 次元ベクトル空間 V^n から m 次元ベクトル空間 V^m への線形写像 f があるとき f に対応する行列 (f の表現行列という) が存在する.

任意の $\boldsymbol{x}\in V^n$ は V^n の n 個の基底 $\boldsymbol{e_1},\boldsymbol{e_2},\cdots,\boldsymbol{e_n}$ によって一意的に

$$\boldsymbol{x}=x_1\boldsymbol{e}_1+x_2\boldsymbol{e}_2+\cdots+x_n\boldsymbol{e}_n=(\boldsymbol{e}_1,\cdots,\boldsymbol{e}_n)\begin{pmatrix}x_1\\x_2\\\vdots\\x_n\end{pmatrix}$$

と表される (行列の積と同様である). これを f で V^m へ写すと, f は線形写像だから 3.2 節の 3 の解説により,

$$f(\boldsymbol{x})=x_1f(\boldsymbol{e}_1)+x_2f(\boldsymbol{e}_2)+\cdots+x_nf(\boldsymbol{e}_n)$$

74 第 3 章 ベクトル

であるが，これは次のように書ける．

$$f((\bm{e}_1,\cdots,\bm{e}_n)\begin{pmatrix}x_1\\x_2\\\vdots\\x_n\end{pmatrix}) = (f(\bm{e}_1),f(\bm{e}_2),\cdots,f(\bm{e}_n))\begin{pmatrix}x_1\\x_2\\\vdots\\x_n\end{pmatrix}$$

ここで，$f(\bm{e}_1),\cdots f(\bm{e}_n)$ は V^m の元より，V^m の基底 $\bar{\bm{e}}_1,\bar{\bm{e}}_2,\cdots,\bar{\bm{e}}_m$ を使って

$$\begin{aligned}f(\bm{e}_1) &= a_{11}\bar{\bm{e}}_1 + a_{21}\bar{\bm{e}}_2 + \cdots\cdots\cdots + a_{m1}\bar{\bm{e}}_m \\ f(\bm{e}_2) &= a_{12}\bar{\bm{e}}_1 + a_{22}\bar{\bm{e}}_2 + \cdots\cdots\cdots + a_{m2}\bar{\bm{e}}_m \\ &\vdots \\ f(\bm{e}_n) &= a_{1n}\bar{\bm{e}}_1 + a_{2n}\bar{\bm{e}}_2 + \cdots\cdots\cdots + a_{mn}\bar{\bm{e}}_m\end{aligned}$$

と書ける．これを上に代入し

$$f((\bm{e}_1,\cdots,\bm{e}_n)\begin{pmatrix}x_1\\x_2\\\vdots\\x_n\end{pmatrix}) = (a_{11}\bar{\bm{e}}_1 + a_{21}\bar{\bm{e}}_2 + \cdots + a_{m1}\bar{\bm{e}}_m, a_{12}\bar{\bm{e}}_1 + a_{22}\bar{\bm{e}}_2 + \cdots + a_{m2}\bar{\bm{e}}_m$$
$$\cdots a_{1n}\bar{\bm{e}}_1 + a_{2n}\bm{e}_2 + \cdots + a_{mn}\bm{e}_m)\begin{pmatrix}x_1\\x_2\\\vdots\\x_n\end{pmatrix}$$

$$f((\bm{e}_1,\cdots,\bm{e}_n)\begin{pmatrix}x_1\\x_2\\\vdots\\x_n\end{pmatrix}) = (\bar{\bm{e}}_1,\bar{\bm{e}}_2,\cdots,\bar{\bm{e}}_m)\begin{pmatrix}a_{11}&a_{12}&\cdots&a_{1n}\\a_{21}&a_{22}&\cdots&a_{2n}\\\vdots&\vdots&&\vdots\\a_{m1}&a_{m2}&\cdots&a_{mn}\end{pmatrix}\begin{pmatrix}x_1\\x_2\\\vdots\\x_n\end{pmatrix} \quad (3.1)$$

$\underbrace{}_{\bm{x}\text{の}V^n\text{の成分}} \qquad \underbrace{}_{f(\bm{x})\text{の}V^m\text{の成分}}$

$$= (\bar{\bm{e}}_1,\bar{\bm{e}}_2,\cdots,\bar{\bm{e}}_m)\begin{pmatrix}y_1\\y_2\\\vdots\\y_m\end{pmatrix}$$

とおけば，このとき，成分のみの表示としては次のようになる．

$$f(\begin{pmatrix}x_1\\x_2\\\vdots\\x_n\end{pmatrix}) = \begin{pmatrix}y_1\\y_2\\\vdots\\y_m\end{pmatrix} = \begin{pmatrix}a_{11}&a_{12}&\cdots&a_{1n}\\a_{21}&a_{22}&\cdots&a_{2n}\\\vdots&\vdots&&\vdots\\a_{m1}&a_{m2}&\cdots&a_{mn}\end{pmatrix}\begin{pmatrix}x_1\\x_2\\\vdots\\x_n\end{pmatrix}$$

ここで得られた行列は，基底 $\bm{e}_1,\cdots,\bm{e}_n \in V^n$, $\bar{\bm{e}}_1,\cdots,\bar{\bm{e}}_m \in V^m$ に関して f を表

現しているものであり，**f の表現行列**という．f の表現行列を A とするとき，$f \leftrightarrow A$ と表す．このとき，この表現行列は次のようにして作られていることに注意する．

$$A = \begin{pmatrix} a_{11} & a_{12} & \cdots & a_{1n} \\ a_{21} & a_{22} & \cdots & a_{2n} \\ \vdots & \vdots & & \vdots \\ a_{m1} & a_{m2} & \cdots & a_{mn} \end{pmatrix}$$

- $f(e_n)$ の V^m の中の基底の成分を列ベクトルとしたもの
- $f(e_1)$ の V^m の中の基底の成分を列ベクトルとしたもの
- $f(e_2)$ の V^m の中の基底の成分を列ベクトルとしたもの

注意 1 線形写像 f は，f の表現行列 A を使うと (3.1) から

$$f((\boldsymbol{e}_1, \cdots, \boldsymbol{e}_n)\begin{pmatrix} x_1 \\ x_2 \\ \vdots \\ x_n \end{pmatrix}) = (\bar{\boldsymbol{e}}_1, \bar{\boldsymbol{e}}_2, \cdots, \bar{\boldsymbol{e}}_m) A \begin{pmatrix} x_1 \\ x_2 \\ \vdots \\ x_n \end{pmatrix}$$

と表される．

注意 2 線形写像 $f : V^n \longrightarrow V^m$ の f の表現行列は V^n と V^m の基底のとりかたにより変化する．

さらに線形写像の表現行列に関して，次の定理が成り立つ．

定理 3.4 ベクトル空間 V^n, V^m, V^l のそれぞれの基底を $\{\boldsymbol{e}_1, \boldsymbol{e}_2, \cdots, \boldsymbol{e}_n\}$, $\{\bar{\boldsymbol{e}}_1, \bar{\boldsymbol{e}}_2, \cdots, \bar{\boldsymbol{e}}_m\}$, $\{\bar{\bar{\boldsymbol{e}}}_1, \bar{\bar{\boldsymbol{e}}}_2, \cdots, \bar{\bar{\boldsymbol{e}}}_l\}$ とする．線形写像 $f : V^n \longrightarrow V^m$, $g : V^m \longrightarrow V^l$ に対する表現行列をそれぞれ $f \leftrightarrow A$, $g \leftrightarrow B$ とする．そのとき合成写像による線形写像 $g \circ f : V^n \longrightarrow V^l$ に対応する表現行列は BA である．特に全単射の線形写像 f の表現行列 A に対して，全単射 $f \leftrightarrow A$ は正則．そのとき $f^{-1} \leftrightarrow A^{-1}$ となる．

例題 3.24 線形写像 $f : \boldsymbol{R}^2 \longrightarrow \boldsymbol{R}^3$ を次のように定義する．

$$f\left(\begin{pmatrix} x_1 \\ x_2 \end{pmatrix}\right) = \begin{pmatrix} 2x_1 \\ -x_2 \\ x_1 - x_2 \end{pmatrix}$$

また，$\boldsymbol{R}^2$, $\boldsymbol{R}^3$ の基底をそれぞれ次のようにする．これらの基底に対する f の表現行列を求めよ．

$$\boldsymbol{R}^2 = \left\{ \begin{pmatrix} -1 \\ 2 \end{pmatrix}, \begin{pmatrix} 2 \\ 3 \end{pmatrix} \right\}, \quad \boldsymbol{R}^3 = \left\{ \begin{pmatrix} 1 \\ 0 \\ 0 \end{pmatrix}, \begin{pmatrix} 0 \\ 1 \\ 0 \end{pmatrix}, \begin{pmatrix} 1 \\ 1 \\ 1 \end{pmatrix} \right\}$$

解答 $\boldsymbol{R}^2$ の基底は $\begin{pmatrix} -1 \\ 2 \end{pmatrix}, \begin{pmatrix} 2 \\ 3 \end{pmatrix}$ であるから，3.2 節の 4 より f の表現行列は

$$f\left(\begin{pmatrix} -1 \\ 2 \end{pmatrix}\right), f\left(\begin{pmatrix} 2 \\ 3 \end{pmatrix}\right)$$

を $\boldsymbol{R}^3$ の基底によって 1 次結合で表したときの成分を行列の列ベクトルとしたものであるから

$$f\left(\begin{pmatrix} -1 \\ 2 \end{pmatrix}\right) = \begin{pmatrix} 2 \times (-1) \\ -2 \\ -1-2 \end{pmatrix} = \begin{pmatrix} -2 \\ -2 \\ -3 \end{pmatrix} = x_1 \begin{pmatrix} 1 \\ 0 \\ 0 \end{pmatrix} + x_2 \begin{pmatrix} 0 \\ 1 \\ 0 \end{pmatrix} + x_3 \begin{pmatrix} 1 \\ 1 \\ 1 \end{pmatrix}$$

$$f\left(\begin{pmatrix} 2 \\ 3 \end{pmatrix}\right) = \begin{pmatrix} 2 \times 2 \\ -3 \\ 2-3 \end{pmatrix} = \begin{pmatrix} 4 \\ -3 \\ -1 \end{pmatrix} = x_1' \begin{pmatrix} 1 \\ 0 \\ 0 \end{pmatrix} + x_2' \begin{pmatrix} 0 \\ 1 \\ 0 \end{pmatrix} + x_3' \begin{pmatrix} 1 \\ 1 \\ 1 \end{pmatrix}. \quad \text{すなわち,}$$

$$\begin{cases} x_1 + x_3 = -2 \\ x_2 + x_3 = -2 \\ x_3 = -3 \end{cases}, \quad \begin{cases} x_1' + x_3' = 4 \\ x_2' + x_3' = -3 \\ x_3' = -1 \end{cases} \quad \therefore \quad \begin{cases} x_1 = 1 \\ x_2 = 1 \\ x_3 = -3 \end{cases}, \quad \begin{cases} x_1' = 5 \\ x_2' = -2 \\ x_3' = -1 \end{cases}$$

よって,求める表現行列は次のようになる.

$$\begin{pmatrix} 1 & 5 \\ 1 & -2 \\ -3 & -1 \end{pmatrix}$$

注意 $\boldsymbol{e}_1 = \begin{pmatrix} -1 \\ 2 \end{pmatrix}$, $\boldsymbol{e}_2 = \begin{pmatrix} 2 \\ 3 \end{pmatrix}$, $\bar{\boldsymbol{e}}_1 = \begin{pmatrix} 1 \\ 0 \\ 0 \end{pmatrix}$, $\bar{\boldsymbol{e}}_2 = \begin{pmatrix} 0 \\ 1 \\ 0 \end{pmatrix}$, $\bar{\boldsymbol{e}}_3 = \begin{pmatrix} 1 \\ 1 \\ 1 \end{pmatrix}$ のとき

$$f\left((\boldsymbol{e}_1, \boldsymbol{e}_2)\begin{pmatrix} x_1 \\ x_2 \end{pmatrix}\right) = (\bar{\boldsymbol{e}}_1, \bar{\boldsymbol{e}}_2, \bar{\boldsymbol{e}}_3) \begin{pmatrix} 1 & 5 \\ 1 & -2 \\ -3 & -1 \end{pmatrix} \begin{pmatrix} x_1 \\ x_2 \end{pmatrix}$$

を意味する.

例題 3.25 基底 $\{1, e^x, xe^x\}$ によって生成される 3 次元実ベクトル空間 V の任意の元 s に対して,$D(s) = ds/dx$ で定義される微分演算子 D は,V の線形変換となる(例題 3.22(2) 参照).この基底に関する D の表現行列を求めよ.

解答 V の基底は $\{1, e^x, xe^x\}$ から,$D(1), D(e^x), D(xe^x)$ を $\{1, e^x, xe^x\}$ の 1 次結合で表す.

$D(1) = 0 = 0 \cdot 1 + 0 \cdot e^x + 0 \cdot xe^x$

$D(e^x) = e^x = 0 \cdot 1 + 1 \cdot e^x + 0 \cdot xe^x$

$D(xe^x) = D(x) \cdot e^x + x \cdot D(e^x)$

$\qquad = 1 \cdot e^x + x \cdot e^x$

$\qquad = e^x + xe^x = 0 \cdot 1 + 1 \cdot e^x + 1 \cdot xe^x$

ゆえに,D の表現行列は次のようになる.

$$\begin{pmatrix} 0 & 0 & 0 \\ 0 & 1 & 1 \\ 0 & 0 & 1 \end{pmatrix}$$

[問題 11] $\boldsymbol{R}^2$ の基底

$$\boldsymbol{a}_1 = \begin{pmatrix} 1 \\ 2 \end{pmatrix}, \quad \boldsymbol{a}_2 = \begin{pmatrix} 2 \\ 0 \end{pmatrix}$$

に関する次の線形変換について (1), (2) に答えよ.

$$f : \boldsymbol{R}^2 \longrightarrow \boldsymbol{R}^2, \ f\left(\begin{pmatrix} x_1 \\ x_2 \end{pmatrix}\right) = \begin{pmatrix} x_1 + 2x_2 \\ 2x_1 \end{pmatrix}$$

(1) f^{-1} の表現行列を求めよ (**ヒント**：はじめに f の表現行列を求める).

(2) 線形写像 $g : \boldsymbol{R}^2 \longrightarrow \boldsymbol{R}^3$ が次のように定義されている.

$$g\left(\begin{pmatrix} x_1 \\ x_2 \end{pmatrix}\right) = \begin{pmatrix} -x_1 + x_2 \\ 0 \\ x_1 + x_2 \end{pmatrix}$$

$\boldsymbol{R}^2$ の基底は $\{\boldsymbol{a}_1, \boldsymbol{a}_2\}$, $\boldsymbol{R}^3$ の基底が次のとき, $g \circ f$ の表現行列を求めよ.

$$\left\{ \begin{pmatrix} 1 \\ 0 \\ 0 \end{pmatrix}, \begin{pmatrix} 0 \\ 1 \\ 0 \end{pmatrix}, \begin{pmatrix} 0 \\ 0 \\ 1 \end{pmatrix} \right\}$$

[問題 12] $\boldsymbol{R}^2$ の 2 つのベクトル $\begin{pmatrix} 1 \\ -1 \end{pmatrix}, \begin{pmatrix} 3 \\ -2 \end{pmatrix}$ がそれぞれ $\begin{pmatrix} 2 \\ -3 \end{pmatrix}, \begin{pmatrix} 11 \\ 8 \end{pmatrix}$ へ写る線形変換がある. この線形変換の表現行列を求めよ. ただし $\boldsymbol{R}^2$ の基底は $\begin{pmatrix} 1 \\ 0 \end{pmatrix}, \begin{pmatrix} 0 \\ 1 \end{pmatrix}$ とする.

5 基底の変換と線形写像の表現行列

n 次元ベクトル空間 V^n の 2 つの基底 $\{\boldsymbol{e}_1, \boldsymbol{e}_2, \cdots, \boldsymbol{e}_n\}$ と $\{\boldsymbol{f}_1, \boldsymbol{f}_2, \cdots, \boldsymbol{f}_n\}$ があるとき,

$$\boldsymbol{f}_1 = p_{11}\boldsymbol{e}_1 + p_{21}\boldsymbol{e}_2 + \cdots + p_{n1}\boldsymbol{e}_n$$
$$\boldsymbol{f}_2 = p_{12}\boldsymbol{e}_1 + p_{22}\boldsymbol{e}_2 + \cdots + p_{n2}\boldsymbol{e}_n$$
$$\vdots$$
$$\boldsymbol{f}_n = p_{1n}\boldsymbol{e}_1 + p_{2n}\boldsymbol{e}_2 + \cdots + p_{nn}\boldsymbol{e}_n$$

と表せる. これは, つまり

$$(\boldsymbol{f}_1, \boldsymbol{f}_2, \cdots, \boldsymbol{f}_n) = (\boldsymbol{e}_1, \boldsymbol{e}_2, \cdots, \boldsymbol{e}_n) \begin{pmatrix} p_{11} & p_{12} & \cdots & p_{1n} \\ p_{21} & p_{22} & \cdots & p_{2n} \\ \vdots & \vdots & & \vdots \\ p_{n1} & p_{n2} & \cdots & p_{nn} \end{pmatrix}$$

$$= (\boldsymbol{e}_1, \boldsymbol{e}_2, \cdots, \boldsymbol{e}_n)P$$

である.

ただし, $P = \begin{pmatrix} p_{11} & p_{12} & \cdots & p_{1n} \\ p_{21} & p_{22} & \cdots & p_{2n} \\ \vdots & \vdots & & \vdots \\ p_{n1} & p_{n2} & \cdots & p_{nn} \end{pmatrix}$ とした.

行列 P を基底 $\{\boldsymbol{e}_1, \boldsymbol{e}_2, \cdots, \boldsymbol{e}_n\}$ から基底 $\{\boldsymbol{f}_1, \boldsymbol{f}_2, \cdots, \boldsymbol{f}_n\}$ への**変換行列**という. 変換行列は正則行列である. すなわち $(\boldsymbol{f}_1, \boldsymbol{f}_2, \cdots, \boldsymbol{f}_n)P^{-1} = (\boldsymbol{e}_1, \boldsymbol{e}_2, \cdots, \boldsymbol{e}_n)$ である.

変換行列に関して, 次の定理が成り立つ

定理 3.5 ベクトル空間 V^n の中の 2 組の基底を $\{\boldsymbol{e}_1, \boldsymbol{e}_2, \cdots, \boldsymbol{e}_n\}$, $\{\boldsymbol{f}_1, \boldsymbol{f}_2, \cdots, \boldsymbol{f}_n\}$, そしてベクトル空間 V^m の中の 2 組の基底を $\{\bar{\boldsymbol{e}}_1, \bar{\boldsymbol{e}}_2, \cdots, \bar{\boldsymbol{e}}_m\}$, $\{\bar{\boldsymbol{f}}_1, \bar{\boldsymbol{f}}_2, \cdots, \bar{\boldsymbol{f}}_m\}$ とする. V^n から V^m への線形写像 f の $\{\boldsymbol{e}_1, \boldsymbol{e}_2, \cdots, \boldsymbol{e}_n\}$, $\{\bar{\boldsymbol{e}}_1, \bar{\boldsymbol{e}}_2, \cdots, \bar{\boldsymbol{e}}_m\}$ に関する f の表現行列を A, f の $\{\boldsymbol{f}_1, \boldsymbol{f}_2, \cdots, \boldsymbol{f}_n\}$, $\{\bar{\boldsymbol{f}}_1, \bar{\boldsymbol{f}}_2, \cdots, \bar{\boldsymbol{f}}_m\}$ に関する f の表現行列を B, そして $\{\boldsymbol{e}_1, \boldsymbol{e}_2, \cdots, \boldsymbol{e}_n\}$ から $\{\boldsymbol{f}_1, \boldsymbol{f}_2, \cdots, \boldsymbol{f}_n\}$ への V^n の中の基底の変換行列を P, V^m の中の基底 $\{\bar{\boldsymbol{e}}_1, \bar{\boldsymbol{e}}_2, \cdots, \bar{\boldsymbol{e}}_m\}$ から $\{\bar{\boldsymbol{f}}_1, \bar{\boldsymbol{f}}_2, \cdots, \bar{\boldsymbol{f}}_m\}$ への変換行列を Q とすると, $Q^{-1}AP = B$ が成立する.

[証明] p.74 の式 (3.1) から,

$$f((\boldsymbol{f}_1, \boldsymbol{f}_2, \cdots, \boldsymbol{f}_n)\begin{pmatrix} y_1 \\ y_2 \\ \vdots \\ y_n \end{pmatrix}) = (\bar{\boldsymbol{f}}_1, \bar{\boldsymbol{f}}_2, \cdots, \bar{\boldsymbol{f}}_m)B\begin{pmatrix} y_1 \\ y_2 \\ \vdots \\ y_n \end{pmatrix} \tag{3.2}$$

ここで基底の変換行列を使って

$$(\boldsymbol{e}_1, \boldsymbol{e}_2, \cdots, \boldsymbol{e}_n)\begin{pmatrix} x_1 \\ x_2 \\ \vdots \\ x_n \end{pmatrix} = (\boldsymbol{f}_1, \boldsymbol{f}_2, \cdots, \boldsymbol{f}_n)\begin{pmatrix} y_1 \\ y_2 \\ \vdots \\ y_n \end{pmatrix} = (\boldsymbol{e}_1, \boldsymbol{e}_2, \cdots, \boldsymbol{e}_n)P\begin{pmatrix} y_1 \\ y_2 \\ \vdots \\ y_n \end{pmatrix}$$

$$\tag{3.3}$$

$$\therefore \begin{pmatrix} x_1 \\ x_2 \\ \vdots \\ x_n \end{pmatrix} = P \begin{pmatrix} y_1 \\ y_2 \\ \vdots \\ y_n \end{pmatrix}$$

よって,

$$\begin{pmatrix} y_1 \\ y_2 \\ \vdots \\ y_n \end{pmatrix} = P^{-1} \begin{pmatrix} x_1 \\ x_2 \\ \vdots \\ x_n \end{pmatrix}. \tag{3.4}$$

また, 変換行列の定義から,

$$(\bar{\boldsymbol{f}}_1, \bar{\boldsymbol{f}}_2, \cdots, \bar{\boldsymbol{f}}_m) = (\bar{\boldsymbol{e}}_1, \bar{\boldsymbol{e}}_2, \cdots, \bar{\boldsymbol{e}}_m)Q. \tag{3.5}$$

ここで, p.75 の (注意 1) より

$$f((\boldsymbol{e}_1, \boldsymbol{e}_2, \cdots, \boldsymbol{e}_n) \begin{pmatrix} x_1 \\ x_2 \\ \vdots \\ x_n \end{pmatrix}) = (\bar{\boldsymbol{e}}_1, \bar{\boldsymbol{e}}_2, \cdots, \bar{\boldsymbol{e}}_m)A \begin{pmatrix} x_1 \\ x_2 \\ \vdots \\ x_n \end{pmatrix}. \tag{3.6}$$

ここで式 (3.3)〜(3.5) を式 (3.2) に代入すると,

$$f((\boldsymbol{e}_1, \boldsymbol{e}_2, \cdots, \boldsymbol{e}_n) \begin{pmatrix} x_1 \\ x_2 \\ \vdots \\ x_n \end{pmatrix}) = (\bar{\boldsymbol{e}}_1, \bar{\boldsymbol{e}}_2, \cdots, \bar{\boldsymbol{e}}_m)QBP^{-1} \begin{pmatrix} x_1 \\ x_2 \\ \vdots \\ x_n \end{pmatrix}. \tag{3.7}$$

よって, 式 (3.6) と (3.7) から

$$A = QBP^{-1}$$

$$\therefore Q^{-1}AP = B.$$

特に $V^m = V^n$ のときは線形写像は線形変換となるが, 定理 3.5 の中の $\bar{\boldsymbol{e}}_i = \boldsymbol{e}_i$ ($m = n$ として $i = 1, \cdots, n$), $\bar{\boldsymbol{f}}_i = \boldsymbol{f}_i$ ($m = n$ として $i = 1, \cdots, n$) と考えた場合 $Q = P$ となるから次の定理を得る.

定理 3.5′ ベクトル空間 V^n の中の 2 つの基底 $\{\boldsymbol{e}_1, \boldsymbol{e}_2, \cdots, \boldsymbol{e}_n\}$, $\{\boldsymbol{f}_1, \boldsymbol{f}_2, \cdots, \boldsymbol{f}_n\}$ において, V^n から V^n への線形変換 f の $\{\boldsymbol{e}_1, \boldsymbol{e}_2, \cdots, \boldsymbol{e}_n\}$ に関する表現行列を A, f の $\{\boldsymbol{f}_1, \boldsymbol{f}_2, \cdots, \boldsymbol{f}_n\}$ に関する表現行列を B, そして $\{\boldsymbol{e}_1, \boldsymbol{e}_2, \cdots, \boldsymbol{e}_n\}$ から $\{\boldsymbol{f}_1, \boldsymbol{f}_2, \cdots, \boldsymbol{f}_n\}$ への V^n の中の基底の変換行列を P とすると, $P^{-1}AP = B$ となる.

6 線形写像と次元

n 次元ベクトル空間 V^n から m 次元ベクトル空間 V^m への線形写像 f について, V^n の像 (3.2 節の 2 の (a) を参照) すなわち $f(V^n)$ を $\mathrm{Im}\, f$ と書き, **イメージ** f (f **の像**) と読む (図 3.28).

$\overline{0} \in V^m$ についての逆像 (3.2 節の 2 の (a) 参照) $f^{-1}(\overline{0})$ を f の $\mathrm{Ker}\, f$ と書き, **カーネル** f (f **の核**) と読む (図 3.29).

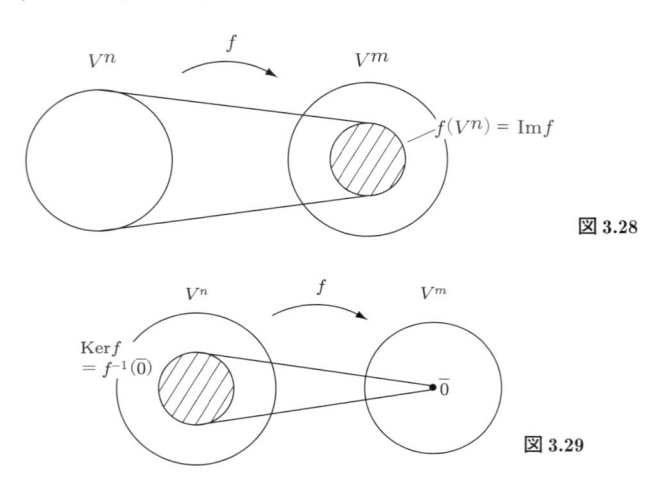

図 3.28

図 3.29

この 2 つの部分集合はともに部分空間となる. さらに次の定理が成り立つ.

定理 3.6 $\dim V^n = \dim \mathrm{Im}\, f + \dim \mathrm{Ker}\, f$

[証明] $\mathrm{Ker}\, f$, $\mathrm{Im}\, f$ は部分空間であったから, それらはベクトル空間としてそれぞれ基底をもつ. $\mathrm{Ker}\, f$ の基底を $\boldsymbol{a}_1, \boldsymbol{a}_2, \cdots, \boldsymbol{a}_s$, $\mathrm{Im}\, f$ の基底を $\boldsymbol{b}_1, \boldsymbol{b}_2, \cdots, \boldsymbol{b}_t$ とすると, $\dim \mathrm{Ker}\, f = s$, $\dim \mathrm{Im}\, f = t$ となる (図 3.30).

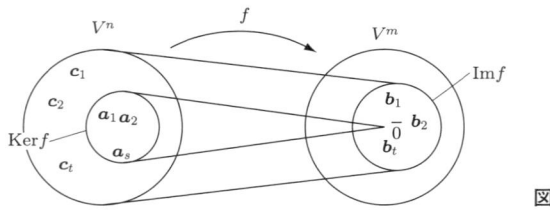

図 3.30

このとき, $\boldsymbol{b}_1, \boldsymbol{b}_2, \cdots, \boldsymbol{b}_t \in \mathrm{Im}\, f = f(V^n)$ であるから, $\boldsymbol{b}_1 = f(\boldsymbol{c}_1), \boldsymbol{b}_2 = f(\boldsymbol{c}_2), \cdots, \boldsymbol{b}_t = f(\boldsymbol{c}_t)$ である $\boldsymbol{c}_1, \boldsymbol{c}_2, \cdots, \boldsymbol{c}_t \in V^n$ が存在する. そこで V^n の基底が $\{\boldsymbol{a}_1, \boldsymbol{a}_2, \cdots, \boldsymbol{a}_s, \boldsymbol{c}_1, \boldsymbol{c}_2, \cdots, \boldsymbol{c}_t\}$ であることを示すことができれば

$$\dim V^n = n = s + t = \dim \mathrm{Ker}\, f + \dim \mathrm{Im}\, f$$

を示したことになる. そこで, $\{a_1, a_2, \cdots, a_s, c_1, c_2, \cdots, c_t\}$ が V^n の基底であることを示す.

任意の $x \in V^n$ をとると, $f(x) \in f(V^n) = \mathrm{Im}\, f$ より, $\mathrm{Im}\, f$ の基底を使って
$$f(x) = \lambda_1 b_1 + \lambda_2 b_2 + \cdots + \lambda_t b_t = \lambda_1 f(c_1) + \lambda_2 f(c_2) + \cdots + \lambda_t f(c_t)$$
と書ける. つまり,
$$f(x) - \lambda_1 f(c_1) - \lambda_2 f(c_2) - \cdots - \lambda_t f(c_t) = \bar{0}.$$
f は線形写像であるから
$$f(x - \lambda_1 c_1 - \lambda_2 c_2 - \cdots - \lambda_t c_t) = \bar{0}$$
となる (3.2 節の 3 を参照). これは $x - \lambda_1 c_1 - \lambda_2 c_2 - \cdots - \lambda_t c_t \in \mathrm{Ker}\, f$ を意味するから, $\mathrm{Ker}\, f$ の基底を使って,
$$x - \lambda_1 c_1 - \lambda_2 c_2 - \cdots - \lambda_t c_t = \mu_1 a_1 + \mu_2 a_2 + \cdots + \mu_s a_s$$
と書ける. つまり
$$x = \lambda_1 c_1 + \lambda_2 c_2 + \cdots + \lambda_t c_t + \mu_1 a_1 + \mu_2 a_2 + \cdots + \mu_s a_s.$$
よってこれは任意のベクトル $x \in V^n$ は, $c_1, c_2, \cdots, c_t, a_1, a_2, \cdots, a_s$ で生成されることを意味している.

次に $c_1, c_2, \cdots, c_t, a_1, a_2, \cdots, a_s$ が 1 次独立であることを示す.
$$\lambda_1 c_1 + \lambda_2 c_2 + \cdots + \lambda_t c_t + \mu_1 a_1 + \mu_2 a_2 + \cdots + \mu_s a_s = 0 \tag{3.6}$$
とすると, これを f で写すと
$$f(\lambda_1 c_1 + \lambda_2 c_2 + \cdots + \lambda_t c_t + \mu_1 a_1 + \mu_2 a_2 + \cdots + \mu_s a_s) = f(0) = \bar{0}$$
f が線形写像なら $f(0) = \bar{0}$ である. なぜなら $f(\lambda x) = \lambda f(x)$ で $\lambda = 0$ のときを考えればよい.
$$\therefore\ f(\lambda_1 c_1 + \lambda_2 c_2 + \cdots + \lambda_t c_t) + f(\mu_1 a_1 + \mu_2 a_2 + \cdots + \mu_s a_s) = \bar{0}$$
$a_1, a_2, \cdots, a_s$ は $\mathrm{Ker}\, f$ の基底より, $f(\mu_1 a_1 + \mu_2 a_2 + \cdots + \mu_s a_s) = \bar{0}$
$$\lambda_1 f(c_1) + \lambda_2 f(c_2) + \cdots + \lambda_t f(c_t) = \bar{0}$$
$$\therefore\ \lambda_1 b_1 + \lambda_2 b_2 + \cdots + \lambda_t b_t = \bar{0}.$$
ここで, $b_1, b_2, \cdots, b_t$ は $\mathrm{Im}\, f$ の基底から 1 次独立である.
$$\therefore\ \lambda_1 = \lambda_2 = \cdots = \lambda_t = 0.$$
ゆえに式 (3.6) は $\mu_1 a_1 + \mu_2 a_2 + \cdots + \mu_s a_s = 0$ となり,
$a_1, a_2, \cdots, a_s$ は $\mathrm{Ker}\, f$ の基底から $\mu_1 = \mu_2 = \cdots = \mu_s = 0$.

よって, $\lambda_1 = \lambda_2 = \cdots = \lambda_t = \mu_1 = \mu_2 = \cdots = \mu_s = 0$ となり, $c_1, c_2, \cdots, c_t, a_1, \cdots,$ a_s は 1 次独立になる.

7 内積

n 次元ベクトル空間 V^n において $\boldsymbol{a}, \boldsymbol{b} \in V^n$ に対して実数 $(\boldsymbol{a}, \boldsymbol{b})$ が定まり,次の (I1)〜(I4) が成り立つときに,$(\boldsymbol{a}, \boldsymbol{b})$ を V^n の**内積**という.I は内積 (Inner Product) の I の略語である.

> (I1) $(\boldsymbol{a}, \boldsymbol{b}) = (\boldsymbol{b}, \boldsymbol{a})$
> (I2) $(\boldsymbol{a} + \boldsymbol{b}, \boldsymbol{c}) = (\boldsymbol{a}, \boldsymbol{c}) + (\boldsymbol{b}, \boldsymbol{c})$
> (I3) $(k\boldsymbol{a}, \boldsymbol{b}) = k(\boldsymbol{a}, \boldsymbol{b})$
> (I4) $(\boldsymbol{a}, \boldsymbol{a}) \geqq 0$ ここで,$(\boldsymbol{a}, \boldsymbol{a}) = 0 \Leftrightarrow \boldsymbol{a} = \boldsymbol{0}$

$\sqrt{(\boldsymbol{a}, \boldsymbol{a})} = \|\boldsymbol{a}\|$ と書き,ベクトル $\boldsymbol{a}$ の**長さ**(**ノルム**)という.また,$(\boldsymbol{a}, \boldsymbol{b}) = 0$,$(\boldsymbol{a} \neq \boldsymbol{0}, \boldsymbol{b} \neq \boldsymbol{0})$ のとき,$\boldsymbol{a}$ と $\boldsymbol{b}$ は**直交する**という.

n 次元ベクトル空間 V^n の n 個の基底 $\boldsymbol{e}_1, \boldsymbol{e}_2, \cdots, \boldsymbol{e}_n$ が,

$$(\boldsymbol{e}_i, \boldsymbol{e}_i) = \|\boldsymbol{e}_i\|^2 = 1, \quad (\boldsymbol{e}_i, \boldsymbol{e}_j) = \begin{cases} 1 & (i = j) \\ 0 & (i \neq j) \end{cases}$$

を満たすとき,基底 $\boldsymbol{e}_1, \boldsymbol{e}_2, \cdots, \boldsymbol{e}_n$ は**正規直交基底**であるという (**正規直交系をなす**).

任意の $\boldsymbol{x}, \boldsymbol{y} \in V^n$ を正規直交基底 $\boldsymbol{e}_1, \boldsymbol{e}_2, \cdots, \boldsymbol{e}_n$ によって

$$\boldsymbol{x} = x_1 \boldsymbol{e}_1 + x_2 \boldsymbol{e}_2 + \cdots + x_n \boldsymbol{e}_n$$

$$\boldsymbol{y} = y_1 \boldsymbol{e}_1 + y_2 \boldsymbol{e}_2 + \cdots + y_n \boldsymbol{e}_n$$

と表したとき,$(\boldsymbol{x}, \boldsymbol{y})$ は上の (I1)〜(I4) を使って

$$(\boldsymbol{x}, \boldsymbol{y}) = x_1 y_1 + x_2 y_2 + \cdots x_n y_n = (x_1, x_2, \cdots, x_n) \begin{pmatrix} y_1 \\ y_2 \\ \vdots \\ y_n \end{pmatrix} \quad \begin{pmatrix} \text{高校で学んだ} \\ \text{内積の一般化} \end{pmatrix}$$

となる.内積に関して次の 3 つの定理が成り立つ.

定理 3.7

$$|(\boldsymbol{a}, \boldsymbol{b})| \leqq \|\boldsymbol{a}\| \|\boldsymbol{b}\| \quad (\text{シュワルツの不等式})$$

$$\|\boldsymbol{a} + \boldsymbol{b}\| \leqq \|\boldsymbol{a}\| + \|\boldsymbol{b}\| \quad (\text{三角不等式})$$

定理 3.8 (シュミットの直交化法) n 次元ベクトル空間 V^n には正規直交基底が存在する (n 個の 1 次独立なベクトル $\boldsymbol{x}_1, \boldsymbol{x}_2, \cdots, \boldsymbol{x}_n \in V^n$ から正規直交基底 $\boldsymbol{e}_1, \boldsymbol{e}_2, \cdots, \boldsymbol{e}_n$ を以下のようにつくることができる).

$$\boldsymbol{e}_1 = \frac{\boldsymbol{x}_1}{\|\boldsymbol{x}_1\|}, \quad \boldsymbol{e}_2 = \frac{\boldsymbol{x}_2 - (\boldsymbol{x}_2, \boldsymbol{e}_1) \boldsymbol{e}_1}{\|\boldsymbol{x}_2 - (\boldsymbol{x}_2, \boldsymbol{e}_1) \boldsymbol{e}_1\|}$$

$$e_3 = \frac{x_3 - (x_3, e_1)e_1 - (x_3, e_2)e_2}{\|x_3 - (x_3, e_1)e_1 - (x_3, e_2)e_2\|}$$

$$e_4 = \frac{x_4 - (x_4, e_1)e_1 - (x_4, e_2)e_2 - (x_4, e_3)e_3}{\|x_4 - (x_4, e_1)e_1 - (x_4, e_2)e_2 - (x_4, e_3)e_3\|}$$

$$\vdots$$

$$e_n = \frac{x_n - (x_n, e_1)e_1 - (x_n, e_2)e_2 - (x_n, e_3)e_3 \cdots - (x_n, e_{n-1})e_{n-1}}{\|x_n - (x_n, e_1)e_1 - (x_n, e_2)e_2 - (x_n, e_3)e_3 \cdots - (x_n, e_{n-1})e_{n-1}\|}$$

定理 3.9 n 次正方行列 A を，列ベクトルまたは行ベクトルを用いて次のように表す (1.1 節と 1.3 節を参照).

$$A = (a'_1 a'_2 \cdots a'_n) = \begin{pmatrix} a_1 \\ a_2 \\ \vdots \\ a_n \end{pmatrix}$$

このとき次が成立する．

$a'_1, \cdots, a'_n$ が R^n の正規直交基底 $\Leftrightarrow$ A は直交行列

$a_1, \cdots, a_n$ が R^n の正規直交基底 $\Leftrightarrow$ A は直交行列

例題 3.26 R^3 の 3 つのベクトル

$$a_1 = \begin{pmatrix} \cos\theta \\ \sin\theta \\ 0 \end{pmatrix}, \quad a_2 = \begin{pmatrix} -\sin\theta \\ \cos\theta \\ 0 \end{pmatrix}, \quad a_3 = \begin{pmatrix} 0 \\ 0 \\ 1 \end{pmatrix}$$ は正規直交系をつくることを示せ．

そのとき次の行列が直交行列となることを確かめよ．

$$\begin{pmatrix} \cos\theta & -\sin\theta & 0 \\ \sin\theta & \cos\theta & 0 \\ 0 & 0 & 1 \end{pmatrix}$$

解答 $\|a_1\|^2 = \cos^2\theta + \sin^2\theta + 0^2 = 1 \qquad \|a_1\| = 1$

$\|a_2\|^2 = (-\sin\theta)^2 + \cos^2\theta + 0^2 = 1 \qquad \|a_2\| = 1$

$\|a_3\|^2 = 0^2 + 0^2 + 1^2 = 1 \qquad \|a_3\| = 1$

$(a_1, a_2) = \cos\theta \cdot (-\sin\theta) + \sin\theta \cdot \cos\theta + 0 \cdot 0 = 0$

$(a_2, a_3) = -\sin\theta \cdot 0 + \cos\theta \cdot 0 + 0 \cdot 1 = 0$

$(a_3, a_1) = 0 \cdot \cos\theta + 0 \cdot \sin\theta + 1 \cdot 0 = 0$

よって $\{a_1, a_2, a_3\}$ は正規直交系をつくっている．また，直交行列の定義から (1.3 節の 3 を参照)

$$
{}^t\!\begin{pmatrix} \cos\theta & -\sin\theta & 0 \\ \sin\theta & \cos\theta & 0 \\ 0 & 0 & 1 \end{pmatrix} \begin{pmatrix} \cos\theta & -\sin\theta & 0 \\ \sin\theta & \cos\theta & 0 \\ 0 & 0 & 1 \end{pmatrix} = \begin{pmatrix} {}^t\!\boldsymbol{a}_1 \\ {}^t\!\boldsymbol{a}_2 \\ {}^t\!\boldsymbol{a}_3 \end{pmatrix}(\boldsymbol{a}_1\boldsymbol{a}_2\boldsymbol{a}_3)
$$

$$
= \begin{pmatrix} {}^t\!\boldsymbol{a}_1\boldsymbol{a}_1 & {}^t\!\boldsymbol{a}_1\boldsymbol{a}_2 & {}^t\!\boldsymbol{a}_1\boldsymbol{a}_3 \\ {}^t\!\boldsymbol{a}_2\boldsymbol{a}_1 & {}^t\!\boldsymbol{a}_2\boldsymbol{a}_2 & {}^t\!\boldsymbol{a}_2\boldsymbol{a}_3 \\ {}^t\!\boldsymbol{a}_3\boldsymbol{a}_1 & {}^t\!\boldsymbol{a}_3\boldsymbol{a}_2 & {}^t\!\boldsymbol{a}_3\boldsymbol{a}_3 \end{pmatrix} = \begin{pmatrix} (\boldsymbol{a}_1,\boldsymbol{a}_1) & (\boldsymbol{a}_1,\boldsymbol{a}_2) & (\boldsymbol{a}_1,\boldsymbol{a}_3) \\ (\boldsymbol{a}_2,\boldsymbol{a}_1) & (\boldsymbol{a}_2,\boldsymbol{a}_2) & (\boldsymbol{a}_2,\boldsymbol{a}_3) \\ (\boldsymbol{a}_3,\boldsymbol{a}_1) & (\boldsymbol{a}_3,\boldsymbol{a}_2) & (\boldsymbol{a}_3,\boldsymbol{a}_3) \end{pmatrix} = \begin{pmatrix} 1 & 0 & 0 \\ 0 & 1 & 0 \\ 0 & 0 & 1 \end{pmatrix}
$$

■

例題 3.27 R^3 の基底を次の 3 つとする．これらの基底からシュミットの直交化法により正規直交基底をつくれ．

$$
\boldsymbol{a}_1 = \begin{pmatrix} 1 \\ 1 \\ 0 \end{pmatrix},\ \boldsymbol{a}_2 = \begin{pmatrix} -1 \\ 0 \\ 1 \end{pmatrix},\ \boldsymbol{a}_3 = \begin{pmatrix} 0 \\ 0 \\ 1 \end{pmatrix}
$$

解答 定理 3.8 より，

$$
\boldsymbol{e}_1 = \frac{\boldsymbol{a}_1}{\|\boldsymbol{a}_1\|} = \frac{1}{\sqrt{1^2+1^2+0^2}}\begin{pmatrix} 1 \\ 1 \\ 0 \end{pmatrix} = \frac{1}{\sqrt{2}}\begin{pmatrix} 1 \\ 1 \\ 0 \end{pmatrix} = \begin{pmatrix} \frac{1}{\sqrt{2}} \\ \frac{1}{\sqrt{2}} \\ 0 \end{pmatrix}
$$

$$
\boldsymbol{e}_2 = \frac{\boldsymbol{a}_2 - (\boldsymbol{a}_2,\boldsymbol{e}_1)\boldsymbol{e}_1}{\|\boldsymbol{a}_2 - (\boldsymbol{a}_2,\boldsymbol{e}_1)\boldsymbol{e}_1\|} \quad \text{より，}
$$

$$
\boldsymbol{a}_2 - (\boldsymbol{a}_2,\boldsymbol{e}_1)\boldsymbol{e}_1 = \begin{pmatrix} -1 \\ 0 \\ 1 \end{pmatrix} - \left((-1)\times\frac{1}{\sqrt{2}} + 0\times\frac{1}{\sqrt{2}} + 1\times 0\right)\begin{pmatrix} \frac{1}{\sqrt{2}} \\ \frac{1}{\sqrt{2}} \\ 0 \end{pmatrix}
$$

$$
= \begin{pmatrix} -1 \\ 0 \\ 1 \end{pmatrix} + \frac{1}{\sqrt{2}}\begin{pmatrix} \frac{1}{\sqrt{2}} \\ \frac{1}{\sqrt{2}} \\ 0 \end{pmatrix} = \begin{pmatrix} -\frac{1}{2} \\ \frac{1}{2} \\ 1 \end{pmatrix}
$$

$$
\therefore\ \boldsymbol{e}_2 = \frac{1}{\sqrt{(-\frac{1}{2})^2 + (\frac{1}{2})^2 + 1^2}}\begin{pmatrix} -\frac{1}{2} \\ \frac{1}{2} \\ 1 \end{pmatrix} = \begin{pmatrix} -\frac{1}{\sqrt{6}} \\ \frac{1}{\sqrt{6}} \\ \frac{\sqrt{2}}{\sqrt{3}} \end{pmatrix}
$$

$$
\boldsymbol{e}_3 = \frac{\boldsymbol{a}_3 - (\boldsymbol{a}_3,\boldsymbol{e}_1)\boldsymbol{e}_1 - (\boldsymbol{a}_3,\boldsymbol{e}_2)\boldsymbol{e}_2}{\|\boldsymbol{a}_3 - (\boldsymbol{a}_3,\boldsymbol{e}_1)\boldsymbol{e}_1 - (\boldsymbol{a}_3,\boldsymbol{e}_2)\boldsymbol{e}_2\|} \quad \text{より，}
$$

$$
\boldsymbol{a}_3 - (\boldsymbol{a}_3,\boldsymbol{e}_1)\boldsymbol{e}_1 - (\boldsymbol{a}_3,\boldsymbol{e}_2)\boldsymbol{e}_2
$$

$$= \begin{pmatrix} 0 \\ 0 \\ 1 \end{pmatrix} - \left(0 \times \frac{1}{\sqrt{2}} + 0 \times \frac{1}{\sqrt{2}} + 1 \times 0\right) \begin{pmatrix} \frac{1}{\sqrt{2}} \\ \frac{1}{\sqrt{2}} \\ 0 \end{pmatrix}$$

$$- \left(0 \times \left(-\frac{1}{\sqrt{6}}\right) + 0 \times \frac{1}{\sqrt{6}} + 1 \times \frac{\sqrt{2}}{\sqrt{3}}\right) \begin{pmatrix} -\frac{1}{\sqrt{6}} \\ \frac{1}{\sqrt{6}} \\ \frac{\sqrt{2}}{\sqrt{3}} \end{pmatrix}$$

$$= \begin{pmatrix} 0 \\ 0 \\ 1 \end{pmatrix} - \begin{pmatrix} -\frac{1}{3} \\ \frac{1}{3} \\ \frac{2}{3} \end{pmatrix} = \begin{pmatrix} \frac{1}{3} \\ -\frac{1}{3} \\ \frac{1}{3} \end{pmatrix}$$

$$\therefore \; \boldsymbol{e}_3 = \frac{1}{\sqrt{\left(\frac{1}{3}\right)^2 + \left(-\frac{1}{3}\right)^2 + \left(\frac{1}{3}\right)^2}} \begin{pmatrix} \frac{1}{3} \\ -\frac{1}{3} \\ \frac{1}{3} \end{pmatrix} = \begin{pmatrix} \frac{1}{\sqrt{3}} \\ -\frac{1}{\sqrt{3}} \\ \frac{1}{\sqrt{3}} \end{pmatrix}$$

ゆえに $\{\boldsymbol{e}_1, \boldsymbol{e}_2, \boldsymbol{e}_3\}$ である.

例題 3.28 V を 2 次以下の x の実係数多項式の集合とすると, これは 3 次元ベクトル空間となり, 1 つの基底は $1, x, x^2$ であった (例題 3.14 参照). このとき V の元 f, g に対して $(f, g) = \int_{-1}^{1} f(x)g(x)dx$ なる実数を考える. そのとき次の (1)〜(3) に答えよ.

(1) (f, g) は V の内積となることを示せ.

(2) V の中の元 x と x^2 はこの内積に関して直交することを示せ.

(3) シュミットの直交化法により, 基底 $1, x, x^2$ から正規直交基底をつくれ.

解答 (1) 内積の定義 (I1)〜(I4) を調べる.

(I1) $(f, g) = \displaystyle\int_{-1}^{1} f(x)g(x)\,dx = \int_{-1}^{1} g(x)f(x)\,dx = (g, f)$

$\qquad \therefore \; (f, g) = (g, f)$

(I2) $(f + g, h) = \displaystyle\int_{-1}^{1} (f(x) + g(x))h(x)\,dx = \int_{-1}^{1} f(x)h(x)\,dx + \int_{-1}^{1} g(x)h(x)\,dx$

$\qquad = (f, h) + (g, h)$

(I3) $(kf, g) = \int_{-1}^{1} kf(x)g(x)\,dx = k\int_{-1}^{1} f(x)g(x)\,dx = k(f, g)$

(I4) $(f, f) = \int_{-1}^{1} \{f(x)\}^2\,dx \geq 0,$

$(f, f) = 0 \Leftrightarrow$ すべての x で $f(x) = 0 \Leftrightarrow f = 0$

(2) $(x, x^2) = \int_{-1}^{1} x \cdot x^2\,dx = \int_{-1}^{1} x^3\,dx = \left[\dfrac{x^4}{4}\right]_{-1}^{1} = \dfrac{1}{4} - \dfrac{1}{4} = 0$

(3) ベクトル 1(V の基底としての 1, 数字の 1) から $\boldsymbol{e_1} = \dfrac{1}{\|1\|}$ をつくる(ただし $\|1\|$ はここで定義された内積での $\sqrt{(1,1)}$ の意味)

$$\|1\|^2 = \int_{-1}^{1} 1^2\,dx = [x]_{-1}^{1} = 2, \quad \|1\| = \sqrt{2}$$

$$\therefore\ \boldsymbol{e_1} = \dfrac{1}{\sqrt{2}}, \quad \boldsymbol{e_2} = \dfrac{x - \left(x, \dfrac{1}{\sqrt{2}}\right)\dfrac{1}{\sqrt{2}}}{\left\|x - \left(x, \dfrac{1}{\sqrt{2}}\right)\dfrac{1}{\sqrt{2}}\right\|}\ \text{より},$$

$$x - \left(x, \dfrac{1}{\sqrt{2}}\right)\dfrac{1}{\sqrt{2}} = x - \left(\int_{-1}^{1} x \times \dfrac{1}{\sqrt{2}}\,dx\right)\dfrac{1}{\sqrt{2}} = x - \dfrac{1}{\sqrt{2}}\left[\dfrac{x^2}{2}\right]_{-1}^{1}\dfrac{1}{\sqrt{2}} = x$$

また,

$$\left\|x - \left(x, \dfrac{1}{\sqrt{2}}\right)\dfrac{1}{\sqrt{2}}\right\| = \|x\| = \sqrt{(x, x)} = \sqrt{\int_{-1}^{1} x^2\,dx} = \sqrt{\left[\dfrac{x^3}{3}\right]_{-1}^{1}} = \sqrt{\dfrac{2}{3}}$$

$$\therefore\ \boldsymbol{e_2} = \dfrac{x}{\sqrt{\dfrac{2}{3}}} = \sqrt{\dfrac{3}{2}}x$$

同様に,

$$\boldsymbol{e_3} = \dfrac{x^2 - \left(x^2, \dfrac{1}{\sqrt{2}}\right)\dfrac{1}{\sqrt{2}} - \left(x^2, \sqrt{\dfrac{3}{2}}x\right)\sqrt{\dfrac{3}{2}}x}{\left\|x^2 - \left(x^2, \dfrac{1}{\sqrt{2}}\right)\dfrac{1}{\sqrt{2}} - \left(x^2, \sqrt{\dfrac{3}{2}}x\right)\sqrt{\dfrac{3}{2}}x\right\|}$$

より, ここで,

$$\left(x^2, \dfrac{1}{\sqrt{2}}\right) = \int_{-1}^{1} x^2 \dfrac{1}{\sqrt{2}}\,dx = \dfrac{1}{\sqrt{2}}\left[\dfrac{x^3}{3}\right]_{-1}^{1} = \dfrac{1}{\sqrt{2}}\dfrac{2}{3} = \dfrac{\sqrt{2}}{3}$$

$$\left(x^2, \sqrt{\dfrac{3}{2}}x\right) = \int_{-1}^{1} x^2 \dfrac{\sqrt{3}}{2}x\,dx = \int_{-1}^{1} \dfrac{\sqrt{3}}{2}x^3\,dx = 0$$

$$\therefore\ x^2 - \left(x^2, \dfrac{1}{\sqrt{2}}\right)\dfrac{1}{\sqrt{2}} - \left(x^2, \sqrt{\dfrac{3}{2}}\right)\sqrt{\dfrac{3}{2}} = x^2 - \dfrac{\sqrt{2}}{3}\dfrac{1}{\sqrt{2}} = x^2 - \dfrac{1}{3}$$

また,

$$\left\| x^2 - \left(x^2, \frac{1}{\sqrt{2}} \right) \frac{1}{\sqrt{2}} - \left(x^2, \sqrt{\frac{3}{2}}x \right) \sqrt{\frac{3}{2}}x \right\| = \left\| x^2 - \frac{1}{3} \right\| = \sqrt{\left(x^2 - \frac{1}{3}, x^2 - \frac{1}{3} \right)}$$

$$= \sqrt{\int_{-1}^{1} \left(x^2 - \frac{1}{3} \right)^2 dx} = \frac{2}{3}\sqrt{\frac{2}{5}}$$

$$\boldsymbol{e}_3 = \frac{\sqrt{5}}{2\sqrt{2}}(3x^2 - 1)$$

■

[問題 13]　$\boldsymbol{R}^3$ の基底を次の 3 つとするとき，シュミットの直交化法により正規直交基底をつくれ．

$$\begin{pmatrix} 3 \\ 0 \\ -1 \end{pmatrix}, \begin{pmatrix} 0 \\ 2 \\ 0 \end{pmatrix}, \begin{pmatrix} -1 \\ 0 \\ 3 \end{pmatrix}$$

[問題 14]　例題 3.28 の V の基底を $1, x+1, (x+1)^2$ として，正規直交基底をつくれ．

章末問題 3

3.1　$\boldsymbol{R}^3 \ni \boldsymbol{a} = (1, k, -2)$ が $\boldsymbol{b} = (3, -2, 0), \boldsymbol{c} = (-2, 5, 1)$ の 1 次結合で表せるように k の値を定め，$\boldsymbol{b}, \boldsymbol{c}$ の 1 次結合で表せ．

3.2　$\boldsymbol{R}^3 \ni \boldsymbol{a} = (1, 0, 1), \boldsymbol{b} = (1, 1, 0), \boldsymbol{c} = (3, 2, 1), \boldsymbol{d} = (0, 1, 1)$ に対して次の (1), (2) を示せ．

　　(1)　$\boldsymbol{c} \in \{\boldsymbol{a}, \boldsymbol{b}\}$　　(2)　$\boldsymbol{d} \notin \{\boldsymbol{a}, \boldsymbol{b}\}$

3.3　V を $\boldsymbol{R}$ から $\boldsymbol{R}$ への関数のベクトル空間とする．次の (1), (2) の $f, g, h \in V$ は，それぞれ 1 次独立であることを示せ．

　　(1)　$f(t) = e^{2t}, g(t) = t^2, h(t) = t$　　(2)　$f(t) = \sin t, g(t) = \cos t, h(t) = t$

3.4　次の条件を満たす 3 次元行ベクトル $\boldsymbol{x} = (x, y, z)$ 全体の集合 V は，それぞれ $\boldsymbol{R}^3$ の部分空間であるかどうか調べよ．

　　(1)　$x = 10y - 5z$　　(2)　$y = 2$

3.5　次の集合が $M_n(\boldsymbol{R})$ (n 次正方行列全体のなすベクトル空間) の部分空間であることを示し，その次元および 1 組の基底を求めよ．

　　トレースが 0 の n 次正方行列全体 (トレースとは $A = (a_{ij})$ のとき，$a_{11} + a_{22} + \cdots + a_{nn}$ をいう．これを $\mathrm{Tr}A$ と書く．5.1 節を参照)

3.6　次のベクトルを含む $\boldsymbol{R}^3$ の基底を求めよ．

　　(1)　$(1, 1, 2), (2, 0, -2)$　　(2)　$(-1, 2, 0)$

3.7　$\boldsymbol{R}^4$ の二つの部分空間を $W_1 = \{(x, y, z, w) | x + y = 0, z + w = 0\}, W_2 = \{(x, y, z, w) | y = $

$w, x = z\}$ とするとき，次の (1), (2) を求めよ.

(1) $W_1 \cap W_2$ の基底と次元
(2) $W_1 + W_2$ の基底と次元. ここで $W_1 + W_2 = \{\boldsymbol{a} + \boldsymbol{b} | \boldsymbol{a} \in W_1, \boldsymbol{b} \in W_2\}$

注意 一般に $\dim(W_1 + W_2) = \dim W_1 + \dim W_2 - \dim(W_1 \cap W_2)$ が成立する.

3.8 W を多項式
$$v_1 = t^3 - 2t^2 + 4t + 1, v_2 = 2t^3 - 3t^2 + 9t - 1,$$
$$v_3 = t^3 + 6t - 5, v_4 = 2t^3 - 5t^2 + 7t + 5$$

によって生成される空間とするとき，W の基底と次元を求めよ.

3.9 次の写像 f は線形であることを示せ．またそのときの表現行列を求めよ. $\boldsymbol{R}^3$ の基底は $\boldsymbol{e}_1 = (1, 0, 0), \boldsymbol{e}_2 = (0, 1, 0), \boldsymbol{e}_3 = (0, 0, 1), \boldsymbol{R}$ の基底は $\{1\}$ とする.
$f(x, y, z) = 2x - 3y + 4z$ によって定義される $f : \boldsymbol{R}^3 \longrightarrow \boldsymbol{R}$

3.10 次の (1), (2) の写像 f は線形ではないことを示せ.
(1) $f(x, y) = xy$ によって定義される $f : \boldsymbol{R}^2 \longrightarrow \boldsymbol{R}$
(2) $f(x, y, z) = (|x| + 1, 0)$ によって定義される $f : \boldsymbol{R}^3 \longrightarrow \boldsymbol{R}^2$

3.11 2 次以下の実係数多項式 $f(x) = ax^2 + bx + c$ の集合 $\boldsymbol{R}[x]_2$ をつくる．ベクトル空間 $\boldsymbol{R}[x]_2$ の一組の基底を $\{1, x, x^2\}$ とする.

$\boldsymbol{R}[x]_2$ の線形変換を $\varphi : f(x) \longrightarrow f(x+1)$ とするとき，基底 $\{1, x, x^2\}$ に関する φ の表現行列 A を求めよ.

また A は正則行列であることを示し，A^{-1} を求め，A^{-1} を表現行列にもつ線形写像は $\varphi^{-1} : f(x) \longrightarrow f(x-1)$ であることを示せ.

3.12 $\boldsymbol{a}_1 = (1, 2), \boldsymbol{a}_2 = (1, -1)$ から $\boldsymbol{R}^2$ の正規直交基底をつくれ.

3.13 V を $(f, g) = \int_0^1 f(t)g(t)dt$ によって与えられる内積をもつ多項式のベクトル空間とし，$f(t) = t + 2, g(t) = t^2 + t - 1$ とする．そのとき，次の (1)〜(4) を求めよ.
(1) (f, g)　(2) $\|f\|$　(3) $\|g\|$　(4) f と垂直な 1 次多項式 $h(t)$

第4章

行列の階数と連立1次方程式

4.1 行列の階数

(m, n) 型の行列

$$A = \begin{pmatrix} a_{11} & a_{12} & \cdots & a_{1n} \\ a_{21} & a_{22} & \cdots & a_{2n} \\ \vdots & \vdots & & \vdots \\ a_{m1} & a_{m2} & \cdots & a_{mn} \end{pmatrix}$$ の

各行ベクトル, $\boldsymbol{a}_1 = (a_{11}, a_{12}, \cdots, a_{1n})$, $\boldsymbol{a}_2 = (a_{21}, a_{22}, \cdots, a_{2n})$, $\cdots$, $\boldsymbol{a}_m = (a_{m1}, a_{m2}, \cdots, a_{mn})$ または各列ベクトル,

$$\boldsymbol{a}'_1 = \begin{pmatrix} a_{11} \\ a_{21} \\ \vdots \\ a_{m1} \end{pmatrix}, \cdots, \boldsymbol{a}'_n = \begin{pmatrix} a_{1n} \\ a_{2n} \\ \vdots \\ a_{mn} \end{pmatrix}$$

を考えたとき (1.1 節を参照), $\boldsymbol{a}_1, \cdots, \boldsymbol{a}_m$ の中に含まれる 1 次独立なベクトルの最大個数 (列ベクトル $\boldsymbol{a}'_1, \cdots, \boldsymbol{a}'_n$ の 1 次独立なベクトルの最大個数と行ベクトルの 1 次独立なベクトルの最大個数は一致する) を行列 A の**階数** (**ランク**) といい, $\mathrm{rank}\, A$ または $r(A)$ と書く.

[例1] 次の行列 A で, A の行ベクトル $(1, 0, 0)$, $(0, 1, 0)$, $(0, 0, 0)$ のうち 1 次独立なベクトルは図 4.1 より, $(1, 0, 0)$ と $(0, 1, 0)$ であるから (3.1 節の 8 参照), $\mathrm{rank}\, A = 2$ である.

$$A = \begin{pmatrix} 1 & 0 & 0 \\ 0 & 1 & 0 \\ 0 & 0 & 0 \end{pmatrix}$$

図 4.1

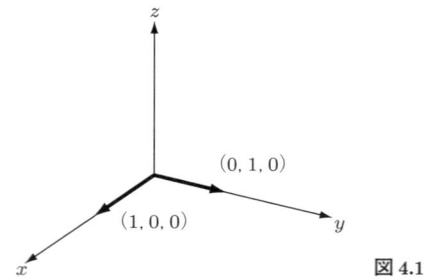

さらに，行列の階数について次の定理が成り立つ．

定理 4.1 (m, n) 型の行列 A の $(r+1)$ 次以上の小行列式がすべて 0 であって，r 次の小行列式 (p.28 参照) のうちで 0 でないものが少なくとも 1 つ存在するならば，$\operatorname{rank} A = r$ である．

[例 2] 次の行列 A を考える．

$A = \begin{pmatrix} 1 & 0 & 0 \\ 0 & 1 & 0 \\ 0 & 0 & 0 \end{pmatrix}$ で，まず最大次数の 3 次の行列式は $\begin{vmatrix} 1 & 0 & 0 \\ 0 & 1 & 0 \\ 0 & 0 & 0 \end{vmatrix} = 0$

よって，$\operatorname{rank} A \neq 3$．次に，2 次の小行列式を考えると，たとえば

$\begin{vmatrix} 1 & 0 \\ 0 & 1 \end{vmatrix} = 1 \times 1 - 0 \times 0 = 1 \neq 0, \quad \begin{vmatrix} 0 & 1 \\ 0 & 0 \end{vmatrix} = 0, \quad \begin{vmatrix} 1 & 0 \\ 0 & 0 \end{vmatrix} = 0$

つまり 2 次の小行列式の中で 0 でないものが存在したので $\operatorname{rank} A = 2$ となる．

注意 小行列をつくる際，小行列式の定義からわかるように，離れた行または列を取ってもよい．

定理 4.1 をもとにした階数の計算は大変なので，次の定理 4.2 を準備する．

定理 4.2 行列の階数は次のような変形 (**基本変形**という) を行っても不変である．さらに，その基本変形は次のような行列 (**基本行列**という) を，**行変形**については左から，**列変形**については右からほどこすことと同値である．(**注意** 基本行列はすべて正則行列である．)

(1) 第 i 行と第 j 行を入れ換える．または，第 i 列と第 j 列を入れ換える．

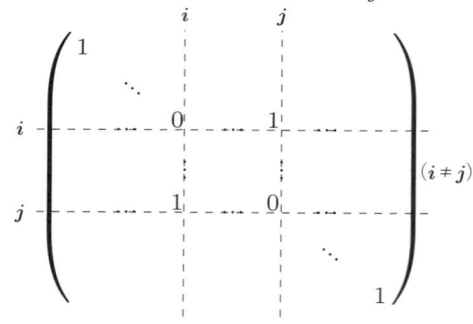

$$\begin{pmatrix} 1 & & & & & & \\ & \ddots & & & & & \\ & & 0 & \cdots & 1 & & \\ & & \vdots & & \vdots & & \\ & & 1 & \cdots & 0 & & \\ & & & & & \ddots & \\ & & & & & & 1 \end{pmatrix} \quad (i \neq j)$$

(2) 第 i 行を $\lambda(\neq 0)$ 倍する．または，第 i 列を $\lambda(\neq 0)$ 倍する．

$$i \begin{pmatrix} 1 & & & \vdots & & & \\ & \ddots & & \vdots & & & \\ & & 1 & \vdots & & & \\ \cdots & \cdots & \cdots & \lambda & \cdots & \cdots & \cdots \\ & & & \vdots & 1 & & \\ & & & \vdots & & \ddots & \\ & & & \vdots & & & 1 \end{pmatrix}$$

(3) 第 i 行の λ 倍を第 j 行に加える．または第 j 列の λ 倍を第 i 列に加える．

$$\begin{array}{c} \\ i \\ \\ j \end{array} \begin{pmatrix} 1 & \vdots & \vdots & & \\ & \ddots & \vdots & \vdots & & \\ \cdots & \cdots & 1 & \cdots & 0 & \cdots & \cdots \\ & & \vdots & \ddots & \vdots & & \\ \cdots & \cdots & \lambda & \cdots & 1 & \cdots & \cdots \\ & & \vdots & & \vdots & \ddots & \\ & & \vdots & & \vdots & & 1 \end{pmatrix} (i \neq j)$$

例題 4.1 次の行列 A の階数を求めよ．

$$A = \begin{pmatrix} 3 & 2 & 1 & 0 \\ 1 & 2 & 7 & 4 \\ 5 & 3 & 4 & 2 \end{pmatrix}$$

解答 1

基本変形を行い，ここに1をつくる $\begin{pmatrix} 1 & & & 0 \\ & 1 & & \\ & & \ddots & \\ 0 & & & 0 \end{pmatrix}$ の形に，

(m, n) 型 $(n > m)$ は，$\begin{pmatrix} 1 & & & * \\ & \ddots & & \vdots \\ & & \ddots & \vdots \\ 0 & & & * \end{pmatrix}$ の形に，(m, n) 型 $(n < m)$ は，$\begin{pmatrix} 1 & & & 0 \\ 0 & \ddots & & \\ & & \ddots & \\ * & \cdots & \cdots & * \end{pmatrix}$

の形にそれぞれもっていく．

$$\begin{pmatrix} 3 & 2 & 1 & 0 \\ 1 & 2 & 7 & 4 \\ 5 & 3 & 4 & 2 \end{pmatrix} \sim \begin{pmatrix} 1 & 2 & 1 & 0 \\ -1 & 2 & 7 & 4 \\ 2 & 3 & 4 & 2 \end{pmatrix} \sim \begin{pmatrix} 1 & 2 & 1 & 0 \\ 0 & 4 & 8 & 4 \\ 0 & -1 & 2 & 2 \end{pmatrix}$$

① −1倍して足す　②足す，−2倍して足す　③2倍して足す

$$
\sim \begin{pmatrix} 1 & 0 & 5 & 4 \\ 0 & 4 & 8 & 4 \\ 0 & -1 & 2 & 2 \end{pmatrix} \times \frac{1}{4} \sim \begin{pmatrix} 1 & 0 & 5 & 4 \\ 0 & 1 & 2 & 1 \\ 0 & -1 & 2 & 2 \end{pmatrix} \sim \begin{pmatrix} 1 & 0 & 0 & 0 \\ 0 & 1 & 2 & 1 \\ 0 & -1 & 2 & 2 \end{pmatrix}
$$

④　　　　　　　　　　　⑤ −5倍して足す　　　　　⑥
　　　　　　　　　　　　　　　 −4倍して足す
　　　　　　　　　　　　　　　　　　　　　　　　　足す

$$
\sim \begin{pmatrix} 1 & 0 & 0 & 0 \\ 0 & 1 & 2 & 1 \\ 0 & 0 & 4 & 3 \end{pmatrix} \sim \begin{pmatrix} 1 & 0 & 0 & 0 \\ 0 & 1 & 0 & 0 \\ 0 & 0 & 4 & 3 \end{pmatrix} \sim \begin{pmatrix} 1 & 0 & 0 & 0 \\ 0 & 1 & 0 & 0 \\ 0 & 0 & 1 & 3 \end{pmatrix}
$$

⑦　　　　　　　　　⑧　　　　　　　　⑨
−2倍し　−1倍し　　　−1倍し　　　　−3倍し
て足す　て足す　　　　て足す　　　　て足す

$$
\sim \begin{pmatrix} 1 & 0 & 0 & 0 \\ 0 & 1 & 0 & 0 \\ 0 & 0 & 1 & 0 \end{pmatrix}
$$

⑩

ここで, $\begin{pmatrix} 1 \\ 0 \\ 0 \end{pmatrix}, \begin{pmatrix} 0 \\ 1 \\ 0 \end{pmatrix}, \begin{pmatrix} 0 \\ 0 \\ 1 \end{pmatrix}$ はそれぞれ 1 次独立なベクトルである.

なぜなら 3.1 節の 8 と図 4.2 から 1 次独立であることがいえる.

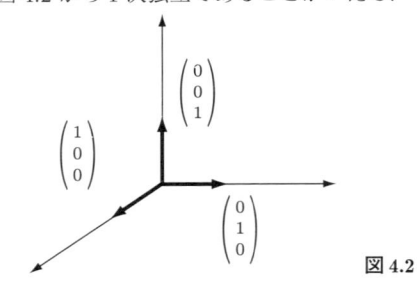

図 4.2

∴　rank $A = 3$

解答 2　または, ⑨の段階の 3 次の小行列式

$$
\begin{vmatrix} 1 & 0 & 0 \\ 0 & 1 & 0 \\ 0 & 0 & 1 \end{vmatrix}
$$

をとると定理 4.1 から,

$$
\begin{vmatrix} 1 & 0 & 0 \\ 0 & 1 & 0 \\ 0 & 0 & 1 \end{vmatrix} = 1 \times 1 \times 1 = 1 \neq 0
$$

∴　rank $A = 3$

注意 定理 4.1 を使って，たとえば⑤の段階で
$$\begin{pmatrix} 1 & 0 & 5 & 4 \\ 0 & 1 & 2 & 1 \\ 0 & -1 & 2 & 2 \end{pmatrix}$$

のとき 3 次の小行列式を考えてみると

$$\begin{vmatrix} 1 & 0 & 5 \\ 0 & 1 & 2 \\ 0 & -1 & 2 \end{vmatrix} = \begin{matrix} 1 \times 1 \times 2 + 0 \times 2 \times 0 + 5 \times (-1) \times 0 \\ -5 \times 1 \times 0 - 2 \times 0 \times 0 - 2 \times (-1) \times 1 = 4 \neq 0 \end{matrix}$$ から，

∴ $\operatorname{rank} A = 3$ としてもよい.

例題 4.2 $\boldsymbol{R}^3$ のなかの次の 3 つのベクトルは 1 次独立であることを示せ.
$$\begin{pmatrix} 1 \\ 0 \\ 1 \end{pmatrix}, \begin{pmatrix} 2 \\ 1 \\ 3 \end{pmatrix}, \begin{pmatrix} -1 \\ 1 \\ 2 \end{pmatrix}$$

解答 3 つのベクトルを列ベクトルとする行列を A とする.
$$A = \begin{pmatrix} 1 & 2 & -1 \\ 0 & 1 & 1 \\ 1 & 3 & 2 \end{pmatrix}$$

そのとき，この $\operatorname{rank} A = 3$ であればこれらのベクトルは 1 次独立になる．そこで，

① 足す　② (-2) 倍して足す

$$\begin{pmatrix} 1 & 2 & -1 \\ 0 & 1 & 1 \\ 1 & 3 & 2 \end{pmatrix} \sim \begin{pmatrix} 1 & 2 & 0 \\ 0 & 1 & 1 \\ 1 & 3 & 3 \end{pmatrix} \sim \begin{pmatrix} 1 & 0 & 0 \\ 0 & 1 & 1 \\ 1 & 1 & 3 \end{pmatrix}$$

ここで行列式
$$\begin{vmatrix} 1 & 0 & 0 \\ 0 & 1 & 1 \\ 1 & 1 & 3 \end{vmatrix} = \begin{vmatrix} 1 & 1 \\ 1 & 3 \end{vmatrix} = 1 \times 3 - 1 \times 1 = 2 \neq 0$$

∴ $\operatorname{rank} A = 3$

A の中の列ベクトルの 1 次独立な最大個数は 3 から，つまり 3 つのベクトルは 1 次独立.

[問題 1] 次の行列の階数を求めよ．

(1) $\begin{pmatrix} 1 & 0 \\ 2 & 2 \\ 1 & -1 \end{pmatrix}$ (2) $\begin{pmatrix} 1 & 2 & -1 & 2 \\ 2 & 5 & -2 & 3 \\ 1 & 2 & 1 & 2 \end{pmatrix}$ (3) $\begin{pmatrix} 1 & 2 & 3 & 6 \\ 2 & 4 & 2 & 8 \\ 3 & 3 & 1 & 7 \\ 0 & 3 & 8 & 11 \end{pmatrix}$ (4) $\begin{pmatrix} x & 1 & 1 & 1 \\ 1 & x & 1 & 1 \\ 1 & 1 & x & 1 \\ 1 & 1 & 1 & x \end{pmatrix}$

[問題 2] W をベクトル $(1, -2, 5, 3), (2, 3, 1, -4), (3, 8, -3, -11)$ によって生成される $\boldsymbol{R}^4$ の部分空間とする．

(1) W の基底と次元を求めよ．

(2) W の基底を全空間 $\boldsymbol{R}^4$ の基底に拡張せよ．

正則行列は逆行列をもつ (1.3 節の 5 参照)．逆行列の求め方は余因子行列を使って求めることができた (2.2 節，定理 2.5 参照)．ここでは他の方法として**掃き出し法**を示す．

掃き出し法による逆行列

A を n 次の正則行列とする．基本行列を $T_1, T_2, \cdots, T_m$ として行列 A に，これらを左からかけると，単位行列，すなわち

$$\boxed{T_m T_{m-1} \cdots T_1} A = E \quad (単位行列) \tag{4.1}$$

となることが知られている．

そこで式 (4.1) に右から A^{-1} をかけると

$$T_m T_{m-1} \cdots T_1 A A^{-1} = E A^{-1}$$

$$\therefore \boxed{T_m T_{m-1} \cdots T_1} E = A^{-1} \tag{4.2}$$

式 (4.1) と式 (4.2) を比べると，式 (4.1) は A に対して $T_m, T_{m-1}, \cdots, T_1$ (左からかけたので行変形) をかけると E (単位行列) になり，式 (4.2) は同一の $T_m, T_{m-1}, \cdots, T_1$ (行変形) を E にかけると A^{-1} になることを示す．これは A が与えられたとき，次のように A^{-1} を求めればよいことを意味する．

$$\begin{matrix} A & & E \\ \| & & \| \end{matrix}$$
$$\begin{pmatrix} a_{11} & a_{12} & a_{13} \\ a_{21} & a_{22} & a_{23} \\ a_{31} & a_{32} & a_{33} \end{pmatrix} \begin{pmatrix} 1 & 0 & 0 \\ 0 & 1 & 0 \\ 0 & 0 & 1 \end{pmatrix}$$
$$\downarrow \qquad\qquad \downarrow$$
$$\begin{pmatrix} 1 & 0 & 0 \\ 0 & 1 & 0 \\ 0 & 0 & 1 \end{pmatrix} \begin{pmatrix} a_{11} & a_{12} & a_{13} \\ a_{21} & a_{22} & a_{23} \\ a_{31} & a_{32} & a_{33} \end{pmatrix}^{-1}$$

A と E に同一の行基本変形を行う

例題 4.3 行列 A が次のとき，A^{-1} を掃き出し法で求めよ．

$$A = \begin{pmatrix} 1 & 2 & -1 \\ 2 & 3 & -2 \\ -1 & -2 & 2 \end{pmatrix}$$

注意 行変形のみで行う．列変形はほどこさない．

解答

$$\left(\begin{array}{ccc} 1 & 2 & -1 \\ 2 & 3 & -2 \\ -1 & -2 & 2 \end{array}\right) \left(\begin{array}{ccc} 1 & 0 & 0 \\ 0 & 1 & 0 \\ 0 & 0 & 1 \end{array}\right) \begin{array}{l} -2\text{倍し} \\ \text{て足す} \\ \text{足す} \end{array}$$

$$\wr$$

$$\left(\begin{array}{ccc} 1 & 2 & -1 \\ 0 & -1 & 0 \\ 0 & 0 & 1 \end{array}\right) \left(\begin{array}{ccc} 1 & 0 & 0 \\ -2 & 1 & 0 \\ 1 & 0 & 1 \end{array}\right) -1\text{倍する}$$

$$\wr$$

$$\left(\begin{array}{ccc} 1 & 2 & -1 \\ 0 & 1 & 0 \\ 0 & 0 & 1 \end{array}\right) \left(\begin{array}{ccc} 1 & 0 & 0 \\ 2 & -1 & 0 \\ 1 & 0 & 1 \end{array}\right) \text{足す}$$

$$\wr$$

$$\left(\begin{array}{ccc} 1 & 2 & 0 \\ 0 & 1 & 0 \\ 0 & 0 & 1 \end{array}\right) \left(\begin{array}{ccc} 2 & 0 & 1 \\ 2 & -1 & 0 \\ 1 & 0 & 1 \end{array}\right) \begin{array}{l} -2\text{倍し} \\ \text{て足す} \end{array} \sim \left(\begin{array}{ccc} 1 & 0 & 0 \\ 0 & 1 & 0 \\ 0 & 0 & 1 \end{array}\right) \left(\begin{array}{ccc} -2 & 2 & 1 \\ 2 & -1 & 0 \\ 1 & 0 & 1 \end{array}\right)$$

$$\therefore \quad A^{-1} = \begin{pmatrix} -2 & 2 & 1 \\ 2 & -1 & 0 \\ 1 & 0 & 1 \end{pmatrix}$$

■

[問題3] 次の行列の逆行列を掃き出し法で求めよ．

(1) $\begin{pmatrix} 1 & 2 \\ 4 & 3 \end{pmatrix}$ (2) $\begin{pmatrix} 2 & 5 \\ 3 & 1 \end{pmatrix}$ (3) $\begin{pmatrix} 1 & 4 & 5 \\ 3 & 2 & 1 \\ 1 & 2 & -1 \end{pmatrix}$ (4) $\begin{pmatrix} 1 & 2 & -1 \\ 6 & 5 & 0 \\ -1 & 1 & 1 \end{pmatrix}$

[問題4] 行列 A が次のとき，A^{-1} を掃き出し法で求めよ．

$$A = \begin{pmatrix} 2 & 0 & -1 & 2 \\ 3 & 2 & 2 & 1 \\ 0 & 1 & 2 & 0 \\ -1 & 0 & 3 & -1 \end{pmatrix}$$

次に線形写像の表現行列の階数について考える.

定理 4.3 V^n を n 次元ベクトル空間, その基底を $e_1, e_2, \cdots, e_n$ とし, V^m を m 次元ベクトル空間, その基底を $\bar{e}_1, \bar{e}_2, \cdots, \bar{e}_m$ とする. このときそれらの基底に対しての表現行列が A である線形写像 $f: V^n \to V^m$ があれば $\mathrm{rank}\, A = \dim \mathrm{Im}\, f$ ($\mathrm{Im}\, f$ については 3.2 節の 6 を参照) が成立する.

[証明] 任意の $y \in \mathrm{Im}\, f = f(V^n)$ をとると, $y = f(x)$, $x \in V^n$ が存在する. V^n の基底が $e_1, e_2, \cdots e_n$ から x は

$$x = x_1 e_1 + x_2 e_2 + \cdots + x_n e_n$$

と書ける (図 4.3).

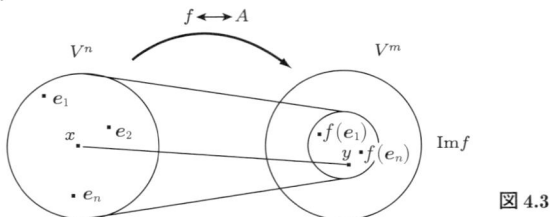

図 4.3

$$\therefore \; y = f(x) = f(x_1 e_1 + x_2 e_2 + \cdots + x_n e_n)$$
$$= x_1 f(e_1) + x_2 f(e_2) + \cdots + x_n f(e_n) \quad (f は線形写像から)$$

これは任意の $y \in \mathrm{Im}\, f$ が $f(e_1), f(e_2), \cdots, f(e_n)$ によって生成されていることを示す. そこで $\mathrm{Im}\, f$ の次元は $f(e_1), f(e_2), \cdots, f(e_n)$ の 1 次独立な最大個数である.

しかし, f の表現行列 A は

$$A = \begin{pmatrix} a_{11} & a_{12} & \cdots & a_{1n} \\ a_{21} & a_{22} & \cdots & a_{2n} \\ \vdots & \vdots & & \vdots \\ a_{m1} & a_{m2} & \cdots & a_{mn} \end{pmatrix}$$

$\quad\quad\quad \| \quad\quad \| \quad\quad\quad\quad \|$
$\quad\quad f(e_1) \; f(e_2) \quad\quad f(e_n)$
$\quad\quad\; の \quad\quad の \quad\quad\quad\quad の$
$\quad\quad\; 成 \quad\quad 成 \quad\quad\quad\quad 成$
$\quad\quad\; 分 \quad\quad 分 \quad\quad\quad\quad 分$

のようにつくられていたから, 列ベクトル $f(e_1), f(e_2), \cdots, f(e_n)$ の 1 次独立な最大個数は $\mathrm{rank}\, A$ に等しくなる. よって, $\mathrm{rank}\, A = \dim \mathrm{Im}\, f$.

例題 4.4 次の行列 A で表される線形写像 f について $\mathrm{Im}\, f$ と $\mathrm{Ker}\, f$ の次元と基底をそれぞれ求めよ.

$$A = \begin{pmatrix} 5 & 6 & 7 & 8 \\ 1 & 2 & 3 & 4 \end{pmatrix}$$

解答 ベクトルの成分で線形写像 f を表すと (3.2 節の 4 を参照)

$$\begin{pmatrix} 5 & 6 & 7 & 8 \\ 1 & 2 & 3 & 4 \end{pmatrix} \begin{pmatrix} x_1 \\ x_2 \\ x_3 \\ x_4 \end{pmatrix} = \begin{pmatrix} y_1 \\ y_2 \end{pmatrix}$$

と書ける．つまり f は 4 次元ベクトル空間から 2 次元ベクトル空間への線形写像である (図 4.4)．

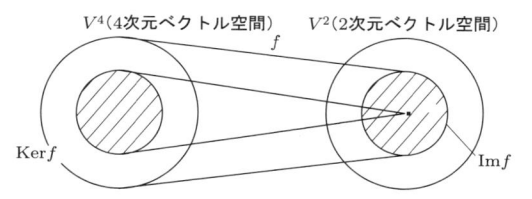

図 4.4

定理 4.3 から，$\dim \operatorname{Im} f = \operatorname{rank} A$ より，まず $\operatorname{rank} A$ を求める．

注意 その際行変形のみで行う．rank のみを求めるのであれば列変形を入れてもよいが，$\operatorname{Ker} f$ の基底を求める必要があるからである．

$$\begin{pmatrix} 5 & 6 & 7 & 8 \\ 1 & 2 & 3 & 4 \end{pmatrix} \sim \begin{pmatrix} 1 & 2 & 3 & 4 \\ 5 & 6 & 7 & 8 \end{pmatrix} \sim \begin{pmatrix} 1 & 2 & 3 & 4 \\ 0 & -4 & -8 & -12 \end{pmatrix} \times \left(-\frac{1}{4}\right)$$

$$\sim \begin{pmatrix} 1 & 2 & 3 & 4 \\ 0 & 1 & 2 & 3 \end{pmatrix} \sim \begin{pmatrix} 1 & 0 & -1 & -2 \\ 0 & 1 & 2 & 3 \end{pmatrix}$$

ここで，2 次の小行列式

$$\begin{vmatrix} 1 & 0 \\ 0 & 1 \end{vmatrix} = 1 \times 1 - 0 \times 0 = 1 \neq 0$$

より，定理 4.1 から，$\operatorname{rank} A = 2$

$$\therefore \dim \operatorname{Im} f = 2$$

また $\operatorname{Im} f$ の基底については，3.2 節の 4 から f の表現行列の第 1 列は，$\{e_1, e_2, e_3, e_4\}$ を V^4 の基底とすると

$$\begin{pmatrix} 5 \\ 1 \end{pmatrix} = f(e_1) \in \operatorname{Im} f = f(V^4)$$

同様に

$$\begin{pmatrix} 6 \\ 2 \end{pmatrix} = f(\bm{e}_2) \in \mathrm{Im}\, f$$

さらに行変形のみ (列ベクトルを動かさず) を行った最後の行列

$$\begin{pmatrix} 1 & 0 & -1 & -2 \\ 0 & 1 & 2 & 3 \end{pmatrix}$$

のはじめの 2 列

$$\begin{pmatrix} 1 \\ 0 \end{pmatrix}, \begin{pmatrix} 0 \\ 1 \end{pmatrix}$$

は 1 次独立である (図 4.5).

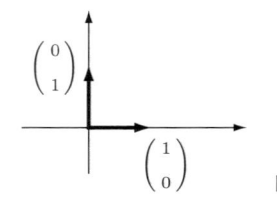

図 4.5

そのとき，もとの表現行列の 1, 2 列は 1 次独立である．なぜなら行列

$$\begin{pmatrix} 5 & 6 \\ 1 & 2 \end{pmatrix}$$

と行変形後の行列

$$\begin{pmatrix} 1 & 0 \\ 0 & 1 \end{pmatrix}$$

について，定理 4.2 により行変形前後の 1 次独立なベクトルの最大個数は，変わらないからである．

よって，$\mathrm{Im}\, f$ の基底として次のようにとることができる．

$$\left\{ \begin{pmatrix} 5 \\ 1 \end{pmatrix}, \begin{pmatrix} 6 \\ 2 \end{pmatrix} \right\}$$

注意 たとえば変形後の行列において

$$\begin{pmatrix} 0 \\ 1 \end{pmatrix}, \begin{pmatrix} -1 \\ 2 \end{pmatrix}$$

をとってもこれらは

$$\begin{pmatrix} 6 \\ 2 \end{pmatrix} = f(\bm{e}_2) \in \mathrm{Im} f, \quad \begin{pmatrix} 7 \\ 3 \end{pmatrix} = f(\bm{e}_3) \in \mathrm{Im}\, f$$

であり，

$$\begin{vmatrix} 0 & -1 \\ 1 & 2 \end{vmatrix} = 0 \times 2 - (-1) \times 1 \neq 0$$

から 1 次独立であり，もとの行列の 2 列と 3 列をとり，$\mathrm{Im}\, f$ の基底を次のようにしてもよい．

$$\left\{\begin{pmatrix}6\\2\end{pmatrix}, \begin{pmatrix}7\\3\end{pmatrix}\right\}$$

次に $\mathrm{Ker}\, f$ の次元と基底を求める．次元については定理 3.6 と定理 4.3 から，$\dim V^4 = \dim \mathrm{Im}\, f + \dim \mathrm{Ker}\, f = \mathrm{rank}\, A + \dim \mathrm{Ker}\, f$ より，$4 = 2 + \dim \mathrm{Ker}\, f$ から $\dim \mathrm{Ker}\, f = 2$．

次に $\mathrm{Ker}\, f$ の基底を求める．$\mathrm{Ker}\, f$ とは，f によって $\bar{0} \in V^2$ へ写る，もとの V^4 の集合つまり

$$\begin{pmatrix}5 & 6 & 7 & 8\\1 & 2 & 3 & 4\end{pmatrix}\begin{pmatrix}x_1\\x_2\\x_3\\x_4\end{pmatrix} = \begin{pmatrix}0\\0\end{pmatrix} \tag{4.3}$$

である

$$\begin{pmatrix}x_1\\x_2\\x_3\\x_4\end{pmatrix}$$

を求めることであるが，これは連立方程式 $\begin{cases}5x_1 + 6x_2 + 7x_3 + 8x_4 = 0\\x_1 + 2x_2 + 3x_3 + 4x_4 = 0\end{cases}$ の解集合を求めることと同じであり，この行列は行変形によって，次の行列となった．

$$\begin{pmatrix}1 & 0 & -1 & -2\\0 & 1 & 2 & 3\end{pmatrix}$$

この行変形は，この連立方程式の上下の式で上と下を入れ換え，さらに下の式から x_1 の項を加減法 (高校，中学で学んだ) で消去していることと同等である．そこでこの連立方程式は変形後の行列の連立方程式と考えてよい．式 (4.3) を解くことは

$$\begin{pmatrix}1 & 0 & -1 & -2\\0 & 1 & 2 & 3\end{pmatrix}\begin{pmatrix}x_1\\x_2\\x_3\\x_4\end{pmatrix} = \begin{pmatrix}0\\0\end{pmatrix} \tag{4.4}$$

を解けばよい．すなわち

$$\begin{cases}x_1 \phantom{{}+x_2} - x_3 - 2x_4 = 0\\\phantom{x_1 +{}} x_2 + 2x_3 + 3x_4 = 0\end{cases}$$

を解けばよい．この連立方程式は未知数が 4 個，方程式 2 個より自由度 $4 - 2 = 2$ で未知数の 2 つは任意の数としてよい．

そこで，$x_3 = t_1, x_4 = t_2$ とすると，ただし t_1, t_2：任意の数，

$$x_1 = t_1 + 2t_2$$

となる.

$$\therefore \begin{pmatrix} x_1 \\ x_2 \\ x_3 \\ x_4 \end{pmatrix} = \begin{pmatrix} t_1 + 2t_2 \\ -2t_1 - 3t_2 \\ t_1 \\ t_2 \end{pmatrix} = t_1 \begin{pmatrix} 1 \\ -2 \\ 1 \\ 0 \end{pmatrix} + t_2 \begin{pmatrix} 2 \\ -3 \\ 0 \\ 1 \end{pmatrix}$$

ゆえに $\mathrm{Ker}\, f$ の集合は

$$\begin{pmatrix} 1 \\ -2 \\ 1 \\ 0 \end{pmatrix}, \begin{pmatrix} 2 \\ -3 \\ 0 \\ 1 \end{pmatrix}$$

で生成されている (3.1 節の 6 の例 4 と，3.1 節の 9 を参照).
しかもこれらは 1 次独立である．なぜなら

$$\alpha \begin{pmatrix} 1 \\ -2 \\ 1 \\ 0 \end{pmatrix} + \beta \begin{pmatrix} 2 \\ -3 \\ 0 \\ 1 \end{pmatrix} = \begin{pmatrix} 0 \\ 0 \\ 0 \\ 0 \end{pmatrix}$$

とすると，$\alpha = \beta = 0$ となるからである (3.1 節の 7 参照)．よってこれらが $\mathrm{Ker}\, f$ の基底である．■

例題 4.5 基底 $\{1, e^x, xe^x\}$ によって生成される 3 次元実ベクトル空間 V の任意の元 s に対して $D(s) = \dfrac{ds}{dx}$ で定義される微分演算子 D は V の線形変換となった (例題 3.22(2)，例題 3.25 参照)．このとき D の $\mathrm{Im}\, D$ と $\mathrm{Ker}\, D$ のそれぞれの基底と次元を求めよ．

解答 基底 $\{1, e^x, xe^x\}$ の D の表現行列は次のようであった．

$$\begin{pmatrix} 0 & 0 & 0 \\ 0 & 1 & 1 \\ 0 & 0 & 1 \end{pmatrix}$$

この基底に関するベクトルを成分で表すと D は次のように書ける．

$$\begin{pmatrix} 0 & 0 & 0 \\ 0 & 1 & 1 \\ 0 & 0 & 1 \end{pmatrix} \begin{pmatrix} x_1 \\ x_2 \\ x_3 \end{pmatrix} = \begin{pmatrix} y_1 \\ y_2 \\ y_3 \end{pmatrix}$$

このことは，次のことを示す (図 4.6).

$$D \leftrightarrow \begin{pmatrix} 0 & 0 & 0 \\ 0 & 1 & 1 \\ 0 & 0 & 1 \end{pmatrix} = A$$

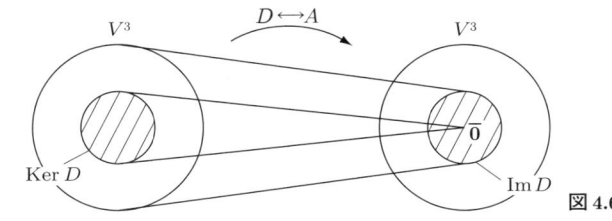

図 4.6

そこでまず $\operatorname{rank} A$ を求める.

注意 行変形のみで求める.

$$\begin{pmatrix} 0 & 0 & 0 \\ 0 & 1 & 1 \\ 0 & 0 & 1 \end{pmatrix} \underset{-1}{\sim} \begin{pmatrix} 0 & 0 & 0 \\ 0 & 1 & 0 \\ 0 & 0 & 1 \end{pmatrix} \text{2次の小行列式} \begin{vmatrix} 1 & 0 \\ 0 & 1 \end{vmatrix} = 1 \times 1 - 0 \times 0 = 1 \neq 0$$

よって, $\operatorname{rank} A = 2$.

$$\therefore \operatorname{dim} \operatorname{Im} D = 2$$

その基底は, D の表現行列が

$$\begin{pmatrix} 0 & 0 & 0 \\ 0 & 1 & 1 \\ 0 & 0 & 1 \end{pmatrix}$$

であるから, V^3 の基底が $\{1, e^x, xe^x\}$ より,

$$\begin{pmatrix} 0 \\ 0 \\ 0 \end{pmatrix} = D(1) \in \operatorname{Im} D, \quad \begin{pmatrix} 0 \\ 1 \\ 0 \end{pmatrix} = D(e^x) \in \operatorname{Im} D, \quad \begin{pmatrix} 0 \\ 1 \\ 1 \end{pmatrix} = D(xe^x) \in \operatorname{Im} D$$

で行変形後の列ベクトルは次のようになり 1 次独立である.

$$\begin{pmatrix} 0 \\ 1 \\ 0 \end{pmatrix}, \begin{pmatrix} 0 \\ 0 \\ 1 \end{pmatrix}$$

よって変形前のベクトル

$$\begin{pmatrix} 0 \\ 1 \\ 0 \end{pmatrix}, \begin{pmatrix} 0 \\ 1 \\ 1 \end{pmatrix}$$

が $\operatorname{Im} D$ の基底の 1 つとなる. しかし, これは $\{1, e^x, xe^x\}$ の成分表示から, $\operatorname{Im} D$ の基底は

$$(1, e^x, xe^x)\begin{pmatrix} 0 \\ 1 \\ 0 \end{pmatrix} = e^x$$

$$(1, e^x, xe^x)\begin{pmatrix} 0 \\ 1 \\ 1 \end{pmatrix} = e^x + xe^x$$

である．つまり $\{e^x, (1+x)e^x\}$ が $\operatorname{Im} D$ の基底の1つである．

次に $\operatorname{Ker} D$ の次元と基底は

$$\dim V^3 = 3 = \dim \operatorname{Im} D + \dim \operatorname{Ker} D = 2 + \dim \operatorname{Ker} D$$

$$\therefore \ \dim \operatorname{Ker} D = 1.$$

また，基底を求めると，$\operatorname{Ker} D$ とは $\bar{0} \in V^3$ へ写る V^3 の集合であったから，

$$\begin{pmatrix} 0 & 0 & 0 \\ 0 & 1 & 1 \\ 0 & 0 & 1 \end{pmatrix}\begin{pmatrix} x_1 \\ x_2 \\ x_3 \end{pmatrix} = \begin{pmatrix} 0 \\ 0 \\ 0 \end{pmatrix}$$

$$\therefore \begin{cases} x_2 + x_3 = 0 \\ x_3 = 0 \end{cases} \quad \therefore \begin{cases} x_2 = 0 \\ x_3 = 0 \end{cases}$$

$x_1 = \lambda_1$ とおくと

$$\begin{pmatrix} x_1 \\ x_2 \\ x_3 \end{pmatrix} = \begin{pmatrix} \lambda_1 \\ 0 \\ 0 \end{pmatrix} = \lambda_1 \begin{pmatrix} 1 \\ 0 \\ 0 \end{pmatrix}$$

となり，基底は成分で次のように書ける．

$$\begin{pmatrix} 1 \\ 0 \\ 0 \end{pmatrix} \ \text{つまり} \ (1, x, xe^x)\begin{pmatrix} 1 \\ 0 \\ 0 \end{pmatrix} = 1, \quad \text{よって} \operatorname{Ker} f \text{の基底は} \{1\}.$$

■

[問題5]　$f : \mathbf{R}^4 \longrightarrow \mathbf{R}^3$ を $f(x, y, s, t) = (x - y + s + t, x + 2s - t, x + y + 3s - 3t)$ によって定義される線形写像とする．

(1) $\operatorname{Im} f$ の基底と次元を求めよ．

(2) $\operatorname{Ker} f$ の基底と次元を求めよ．

[問題6]　V は成分が実数の2次の正方行列全体がつくるベクトル空間とし，

$$M = \begin{pmatrix} 2 & 1 \\ 0 & 1 \end{pmatrix} \ \text{とする．}$$

$$f : V \to V \ \text{を} \ f(A) = AM - MA$$

によって定義される線形写像とするとき，$\operatorname{Ker} f$ の基底を求めよ．

4.2 (m, n) 型連立1次方程式の解き方

1 同次 (m, n) 型連立1次方程式

次のような連立1次方程式を考える．

$$\begin{cases} a_{11}x_1 + a_{12}x_2 + \cdots + a_{1n}x_n = 0 \\ a_{21}x_1 + a_{22}x_2 + \cdots + a_{2n}x_n = 0 \\ \qquad\qquad\qquad \vdots \\ a_{m1}x_1 + a_{m2}x_2 + \cdots + a_{mn}x_n = 0 \end{cases} \qquad (4.5)$$

この型の連立1次方程式を同次連立1次方程式という．

式 (4.5) を「解く」ということを，線形写像の観点から考える．まず式 (4.5) は

$$\left.\begin{pmatrix} a_{11} & a_{12} & \cdots & a_{1n} \\ a_{21} & a_{22} & \cdots & a_{2n} \\ \vdots & \vdots & & \vdots \\ a_{m1} & a_{m2} & \cdots & a_{mn} \end{pmatrix} \begin{pmatrix} x_1 \\ x_2 \\ \vdots \\ x_n \end{pmatrix} = \begin{pmatrix} 0 \\ 0 \\ \vdots \\ 0 \end{pmatrix}\right\} m \text{ 個}$$

と表すことができる．左辺の係数行列を A とする．

$$A = \begin{pmatrix} a_{11} & a_{12} & \cdots & a_{1n} \\ a_{21} & a_{22} & \cdots & a_{2n} \\ \vdots & \vdots & & \vdots \\ a_{m1} & a_{m2} & \cdots & a_{mn} \end{pmatrix}.$$

A を表現行列とする線形写像を f とすると，図 4.7 のような関係が得られる．

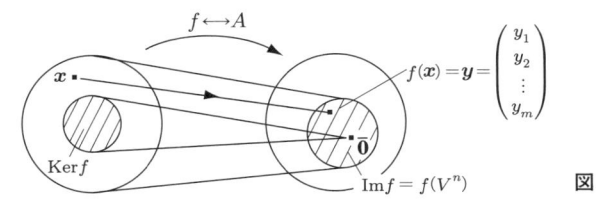

図 4.7

ベクトルを成分で表せば，一般に

$$\boldsymbol{x} = \begin{pmatrix} x_1 \\ x_2 \\ \vdots \\ x_n \end{pmatrix}$$

が行列 A (線形写像 f) によって

$$f(\boldsymbol{x}) = \boldsymbol{y} = \begin{pmatrix} y_1 \\ y_2 \\ \vdots \\ y_m \end{pmatrix} \text{ へ写される．}$$

つまり，

$$\begin{pmatrix} a_{11} & a_{12} & \cdots & a_{1n} \\ a_{21} & a_{22} & \cdots & a_{2n} \\ \vdots & \vdots & & \vdots \\ a_{m1} & a_{m2} & \cdots & a_{mn} \end{pmatrix} \begin{pmatrix} x_1 \\ x_2 \\ \vdots \\ x_n \end{pmatrix} = \begin{pmatrix} y_1 \\ y_2 \\ \vdots \\ y_m \end{pmatrix}$$ であるが，

$$\boldsymbol{y} = \begin{pmatrix} y_1 \\ y_2 \\ \vdots \\ y_m \end{pmatrix} = \begin{pmatrix} 0 \\ 0 \\ \vdots \\ 0 \end{pmatrix}$$

のときの $\boldsymbol{x}$ を求めることにほかならない ($A\boldsymbol{x} = \bar{\boldsymbol{0}}$). 図 4.7 で考えると，$V^m$ の中の $\bar{\boldsymbol{0}}$ 元の f の逆像 $f^{-1}(\bar{\boldsymbol{0}})$ つまり $\mathrm{Ker}\, f$ の集合を求めることが式 (4.5) の解を求めることとなる．そこでこの解つまり $\mathrm{Ker}\, f$ の集合を式 (4.5) の**解空間**といい，$\mathrm{Ker}\, f$ の任意の元を式 (4.5) の**一般解**という．また $\mathrm{Ker}\, f$ は部分空間であるから，その次元も存在し $\mathrm{Ker}\, f$ の次元を**解空間の次元**という．さらに $\mathrm{Ker}\, f$ の基底を式 (4.5) の**基本解**という．

例題 4.6 次の同次連立 1 次方程式の基本解，一般解，解空間の次元を求めよ．

$$\begin{cases} x_1 + 3x_2 - x_3 + x_4 = 0 \\ 2x_1 + 5x_2 - 4x_3 - 2x_4 = 0 \end{cases}$$

解答 まず連立方程式を行列を用いて表すと

$$\begin{pmatrix} 1 & 3 & -1 & 1 \\ 2 & 5 & -4 & -2 \end{pmatrix} \begin{pmatrix} x_1 \\ x_2 \\ x_3 \\ x_4 \end{pmatrix} = \begin{pmatrix} 0 \\ 0 \end{pmatrix}$$

と表すことができる．

　この連立方程式を解くとは，解空間を求めることである．

　図 4.8 からこの解空間は $\mathrm{Ker}\, f$ より，解空間の次元は $\dim \mathrm{Ker}\, f$ である．はじめに $\mathrm{rank}\, A$ を求める (なぜなら $\dim V^4 = \dim \mathrm{Im}\, f + \dim \mathrm{Ker}\, f$ (3.2 節の 6 と定理 4.3 から))．

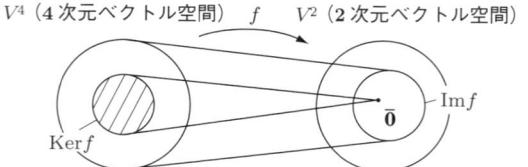

図 4.8

注意 行変形のみで rank を求める.
$$A = \begin{pmatrix} 1 & 3 & -1 & 1 \\ 2 & 5 & -4 & -2 \end{pmatrix} \sim \begin{pmatrix} 1 & 3 & -1 & 1 \\ 0 & -1 & -2 & -4 \end{pmatrix} \sim \begin{pmatrix} 1 & 3 & -1 & 1 \\ 0 & 1 & 2 & 4 \end{pmatrix}$$
$$\sim \begin{pmatrix} 1 & 0 & -7 & -11 \\ 0 & 1 & 2 & 4 \end{pmatrix}$$

(−2倍して足す, −1倍, −3倍して足す)

2次の小行列式
$$\begin{vmatrix} 1 & 0 \\ 0 & 1 \end{vmatrix} = 1 \times 1 - 0 \times 0 = 1 \neq 0 \quad \text{よって} \quad \text{rank}\, A = 2$$

$$\therefore \dim \text{Im}\, f = \text{rank}\, A = 2$$

となる.そこで $\dim V^4 = 4 = \dim \text{Im}\, f + \dim \text{Ker}\, f = 2 + \dim \text{Ker}\, f$ より,

$$\therefore \dim \text{Ker}\, f = 2,$$

よって解空間の次元は 2 となる.

次に解空間の基本解と一般解であるが,行変形によって A は次のように変形された[1]).

$$\begin{pmatrix} 1 & 0 & -7 & -11 \\ 0 & 1 & 2 & 4 \end{pmatrix}$$

そこで変形後の行列の連立方程式を解けばよい.つまり求める解は

$$\begin{pmatrix} 1 & 0 & -7 & -11 \\ 0 & 1 & 2 & 4 \end{pmatrix} \begin{pmatrix} x_1 \\ x_2 \\ x_3 \\ x_4 \end{pmatrix} = \begin{pmatrix} 0 \\ 0 \end{pmatrix}$$

を解けばよい.

$$\therefore \begin{cases} x_1 \quad\quad - 7x_3 - 11x_4 = 0 \\ \quad\;\; x_2 + 2x_3 + 4x_4 = 0 \end{cases}$$

この連立方程式は未知数 4 個,方程式 2 個から自由度 2.そこで,$x_3 = t_1, x_4 = t_2$ とおくと,

$x_1 = 7t_1 + 11t_2$

$x_2 = -2t_1 - 4t_2$

から

$$\therefore \begin{pmatrix} x_1 \\ x_2 \\ x_3 \\ x_4 \end{pmatrix} = \begin{pmatrix} 7t_1 + 11t_2 \\ -2t_1 - 4t_2 \\ t_1 \\ t_2 \end{pmatrix} = t_1 \begin{pmatrix} 7 \\ -2 \\ 1 \\ 0 \end{pmatrix} + t_2 \begin{pmatrix} 11 \\ -4 \\ 0 \\ 1 \end{pmatrix} \quad (\text{一般解})$$

よって,$\text{Ker}\, f$ つまり解空間の任意のベクトルは,

---

1) 行変形は中学,高校で学んだ加減法を使って連立方程式を変形しているのと同じである

$$\begin{pmatrix} 7 \\ -2 \\ 1 \\ 0 \end{pmatrix}, \begin{pmatrix} 11 \\ -4 \\ 0 \\ 1 \end{pmatrix}$$

で生成されている．(3.1 節の 6 の例 4 と 3.2 節の 6 を参照)．しかもこれらは 1 次独立である (3.1 節の 7 を参照)．

なぜなら，

$$\alpha \begin{pmatrix} 7 \\ -2 \\ 1 \\ 0 \end{pmatrix} + \beta \begin{pmatrix} 11 \\ -4 \\ 0 \\ 1 \end{pmatrix} = \begin{pmatrix} 0 \\ 0 \\ 0 \\ 0 \end{pmatrix} \text{とすると}$$

$$\begin{cases} 7\alpha + 11\beta = 0 \\ -2\alpha - 4\beta = 0 \\ \alpha = 0 \\ \beta = 0 \end{cases}$$

から，$\alpha = \beta = 0$ より，基本解は次のようになる．

$$\left\{ \begin{pmatrix} 7 \\ -2 \\ 1 \\ 0 \end{pmatrix}, \begin{pmatrix} 11 \\ -4 \\ 0 \\ 1 \end{pmatrix} \right\}.$$

∎

[問題 7] 次の連立方程式を解け．また，そのときの解空間の次元と基底を求めよ．

$$\begin{cases} x_1 - 2x_2 - x_3 = 0 \\ 3x_1 + x_2 + 4x_3 = 0 \end{cases}$$

[問題 8] 次の同次連立方程式の解空間 W の次元と基底を求めよ．

$$\begin{cases} x - 3y + z + w = 0 \\ 5x + y - 2z - 3w = 0 \\ 2x + 10y - 5z - 6w = 0 \end{cases}$$

2　非同次連立 1 次方程式

本節の 1 と同様に次の連立 1 次方程式を線形写像の観点から調べる．

$$\begin{cases} a_{11}x_1 + a_{12}x_2 + \cdots + a_{1n}x_n = b_1 \\ a_{21}x_1 + a_{22}x_2 + \cdots + a_{2n}x_n = b_2 \\ \quad\quad\quad\quad\quad \vdots \\ a_{m1}x_1 + a_{m2}x_2 + \cdots + a_{mn}x_n = b_m \end{cases} \quad (4.6)$$

この型の連立 1 次方程式を非同次連立 1 次方程式という．

この連立 1 次方程式が解 (この解を**一般解**という) をもつとはどのようなことかを考える．まず式 (4.6) を行列を用いて表すと

$$\begin{pmatrix} a_{11} & a_{12} & \cdots & a_{1n} \\ a_{21} & a_{22} & \cdots & a_{2n} \\ \vdots & \vdots & & \vdots \\ a_{m1} & a_{m2} & \cdots & a_{mn} \end{pmatrix} \begin{pmatrix} x_1 \\ x_2 \\ \vdots \\ x_n \end{pmatrix} = \left. \begin{pmatrix} b_1 \\ b_2 \\ \vdots \\ b_m \end{pmatrix} \right\} m \text{ 個}$$

同次連立 1 次方程式 (式 (4.5)) と同様に左辺の係数行列を A とすると

$$A = \begin{pmatrix} a_{11} & a_{12} & \cdots & a_{1n} \\ a_{21} & a_{22} & \cdots & a_{2n} \\ \vdots & \vdots & & \vdots \\ a_{m1} & a_{m2} & \cdots & a_{mn} \end{pmatrix}.$$

A を表現行列とする線形写像を f とすると，図 4.9 のような関係になる．

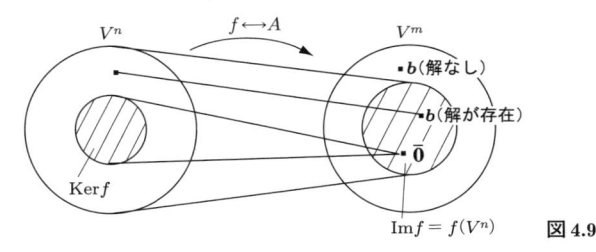

図 4.9

同次連立 1 次方程式の場合と同様に，一般にベクトルを成分で表せば

$$\boldsymbol{x} = \begin{pmatrix} x_1 \\ x_2 \\ \vdots \\ x_n \end{pmatrix}$$

が行列 A (線形写像 f) によって

$$f(\boldsymbol{x}) = \boldsymbol{y} = \begin{pmatrix} y_1 \\ y_2 \\ \vdots \\ y_m \end{pmatrix}$$

へ写される．すなわち

$$\begin{pmatrix} a_{11} & a_{12} & \cdots & a_{1n} \\ a_{21} & a_{22} & \cdots & a_{2n} \\ \vdots & \vdots & & \vdots \\ a_{m1} & a_{m2} & \cdots & a_{mn} \end{pmatrix} \begin{pmatrix} x_1 \\ x_2 \\ \vdots \\ x_n \end{pmatrix} = \begin{pmatrix} y_1 \\ y_2 \\ \vdots \\ y_m \end{pmatrix}$$ である．

この y が

$$\begin{pmatrix} y_1 \\ y_2 \\ \vdots \\ y_m \end{pmatrix} = \begin{pmatrix} b_1 \\ b_2 \\ \vdots \\ b_m \end{pmatrix} = \boldsymbol{b}$$

のときの $\boldsymbol{x}$ を求めることにほかならない．

つまり，$\boldsymbol{b}$ へ写される V^n の中の $\boldsymbol{x} \in V^n$ を求めることである $(A\boldsymbol{x} = \boldsymbol{b})$．そのためには，$\boldsymbol{b}$ が V^m の中のどこにあればよいかを考えてみる．たとえば図 4.9 の $\boldsymbol{b}$ (解なし) であれば，$\boldsymbol{b}$ へ写るもとの V^n の中の元 $\boldsymbol{x}$ は，存在しないから解は存在しない．なぜなら $\boldsymbol{b} \notin \mathrm{Im}\, f$ であるから，これは V^n のすべてを写した $f(V^n) = \mathrm{Im}\, f$ の外側に，$\boldsymbol{b}$ があることを意味する．

すなわち，$\boldsymbol{b}$ へ写るもとの $\boldsymbol{x} \in V^n$ が存在するためには，$\boldsymbol{b} \in \mathrm{Im}\, f = f(V^n)$ であればよいことがわかる．

ところで，任意の $\boldsymbol{y} \in \mathrm{Im}\, f = f(V^n)$ に対して，$\boldsymbol{y} = f(\boldsymbol{x})$ となる $\boldsymbol{x} \in V^n$ が存在する．V^n の基底を $\boldsymbol{e}_1, \boldsymbol{e}_2, \cdots, \boldsymbol{e}_n$ とすると，任意のベクトル $\boldsymbol{x} \in V^n$ は，$\boldsymbol{x} = x_1 \boldsymbol{e}_1 + x_2 \boldsymbol{e}_2 + \cdots + x_n \boldsymbol{e}_n$ と表されるから

$$\boldsymbol{y} = f(\boldsymbol{x}) = f(x_1 \boldsymbol{e}_1 + x_2 \boldsymbol{e}_2 + \cdots + x_n \boldsymbol{e}_n)$$

$$= x_1 f(\boldsymbol{e}_1) + x_2 f(\boldsymbol{e}_2) + \cdots + x_n f(\boldsymbol{e}_n) \quad (f \text{ が線形写像だから})$$

となり，$\mathrm{Im}\, f$ は $f(\boldsymbol{e}_1), f(\boldsymbol{e}_2), \cdots, f(\boldsymbol{e}_n)$ で生成されている．ここで，$\boldsymbol{b} \in \mathrm{Im}\, f$ でなければならないから

$$\boldsymbol{b} = c_1 f(\boldsymbol{e}_1) + c_2 f(\boldsymbol{e}_2) + \cdots + c_n f(\boldsymbol{e}_n)$$

と書ける．これを変形すれば

$$c_1 f(\boldsymbol{e}_1) + c_2 f(\boldsymbol{e}_2) + \cdots + c_n f(\boldsymbol{e}_n) + (-1)\boldsymbol{b} = \bar{\boldsymbol{0}}$$

となり，$f(\boldsymbol{e}_1), f(\boldsymbol{e}_2), \cdots, f(\boldsymbol{e}_n), \boldsymbol{b}$ は 1 次従属となる (3.1 節の 7 を参照)．

また，3.2 節の 4 で f の表現行列 A について次のように書ける．

$$A = \begin{pmatrix} \overline{a_{11}} & \overline{a_{12}} & \cdots & \overline{a_{1n}} \\ a_{21} & a_{22} & \cdots & a_{2n} \\ \vdots & \vdots & & \vdots \\ a_{m1} & a_{m2} & \cdots & a_{mn} \end{pmatrix}$$

$$\begin{matrix} \| & \| & & \| \\ f(\boldsymbol{e}_1) & f(\boldsymbol{e}_2) & & f(\boldsymbol{e}_n) \\ \text{の成分} & \text{の成分} & & \text{の成分} \end{matrix}$$

$\mathrm{rank}\, A$ はベクトル $f(\boldsymbol{e}_1), f(\boldsymbol{e}_2), \cdots, f(\boldsymbol{e}_n)$ の 1 次独立な最大の個数であった (4.1 節の $\mathrm{rank}\, A$ の定義)．そして $\boldsymbol{b}$ は $f(\boldsymbol{e}_1), f(\boldsymbol{e}_2), \cdots, f(\boldsymbol{e}_n)$ と 1 次従属から

よって $\mathrm{rank}(\underbrace{f(e_1), f(e_2), \cdots, f(e_n)}_{\text{1 次独立な最大個数が rank}}) = \mathrm{rank}(\underbrace{f(e_1), f(e_2), \cdots, f(e_n), b}_{\text{1 次独立な最大個数が rank}})$ となり，以下の定理が成立する．

定理 4.4 非同次連立 1 次方程式 (式 (4.6)) が解をもつための必要十分条件は，

$$\mathrm{rank}\begin{pmatrix} a_{11} & a_{12} & \cdots & a_{1n} \\ a_{21} & a_{22} & \cdots & a_{2n} \\ \vdots & \vdots & & \vdots \\ a_{m1} & \cdots & \cdots & a_{mn} \end{pmatrix} = \mathrm{rank}\begin{pmatrix} a_{11} & a_{12} & \cdots & a_{1n} & b_1 \\ a_{21} & a_{22} & \cdots & a_{2n} & b_2 \\ \vdots & \vdots & & \vdots & \vdots \\ a_{m1} & \cdots & \cdots & a_{mn} & b_m \end{pmatrix}$$

また次の定理も成立する

定理 4.5 (m,n) 型非同次連立 1 次方程式 $Ax = b$ の 1 つの特殊解 x_0 を得ればその一般解は

$$x = X + x_0$$

で与えられる．

ただし X は同次連立 1 次方程式 $Ax = 0$ の一般解である．ここで**特殊解** x_0 とは $Ax = b$ を満たす 1 つの解のことをいう．

例題 4.7 次の非同次連立 1 次方程式の一般解を求めよ．

$$\begin{cases} x_1 + 3x_2 - x_3 + x_4 = 1 \\ 2x_1 + 5x_2 - 4x_3 - 2x_4 = 3 \end{cases}$$

解答 まずこの方程式を行列を用いて表す．

$$\begin{pmatrix} 1 & 3 & -1 & 1 \\ 2 & 5 & -4 & -2 \end{pmatrix}\begin{pmatrix} x_1 \\ x_2 \\ x_3 \\ x_4 \end{pmatrix} = \begin{pmatrix} 1 \\ 3 \end{pmatrix}$$

はじめにこの連立方程式が解をもつかどうかを調べる．定理 4.4 からベクトル $\begin{pmatrix} 1 \\ 3 \end{pmatrix}$ を含めた行列の rank を調べる．

注意 行変形のみで求める．

① ②
-2倍して足す $\begin{pmatrix} 1 & 3 & -1 & 1 & 1 \\ 2 & 5 & -4 & -2 & 3 \end{pmatrix} \sim \begin{pmatrix} 1 & 3 & -1 & 1 & 1 \\ 0 & -1 & -2 & -4 & 1 \end{pmatrix}$ -1倍

③ ④
$\begin{pmatrix} 1 & 3 & -1 & 1 & 1 \\ 0 & 1 & 2 & 4 & -1 \end{pmatrix}$ -3倍して足す $\sim \begin{pmatrix} 1 & 0 & -7 & -11 & 4 \\ 0 & 1 & 2 & 4 & -1 \end{pmatrix}$

この小行列式 $\begin{vmatrix} 1 & 0 \\ 0 & 1 \end{vmatrix} = 1 \times 1 - 0 \times 0 = 1 \neq 0$ より,

$$\mathrm{rank} \begin{pmatrix} 1 & 3 & -1 & 1 & 1 \\ 2 & 5 & -4 & -2 & 3 \end{pmatrix} = 2$$

また,

$$\mathrm{rank} \begin{pmatrix} 1 & 3 & -1 & 1 \\ 2 & 5 & -4 & -2 \end{pmatrix} = 2 \text{ (例題 4.6 より)}$$

$$\mathrm{rank} \begin{pmatrix} 1 & 3 & -1 & 1 \\ 2 & 5 & -4 & -2 \end{pmatrix} = \mathrm{rank} \begin{pmatrix} 1 & 3 & -1 & 1 & 1 \\ 2 & 5 & -4 & -2 & 3 \end{pmatrix}$$

から解は存在する.行変形 (高校,中学での加減法) 後の行列の連立方程式を解けばよいから

$$\begin{pmatrix} 1 & 0 & -7 & -11 \\ 0 & 1 & 2 & 4 \end{pmatrix} \begin{pmatrix} x_1 \\ x_2 \\ x_3 \\ x_4 \end{pmatrix} = \begin{pmatrix} 4 \\ -1 \end{pmatrix}$$

$$\therefore \begin{cases} x_1 - 7x_3 - 11x_4 = 4 \\ x_2 + 2x_3 + 4x_4 = -1 \end{cases}$$

この連立方程式は未知数 4 個,方程式 2 個から自由度 2.そこで $x_3 = t_1, x_4 = t_2$ とおくと

$x_1 = 7t_1 + 11t_2 + 4$

$x_2 = -2t_1 - 4t_2 - 1$

$$\therefore \begin{pmatrix} x_1 \\ x_2 \\ x_3 \\ x_4 \end{pmatrix} = \begin{pmatrix} 7t_1 + 11t_2 + 4 \\ -2t_1 - 4t_2 - 1 \\ t_1 \\ t_2 \end{pmatrix} = t_1 \begin{pmatrix} 7 \\ -2 \\ 1 \\ 0 \end{pmatrix} + t_2 \begin{pmatrix} 11 \\ -4 \\ 0 \\ 1 \end{pmatrix} + \begin{pmatrix} 4 \\ -1 \\ 0 \\ 0 \end{pmatrix}$$

よって,これが一般解である.

注意 この一般解をみると,式 (4.6) の一般解は,式 (4.5) の基本解でつくられた一般解に,式 (4.6) の特殊解を加えたものであることがわかる (定理 4.5 と例題 4.6 参照).

[問題 9] 次の連立方程式 (1), (2) を解け.

(1) $\begin{cases} x_1 + 3x_2 + 7x_3 + 2x_4 = 2 \\ 3x_1 + 5x_2 - 2x_3 - 13x_4 = 10 \\ 2x_1 + x_2 - x_3 - 6x_4 = 9 \end{cases}$
(2) $\begin{cases} x + 5y - 6z = 2 \\ 5x + 3y + z = 19 \\ 2x - y + 2z = 7 \end{cases}$

[問題10] 次の連立方程式を解け.

(1) $\begin{cases} x + ky - 5z = 5 \\ 2x - 3y - 4z = 3 \\ 19y - 6z = 7 \end{cases}$ (2) $\begin{cases} -4x + y - 3z = 5 \\ x + 2y + 3z = 0 \\ 2x - 3y - z = 3 \end{cases}$

章末問題 4

4.1 次の (1), (2) の行列の階数を求めよ.

(1) $\begin{pmatrix} 2 & 1 & 1 \\ 4 & 1 & -1 \\ 1 & 0 & -1 \\ 1 & 1 & 2 \end{pmatrix}$ (2) $\begin{pmatrix} 1 & -1 & 2 \\ -2 & -1 & -2 \\ 4 & -7 & 10 \end{pmatrix}$

4.2 次の (1), (2) の行列の逆行列を求めよ.

(1) $\begin{pmatrix} 1 & 2 & 1 \\ 0 & 4 & 3 \\ 3 & 1 & 0 \end{pmatrix}$ (2) $\begin{pmatrix} 1 & 3 & -1 \\ 3 & -1 & 5 \\ 4 & 6 & 1 \end{pmatrix}$

4.3 3つのベクトル $\boldsymbol{a} = (1, 3, -2, 5), \boldsymbol{b} = (-3, -7, 4, -9), \boldsymbol{c} = (4, 7, -3, 11)$ の1次独立性を判定せよ.

4.4 次のベクトルが生成するベクトル空間の次元と基底を求めよ.

$(2, 6, 10), (8, 5, 2), (5, 3, 1)$

4.5 次の行列

$\begin{pmatrix} 0 & 1 & 3 & 4 \\ 2 & -1 & 1 & 4 \\ 1 & 2 & 1 & 3 \end{pmatrix}$

に行だけの基本変形を行うことによって

$\begin{pmatrix} 1 & 0 & 0 & * \\ 0 & 1 & 0 & * \\ 0 & 0 & 1 & * \end{pmatrix}$

の形にせよ.

4.6 次の連立方程式 (1), (2) を解け.

(1) $x_1 + 5x_2 - x_3 - 3x_4 = 9$ (2) $\begin{cases} x_1 + x_2 + x_3 = 4 \\ x_1 + 3x_2 + 2x_3 = 0 \end{cases}$

4.7 次の連立方程式が解をもつための条件を求めよ.

$\begin{cases} x + 2y + 3z = a \\ 2x + 3y - z = b \\ 2x + 5y + 13z = c \end{cases}$

4.8 次の連立方程式を解け.
$$\begin{cases} 3x - y + z + 2v - 3w = 1 \\ 2y + z - v = 4 \\ v + 5w = 6 \end{cases}$$

4.9 次の行列 A で与えられる線形写像 f の像 $\mathrm{Im}\, f$ と核 $\mathrm{Ker}\, f$ を求めよ.
$$A = \begin{pmatrix} -1 & 3 & -4 \\ 3 & 1 & 7 \\ 3 & 5 & 5 \end{pmatrix}$$

4.10 $f : \mathbf{R}^3 \longrightarrow \mathbf{R}^3$ を $f(x,y,z) = (x+2y-z, y+z, x+y-2z)$ によって定義される線形写像とするとき, 次の (1), (2) を求めよ.
 (1) $\mathrm{Im}\, f$ の基底と次元. (2) $\mathrm{Ker}\, f$ の基底と次元.

4.11 W をベクトル $(1,4,-1,3), (2,1,-3,-1), (0,2,1,-5)$ によって生成される $\mathbf{R}^4$ の部分空間とするとき, 次の (1), (2) を解け.
 (1) W の基底と次元を求めよ. (2) W の基底を全空間 $\mathbf{R}^4$ の基底に拡張せよ.

4.12 解空間 W が $\{(1,-2,0,3), (1,-1,-1,4), (1,0,-2,5)\}$ によって生成されるような同次連立方程式を求めよ.

4.13 U, W をそれぞれ
$$U = \{(1,3,-2,2,3), (1,4,-3,4,2), (2,3,-1,-2,9)\},$$
$$W = \{(1,3,0,2,1), (1,5,-6,6,3), (2,5,3,2,1)\}$$
によって生成される $\mathbf{R}^5$ の部分空間とするとき, 次の (1), (2) を求めよ.
(1) $U+W$ の基底と次元 ($U+W$ の定義については 3 章の章末問題 3.7 を見よ).
(2) $U \cap W$ の基底と次元.

4.14 U, W を多項式
$$U = \{t^3 + 4t^2 - t + 3, t^3 + 5t^2 + 5, 3t^3 + 10t^2 - 5t + 5\}$$
$$W = \{t^3 + 4t^2 + 6, t^3 + 2t^2 - t + 5, 2t^3 + 2t^2 - 3t + 9\}$$
によって生成される部分空間とするとき, 次の (1), (2) を求めよ.
(1) $U+W$ の基底と次元.
(2) $U \cap W$ の基底と次元.

4.15 K は区間 $[0,1]$ 上で連続な実関数全体とする. K から K への作用素 T を次のように定義するとき, 次の (1), (2) を示せ. ただし λ は実数である.
$$(Tf)(x) = f(x) - \lambda \int_0^1 (3xy - 5x^2y^2)f(y)\,dy, \quad f \in K$$
(1) T は線形であることを示し, $\mathrm{Ker}\, T = \{ax + bx^2 | a, b \in \mathbf{R}\}$ を示せ.
(2) $\lambda = 4$ の場合には, $\mathrm{Ker}\, T = \{a(x-x^2) | a \in \mathbf{R}\}$ となることを示せ.

第5章

固有値と固有ベクトル

5.1 固有値と固有ベクトル

実数または複素数上のベクトル空間 V における線形変換 f に対して $f(\boldsymbol{x}) = \lambda \boldsymbol{x}$ となる $\boldsymbol{x} \neq \boldsymbol{0}$ と λ (実数または複素数) が存在するとき, λ を f の**固有値**, $\boldsymbol{x}$ を λ に対する f の**固有ベクトル**という.

$W_\lambda = \{\boldsymbol{x} \in V | f(\boldsymbol{x}) = \lambda \boldsymbol{x}\} = \{f$ の固有ベクトル, $\boldsymbol{0}\}$ は λ に対する**固有空間**といい, V の部分空間となる.

ここで固有値の意味を考えてみよう. 簡単のために 2 次元のベクトルで考える. f は線形変換であるから f をベクトル $\boldsymbol{x}$ に作用させると, 一般にベクトル $f(\boldsymbol{x})$ は $\boldsymbol{x}$ と異なる方向へ写る (図 5.1).

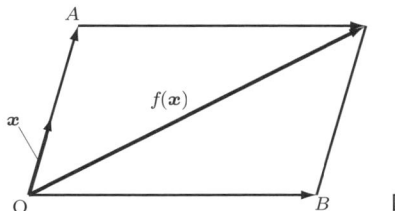

図 5.1

そのとき, もとの $\boldsymbol{x}$ 方向への f の作用は $\overrightarrow{OA}$ だけである. しかし, もし $f(\boldsymbol{x}) = \lambda \boldsymbol{x}$ であれば $\boldsymbol{x}$ に対する f の作用は $\boldsymbol{x}$ と同一方向, もとの $\boldsymbol{x}$ へ f の "すべて" が作用することになり, ある意味で $\boldsymbol{x}$ に対しての f の作用が最大または最小 ($\lambda > 0$ であれば最大, $\lambda < 0$ であれば最小) ということとなる (図 5.2).

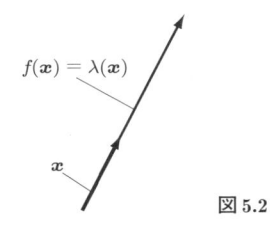

図 5.2

つまり，固有ベクトル，固有値を求めるとは f の最大または最小に作用する方向 $\boldsymbol{x}$ とその量 λ を求めることにほかならない．

実数または複素数上の n 次元列ベクトルの集まりであるベクトル空間 V^n において線形変換 $A\boldsymbol{x} = \boldsymbol{y}$，つまり

$$\begin{pmatrix} a_{11} & a_{12} & \cdots & a_{1n} \\ a_{21} & a_{21} & \cdots & a_{2n} \\ \vdots & \vdots & & \vdots \\ a_{n1} & \cdots & \cdots & a_{nn} \end{pmatrix} \begin{pmatrix} x_1 \\ x_2 \\ \vdots \\ x_n \end{pmatrix} = \begin{pmatrix} y_1 \\ y_2 \\ \vdots \\ y_n \end{pmatrix}$$

を考える．このとき，A の固有値は $A\boldsymbol{x} = \lambda\boldsymbol{x}(\boldsymbol{x} \neq 0)$ より，

$$\begin{pmatrix} a_{11} & a_{12} & \cdots & a_{1n} \\ a_{21} & a_{22} & \cdots & a_{2n} \\ \vdots & \vdots & & \vdots \\ a_{n1} & a_{n2} & \cdots & a_{nn} \end{pmatrix} \begin{pmatrix} x_1 \\ x_2 \\ \vdots \\ x_n \end{pmatrix} = \lambda \begin{pmatrix} x_1 \\ x_2 \\ \vdots \\ x_n \end{pmatrix}, \begin{pmatrix} x_1 \\ x_2 \\ \vdots \\ x_n \end{pmatrix} \neq \begin{pmatrix} 0 \\ 0 \\ \vdots \\ 0 \end{pmatrix}$$

$\Updownarrow$

$$\begin{pmatrix} a_{11} & a_{12} & \cdots & a_{1n} \\ a_{21} & a_{22} & \cdots & a_{2n} \\ \vdots & \vdots & & \vdots \\ a_{n1} & a_{n2} & \cdots & a_{nn} \end{pmatrix} \begin{pmatrix} x_1 \\ x_2 \\ \vdots \\ x_n \end{pmatrix} = \lambda \begin{pmatrix} 1 & & & 0 \\ & 1 & & \\ & & \ddots & \\ 0 & & & 1 \end{pmatrix} \begin{pmatrix} x_1 \\ x_2 \\ \vdots \\ x_n \end{pmatrix}$$

$\Updownarrow$

$$\left(\begin{pmatrix} a_{11} & a_{12} & \cdots & a_{1n} \\ a_{21} & a_{22} & \cdots & a_{2n} \\ \vdots & \vdots & & \vdots \\ a_{n1} & a_{n2} & \cdots & a_{nn} \end{pmatrix} - \lambda \begin{pmatrix} 1 & & & 0 \\ & 1 & & \\ & & \ddots & \\ 0 & & & 1 \end{pmatrix} \right) \begin{pmatrix} x_1 \\ x_2 \\ \vdots \\ x_n \end{pmatrix} = \begin{pmatrix} 0 \\ 0 \\ \vdots \\ 0 \end{pmatrix}$$

$\Updownarrow$

$$\begin{pmatrix} a_{11}-\lambda & a_{12} & \cdots & a_{1n} \\ a_{21} & a_{22}-\lambda & \cdots & a_{2n} \\ \vdots & \vdots & \ddots & \vdots \\ a_{n1} & a_{n2} & \cdots & a_{nn}-\lambda \end{pmatrix} \begin{pmatrix} x_1 \\ x_2 \\ \vdots \\ x_n \end{pmatrix} = \begin{pmatrix} 0 \\ 0 \\ \vdots \\ 0 \end{pmatrix}$$

である列ベクトル

$$\begin{pmatrix} x_1 \\ x_2 \\ \vdots \\ x_n \end{pmatrix} \neq \begin{pmatrix} 0 \\ 0 \\ \vdots \\ 0 \end{pmatrix}$$

が存在することより，2章定理 2.6′ を使えば，A の固有値 λ は行列式

$$|A - \lambda E| = \begin{vmatrix} a_{11} - \lambda & a_{12} & \cdots & a_{1n} \\ a_{21} & a_{22} - \lambda & \cdots & a_{2n} \\ \vdots & \vdots & & \vdots \\ a_{n1} & a_{n2} & \cdots & a_{nn} - \lambda \end{vmatrix} = 0 \tag{5.1}$$

を解けばよいことになる．

この行列式 $|A - \lambda E|$ を A の<u>**固有多項式**</u>といい，$f_A(\lambda)$ と書く．また，$f_A(\lambda) = |A - \lambda E| = 0$ を A の<u>**固有方程式**</u>という．

また，$f_A(\lambda)$ の行列式を展開すると，2.2 節から，λ の最も多く入る取り方の項は 1 行目で 1 列目の $a_{11} - \lambda$，2 行目で 2 列目の $a_{22} - \lambda$，以下同様に n 行目で $a_{nn} - \lambda$ を取った項となり，その項は

$$1'' \overset{\frown}{\operatorname{sgn} \begin{pmatrix} 1 & 2 & \cdots & n \\ 1 & 2 & \cdots & n \end{pmatrix}} (a_{11} - \lambda)(a_{22} - \lambda) \cdots (a_{nn} - \lambda)$$

$$= (a_{11} - \lambda)(a_{22} - \lambda) \cdots (a_{nn} - \lambda)$$

となる．

次に多く λ が含まれる場合は，ある行で λ のない列を選ぶときであるが，たとえば第 1 行で λ のある 1 列目をさけて λ のない列，2 列目 a_{12} を選べば，後ろの 2 行目以降の列のとり方で 2 列目は選ぶことができない．よって 1 列目と 2 列目の両方で λ のない項を選ぶことになり λ のある項は 2 個選ばれない．

つまり λ の $(n-2)$ 次項となる．このように考えれば

$$f_A(\lambda) = (a_{11} - \lambda)(a_{22} - \lambda) \cdots (a_{nn} - \lambda) + (\lambda \text{ の } (n-2) \text{ 次以下の項})$$

$$= (-1)^n \lambda^n + (-1)^{n-1}(a_{11} + a_{22} + \cdots + a_{nn})\lambda^{n-1} + (\lambda \text{ の } (n-2) \text{ 次以下の項})$$

また，この λ の多項式 $f_A(\lambda)$ の定数項は $f_A(0)$ であるが，$f_A(0) = |A - 0E| = |A|$ となる．

また一般に n 次の正方行列

$$\begin{pmatrix} a_{11} & a_{12} & \cdots & a_{1n} \\ a_{21} & a_{22} & \cdots & a_{2n} \\ \vdots & \vdots & \ddots & \vdots \\ a_{n1} & a_{n2} & \cdots & a_{nn} \end{pmatrix}$$

の対角成分の和 $a_{11} + a_{22} + \cdots + a_{nn}$ の値を $\operatorname{Tr} A$ と書き A の**トレース**という.

これらを使うと

$$\therefore \quad f_A(\lambda) = (-1)^n \lambda^n + (-1)^{n-1} \operatorname{Tr} A \lambda^{n-1} + \cdots + |A|$$

となる.

ところが A の固有値つまり $f_A(\lambda) = (-1)^n \lambda^n + (-1)^{n-1} (\operatorname{Tr} A) \lambda^{n-1} + \cdots + |A| = 0$ の解は λ の n 次方程式となり, <u>一般にn次方程式は複素数の範囲において重複度も含めてn個の解をもつ (ガウスの定理)</u> から, いまその解を $\lambda_1, \lambda_2, \cdots, \lambda_n$ で表すと $f_A(\lambda)$ はこれらによって因数分解され

$$f_A(\lambda) = (-1)^n (\lambda - \lambda_1)(\lambda - \lambda_2) \cdots (\lambda - \lambda_n)$$
$$= (-1)^n \lambda^n + (-1)^{n-1} (\lambda_1 + \lambda_2 + \cdots + \lambda_n) \lambda^{n-1} + \cdots + \lambda_1 \cdots \lambda_n$$

となる.

よって係数を比較して

$$\operatorname{Tr} A = \lambda_1 + \lambda_2 + \cdots + \lambda_n, \quad |A| = \lambda_1 \cdots \lambda_n$$

となる. つまり $\operatorname{Tr} A$ は固有値すべての和となり, $|A|$ は固有値のすべての積となることを意味する.

注意 $f_A(\lambda)$ の解 $\lambda_1, \lambda_2, \cdots, \lambda_n$ は複素数になる可能性もあることから行列 A の固有値は複素数のこともありえる.

定理 5.1 n 次元ベクトル空間 V^n 上の線形変換 f において, f の固有値と f の表現行列 A による固有値は集合として等しい (A は V^n 上の基底によって変化するが, 固有値はそれに無関係である).

[証明] $f(\boldsymbol{X}) = \lambda \boldsymbol{X}$ $(\boldsymbol{X} \neq \boldsymbol{0})$ とする. $f(\boldsymbol{X}) = \lambda \boldsymbol{X}$ と V^n の基底が $\boldsymbol{e}_1, \boldsymbol{e}_2, \cdots, \boldsymbol{e}_n$ のとき $f \leftrightarrow A$, p75 注意 1 から

$$f\left((\boldsymbol{e}_1, \boldsymbol{e}_2, \cdots, \boldsymbol{e}_n) \begin{pmatrix} x_1 \\ x_2 \\ \vdots \\ x_n \end{pmatrix}\right) = \lambda (\boldsymbol{e}_1, \boldsymbol{e}_2, \cdots, \boldsymbol{e}_n) \begin{pmatrix} x_1 \\ x_2 \\ \vdots \\ x_n \end{pmatrix}$$

$$= (\boldsymbol{e}_1, \boldsymbol{e}_2, \cdots, \boldsymbol{e}_n) A \begin{pmatrix} x_1 \\ x_2 \\ \vdots \\ x_n \end{pmatrix} = (\boldsymbol{e}_1, \boldsymbol{e}_2, \cdots, \boldsymbol{e}_n) \lambda \begin{pmatrix} x_1 \\ x_2 \\ \vdots \\ x_n \end{pmatrix}$$

$$\therefore \quad A \begin{pmatrix} x_1 \\ x_2 \\ \vdots \\ x_n \end{pmatrix} = \lambda \begin{pmatrix} x_1 \\ x_2 \\ \vdots \\ x_n \end{pmatrix}$$

逆は逆にたどればよい.

この定理により線形変換 f の固有値を求めるには,ある適当な基底による f の表現行列をとりその行列の固有値を求めればよい.

例題 5.1 次の行列 A, B をそれぞれ**上三角行列**,**下三角行列**という. A, B の固有値は $c_1, c_2, \cdots, c_n$ であることを示せ.

$$A = \begin{pmatrix} c_1 & & & * \\ & c_2 & & \\ & & \ddots & \\ 0 & & & c_n \end{pmatrix}, \quad B = \begin{pmatrix} c_1 & & & 0 \\ & c_2 & & \\ & & \ddots & \\ * & & & c_n \end{pmatrix}$$

解答 固有値は $f_A(\lambda) = 0$ の解であるから式 (5.1) を使い,2.2 節の行列式の性質 (f) から

$$f_A(\lambda) = \begin{vmatrix} c_1 - \lambda & & & * \\ & c_2 - \lambda & & \\ & & \ddots & \\ 0 & & & c_n - \lambda \end{vmatrix} = (c_1 - \lambda) \begin{vmatrix} c_2 - \lambda & & & * \\ & c_3 - \lambda & & \\ & & \ddots & \\ 0 & & & c_n - \lambda \end{vmatrix}$$

$$= (c_1 - \lambda)(c_2 - \lambda) \cdots (c_n - \lambda) = 0$$

$$\therefore \quad \lambda = c_1, c_2, \cdots, c_n$$

注意 上(または下)三角行列においては固有値はその対角成分 $c_1, c_2, \cdots, c_n$ で与えられる. ∎

例題 5.2 次の (1),(2) の行列の固有値,固有ベクトル,固有空間の次元を求めよ.

(1) $\begin{pmatrix} 3 & 2 & 4 \\ 2 & 0 & 2 \\ 4 & 2 & 3 \end{pmatrix}$ (2) $\begin{pmatrix} 3 & -2 \\ 2 & 1 \end{pmatrix}$

解答 (1) まず固有値を求める．固有値は $f_A(\lambda) = 0$ であるから，式 (5.1) を使って

$$f_A(\lambda) = \begin{vmatrix} 3-\lambda & 2 & 4 \\ 2 & 0-\lambda & 2 \\ 4 & 2 & 3-\lambda \end{vmatrix} = (3-\lambda)(-\lambda)(3-\lambda) + 2 \times 2 \times 4 + 4 \times 2 \times 2$$
$$- 4 \times (-\lambda) \times 4 - 2 \times 2 \times (3-\lambda) - (3-\lambda) \times 2 \times 2$$
$$= -(\lambda+1)^2(\lambda-8)$$

∴ $f_A(\lambda) = 0$ は，$\lambda = -1$ (-1 は 2 重解), 8．

$\lambda = -1$ のときの固有ベクトルは，定義から

$$\begin{pmatrix} 3 & 2 & 4 \\ 2 & 0 & 2 \\ 4 & 2 & 3 \end{pmatrix} \begin{pmatrix} x_1 \\ x_2 \\ x_3 \end{pmatrix} = (-1) \begin{pmatrix} x_1 \\ x_2 \\ x_3 \end{pmatrix}, \quad \begin{pmatrix} x_1 \\ x_2 \\ x_3 \end{pmatrix} \neq \begin{pmatrix} 0 \\ 0 \\ 0 \end{pmatrix}$$

のベクトル．あるいはこれと同値の

$$\begin{pmatrix} 3-(-1) & 2 & 4 \\ 2 & -(-1) & 2 \\ 4 & 2 & 3-(-1) \end{pmatrix} \begin{pmatrix} x_1 \\ x_2 \\ x_3 \end{pmatrix} = \begin{pmatrix} 0 \\ 0 \\ 0 \end{pmatrix}, \quad \begin{pmatrix} x_1 \\ x_2 \\ x_3 \end{pmatrix} \neq \begin{pmatrix} 0 \\ 0 \\ 0 \end{pmatrix}$$

でもよい．

$$\therefore \begin{cases} 3x_1 + 2x_2 + 4x_3 = -x_1 \\ 2x_1 + 2x_3 = -x_2 \\ 4x_1 + 2x_2 + 3x_3 = -x_3 \end{cases}$$

$$\Updownarrow$$

$$2x_1 + x_2 + 2x_3 = 0$$

これは未知数 3 個，式 1 個．よって自由度 2．そこで 2 つの未知数を $x_1 = t_1, x_3 = t_2$ とすると

$$\therefore x_2 = -2x_1 - 2x_3 = -2t_1 - 2t_2$$

$$\therefore \begin{pmatrix} x_1 \\ x_2 \\ x_3 \end{pmatrix} = \begin{pmatrix} t_1 \\ -2t_1 - 2t_2 \\ t_2 \end{pmatrix} = t_1 \begin{pmatrix} 1 \\ -2 \\ 0 \end{pmatrix} + t_2 \begin{pmatrix} 0 \\ -2 \\ 1 \end{pmatrix}. \quad (t_1 \neq 0 \text{ または } t_2 \neq 0)$$

よって $\lambda = -1$ の固有空間 W_{-1} の任意の固有ベクトルは

$$\begin{pmatrix} 1 \\ -2 \\ 0 \end{pmatrix}, \quad \begin{pmatrix} 0 \\ -2 \\ 1 \end{pmatrix}$$

で生成され，1次独立である．なぜなら

$$\alpha \begin{pmatrix} 1 \\ -2 \\ 0 \end{pmatrix} + \beta \begin{pmatrix} 0 \\ -2 \\ 1 \end{pmatrix} = 0 \text{ とすると，} \alpha = \beta = 0 \text{ となるからである．}$$

$$\therefore W_{-1} = \left\{ \begin{pmatrix} 1 \\ -2 \\ 0 \end{pmatrix}, \begin{pmatrix} 0 \\ -2 \\ 1 \end{pmatrix} \right\} \text{ で } \dim W_{-1} = 2.$$

$\lambda = 8$ のときの固有ベクトルは，同様に

$$\begin{pmatrix} 3 & 2 & 4 \\ 2 & 0 & 2 \\ 4 & 2 & 3 \end{pmatrix} \begin{pmatrix} x_1 \\ x_2 \\ x_3 \end{pmatrix} = 8 \begin{pmatrix} x_1 \\ x_2 \\ x_3 \end{pmatrix}$$

$$\therefore \begin{cases} 3x_1 + 2x_2 + 4x_3 = 8x_1 \\ 2x_1 + 2x_3 = 8x_2 \\ 4x_1 + 2x_2 + 3x_3 = 8x_3 \end{cases}$$

$$\Updownarrow$$

$$\begin{cases} -5x_1 + 2x_2 + 4x_3 = 0 \\ x_1 - 4x_2 + x_3 = 0 \\ 4x_1 + 2x_2 - 5x_3 = 0 \end{cases}$$

この連立方程式を解くのに，

$$\begin{pmatrix} -5 & 2 & 4 \\ 1 & -4 & 1 \\ 4 & 2 & -5 \end{pmatrix} \begin{pmatrix} x_1 \\ x_2 \\ x_3 \end{pmatrix} = \begin{pmatrix} 0 \\ 0 \\ 0 \end{pmatrix}$$

行変形 (4章参照) を使って

$$\begin{pmatrix} -5 & 2 & 4 \\ 1 & -4 & 1 \\ 4 & 2 & -5 \end{pmatrix} \underset{-4倍}{\overset{5倍}{\sim}} \begin{pmatrix} 1 & -4 & 1 \\ -5 & 2 & 4 \\ 4 & 2 & -5 \end{pmatrix} \underset{足す}{\sim} \begin{pmatrix} 1 & -4 & 1 \\ 0 & -18 & 9 \\ 0 & 18 & -9 \end{pmatrix} \sim \begin{pmatrix} 1 & -4 & 1 \\ 0 & -18 & 9 \\ 0 & 0 & 0 \end{pmatrix} \times \frac{1}{9}$$

$$\sim \begin{pmatrix} 1 & -4 & 1 \\ 0 & -2 & 1 \\ 0 & 0 & 0 \end{pmatrix} \overset{-2倍}{\sim} \begin{pmatrix} 1 & 0 & -1 \\ 0 & -2 & 1 \\ 0 & 0 & 0 \end{pmatrix} \times \left(-\frac{1}{2}\right) \sim \begin{pmatrix} 1 & 0 & -1 \\ 0 & 1 & -\frac{1}{2} \\ 0 & 0 & 0 \end{pmatrix}$$

$$\therefore \begin{pmatrix} 1 & 0 & -1 \\ 0 & 1 & -\frac{1}{2} \\ 0 & 0 & 0 \end{pmatrix} \begin{pmatrix} x_1 \\ x_2 \\ x_3 \end{pmatrix} = \begin{pmatrix} 0 \\ 0 \\ 0 \end{pmatrix}$$

を解けばよい．

$$\therefore \begin{cases} x_1 - x_3 = 0 \\ x_2 - \dfrac{1}{2}x_3 = 0 \end{cases}$$

$\therefore x_3 = t$ とおくと,

$$\begin{pmatrix} x_1 \\ x_2 \\ x_3 \end{pmatrix} = \begin{pmatrix} t \\ \dfrac{1}{2}t \\ t \end{pmatrix} = t\begin{pmatrix} 1 \\ \dfrac{1}{2} \\ 1 \end{pmatrix} \quad (t \neq 0)$$

$\lambda = 8$ の固有空間 W_8 の任意の固有ベクトルは $\begin{pmatrix} 1 \\ \dfrac{1}{2} \\ 1 \end{pmatrix}$ で生成されている.

$$\therefore W_8 = \left\{ \begin{pmatrix} 1 \\ \dfrac{1}{2} \\ 1 \end{pmatrix} \right\} \text{で} \dim W_8 = 1.$$

$x_3 = 2t$ とおいて, $x_1 = 2t$, $x_2 = t$ とし,

$$\begin{pmatrix} x_1 \\ x_2 \\ x_3 \end{pmatrix} = \begin{pmatrix} 2t \\ t \\ 2t \end{pmatrix} = t\begin{pmatrix} 2 \\ 1 \\ 2 \end{pmatrix} \quad (t \neq 0)$$

としてもよい. そのときは

$$W_8 = \left\{ \begin{pmatrix} 2 \\ 1 \\ 2 \end{pmatrix} \right\} \text{となる}.$$

(2) まず固有値を求める. 固有値は $f_A(\lambda) = 0$ から, 式 (5.1) を使って

$$f_A(\lambda) = \begin{vmatrix} 3-\lambda & -2 \\ 2 & 1-\lambda \end{vmatrix} = (3-\lambda)(1-\lambda) - (-2) \times 2 = \lambda^2 - 4\lambda + 7$$

$\therefore f_A(\lambda) = 0$ は $\lambda = 2 \pm \sqrt{3}i$ （固有値）

$\lambda = 2 + \sqrt{3}i$ のときの固有ベクトルは

$$\begin{pmatrix} 3 & -2 \\ 2 & 1 \end{pmatrix} \begin{pmatrix} x_1 \\ x_2 \end{pmatrix} = (2+\sqrt{3}i)\begin{pmatrix} x_1 \\ x_2 \end{pmatrix} \text{から}$$

$$\begin{cases} 3x_1 - 2x_2 = (2+\sqrt{3}i)x_1 \\ 2x_1 + x_2 = (2+\sqrt{3}i)x_2 \end{cases} \Leftrightarrow \begin{cases} (1-\sqrt{3}i)x_1 - 2x_2 = 0 & \text{(i)} \\ 2x_1 + (-1-\sqrt{3}i)x_2 = 0 & \text{(ii)} \end{cases}$$

(i) と (ii) は同一の式である. なぜなら (i)$\times(1+\sqrt{3}i)$ を考えると,

$$\{1 - (\sqrt{3}i)^2\}x_1 - 2(1+\sqrt{3}i)x_2 = 0$$

$$\therefore 4x_1 - 2(1+\sqrt{3}i)x_2 = 0$$

から（ⅱ）と同一である．よって，この連立方程式は $2x_1 + (-1-\sqrt{3}i)x_2 = 0$ と同値．これは未知数が 2 個，式が 1 個より自由度 1 となる．

$$\therefore \quad x_2 = t \text{ とすると } x_1 = \frac{1+\sqrt{3}i}{2}t$$

$$\therefore \quad \begin{pmatrix} x_1 \\ x_2 \end{pmatrix} = \begin{pmatrix} \frac{1+\sqrt{3}i}{2}t \\ t \end{pmatrix} = t \begin{pmatrix} \frac{1+\sqrt{3}i}{2} \\ 1 \end{pmatrix} \quad (t \neq 0)$$

これが $2+\sqrt{3}i$ の固有ベクトルである．よって，$\lambda = 2+\sqrt{3}i$ の固有空間 $W_{2+\sqrt{3}i}$ は

$$\begin{pmatrix} \frac{1+\sqrt{3}i}{2} \\ 1 \end{pmatrix} (\neq \mathbf{0})$$

で生成されていて，1 次独立である (3.1 節 8 の (a) を参照)．よって，$\dim W_{2+\sqrt{3}i} = 1$ となる．

$\lambda = 2-\sqrt{3}i$ のときの固有ベクトルは，同様に

$$\begin{pmatrix} 3 & -2 \\ 2 & 1 \end{pmatrix} \begin{pmatrix} x_1 \\ x_2 \end{pmatrix} = (2-\sqrt{3}i) \begin{pmatrix} x_1 \\ x_2 \end{pmatrix} \text{ から,}$$

$$\begin{cases} 3x_1 - 2x_2 = (2-\sqrt{3}i)x_1 \\ 2x_1 + x_2 = (2-\sqrt{3}i)x_2 \end{cases} \Leftrightarrow \begin{cases} (1+\sqrt{3}i)x_1 - 2x_2 = 0 & (\text{ⅰ}) \\ 2x_1 - (1-\sqrt{3}i)x_2 = 0 & (\text{ⅱ}) \end{cases}$$

（ⅰ）と（ⅱ）は同一の式である．なぜなら（ⅰ）$\times (1-\sqrt{3}i)$ を考えると，$4x_1 - 2(1-\sqrt{3}i)x_2 = 0$ よって同一．

すなわちこの連立方程式は $2x_1 - (1-\sqrt{3}i)x_2 = 0$ と同値．これは式 1 個，未知数 2 個．よって，自由度 1 よって，$x_2 = t$ とすると，$x_1 = \frac{1-\sqrt{3}i}{2}t$

$$\therefore \quad \begin{pmatrix} x_1 \\ x_2 \end{pmatrix} = \begin{pmatrix} \frac{1-\sqrt{3}i}{2}t \\ t \end{pmatrix} = t \begin{pmatrix} \frac{1-\sqrt{3}i}{2} \\ 1 \end{pmatrix} \quad (t \neq 0)$$

よって，これが $2-\sqrt{3}i$ の固有ベクトルであり，固有空間 $W_{2-\sqrt{3}i}$ は

$$\begin{pmatrix} \frac{1-\sqrt{3}i}{2} \\ 1 \end{pmatrix}$$

で生成されていて，1 次独立である．よって，$\dim W_{2-\sqrt{3}i} = 1$.

注意 複素数全体の集合 $\mathbf{C}$ は実数をもとにしたとき，2 次元のベクトル空間をなす．なぜなら任意の複素数は 2 つの実数の組 (a,b) と考えられ，実数 a は $a=(a,0)$ また $i=(0,1)$ とみなされる．そのとき $a+bi \in \mathbf{C}(a,b \in \mathbf{R})$ は $a+bi = a(1,0) + b(0,1) = a\cdot 1 + b\cdot i$ と変形できるから 1 と i とで生成されている．また，$\alpha(1,0) + \beta(0,1) = (0,0)$ から $\alpha = \beta = 0$. よって 1 と i は 1 次独立であり，2 次元となる．そのときの基底は 1 と i であり $\mathbf{C} = \{1, i\}$ となる．

例題 5.3 基底 $\{1, e^x, xe^x\}$ において生成される 3 次元実ベクトル空間 V の任意の元

s に対して，$D(s) = ds/dx$ で定義される微分演算子 D は V の線形変換となった (例題 3.22(2), 3.25 参照). このとき D の固有値と固有ベクトル, 固有空間の次元を求めよ.

解答 D の表現行列は次のように書ける.

$$\begin{pmatrix} 0 & 0 & 0 \\ 0 & 1 & 1 \\ 0 & 0 & 1 \end{pmatrix}$$

$$\therefore f_D(\lambda) = \begin{vmatrix} 0-\lambda & 0 & 0 \\ 0 & 1-\lambda & 1 \\ 0 & 0 & 1-\lambda \end{vmatrix} = (-\lambda)\begin{vmatrix} 1-\lambda & 1 \\ 0 & 1-\lambda \end{vmatrix}$$

$$= (-\lambda)(1-\lambda)(1-\lambda) = -\lambda(1-\lambda)^2$$

$\therefore \lambda = 0, \lambda = 1$ (2重解). (固有値)

$\lambda = 0$ のときの固有ベクトルは

$$\begin{pmatrix} 0 & 0 & 0 \\ 0 & 1 & 1 \\ 0 & 0 & 1 \end{pmatrix}\begin{pmatrix} x_1 \\ x_2 \\ x_3 \end{pmatrix} = 0\begin{pmatrix} x_1 \\ x_2 \\ x_3 \end{pmatrix} = \begin{pmatrix} 0 \\ 0 \\ 0 \end{pmatrix}$$

$\begin{cases} x_2 + x_3 = 0 \\ x_3 = 0 \end{cases}$ から，$\begin{cases} x_2 = 0 \\ x_3 = 0 \end{cases}$ 未知数 3 個, 式 2 個, 自由度 1

よって，$x_1 = t$ とすると

$$\begin{pmatrix} x_1 \\ x_2 \\ x_3 \end{pmatrix} = \begin{pmatrix} t \\ 0 \\ 0 \end{pmatrix} = t\begin{pmatrix} 1 \\ 0 \\ 0 \end{pmatrix}$$

これは成分表示であるから，固有ベクトルは $t \cdot (1 \cdot 1 + 0 \cdot e^x + 0 \cdot xe^x) = t \cdot 1 \ (t \neq 0)$

固有空間 $W_0 = \{1\}$ で $\dim W_0 = 1$

$\lambda = 1$ のときの固有ベクトルは,

$$\begin{pmatrix} 0 & 0 & 0 \\ 0 & 1 & 1 \\ 0 & 0 & 1 \end{pmatrix}\begin{pmatrix} x_1 \\ x_2 \\ x_3 \end{pmatrix} = 1\begin{pmatrix} x_1 \\ x_2 \\ x_3 \end{pmatrix}$$ から,

$\begin{cases} x_1 = 0 \\ x_2 + x_3 = x_2 \\ x_3 = x_3 \end{cases}$ $\therefore \begin{cases} x_1 = 0 \\ x_3 = 0 \end{cases}$

より，未知数 3 個, 式 2 個, 自由度 1. よって, $x_2 = s$ とおくと

$$\begin{pmatrix} x_1 \\ x_2 \\ x_3 \end{pmatrix} = \begin{pmatrix} 0 \\ s \\ 0 \end{pmatrix} = s\begin{pmatrix} 0 \\ 1 \\ 0 \end{pmatrix}$$

よって，これは成分表示から，固有ベクトルは $s(0 \cdot 1 + 1 \cdot e^x + 0 \cdot xe^x) = se^x \ (s \neq 0)$. 1つの元 e^x で生成されている．

よって，$\lambda = 1$ の固有空間 $W_1 = \{e^x\}$ であり，$\dim W_1 = 1$. ∎

例題 5.4 漸化式 $x_{n+2} - 5x_{n+1} - 6x_n = 0 \ (n \geq 1)$ および $x_1 = 0, x_2 = 1$ をみたす数列 $\{x_n\} \ (n \geq 1)$ の一般項を求めよ．

解答 例題 3.15 から，数列 $\{x_n\}$ の集合はベクトル空間をなし，例題 3.15 と同様の考えによりこの漸化式をみたす数列 $\{x_n\}$ の集合 S はその部分空間であり，その次元は 2 次元である．なぜなら $x_1 = 0, x_2 = 1$ の 2 つの数により他の項すべてが定まるからである．

いま S の中の元 $\{x_1, x_2, x_3, \cdots, x_n, \cdots\} \neq \{0\}$（$\{0\}$ は数列として 0 の意味，つまり $0, 0, 0, \cdots, 0 \cdots$ のこと）をとり，次のような線形写像を考える

$$f : \{x_1, x_2, \cdots, x_n, \cdots\} \to \{x_2, x_3, \cdots, x_n, x_{n+1}, \cdots\}$$

このとき数列 $\{x_1, x_2, \cdots, x_n, \cdots\}$ が S の中の元，つまりこの漸化式を満たすから，その 1 項ずらした $\{x_2, x_3, \cdots, x_n, x_{n+1}, \cdots\}$ もこの漸化式を満たす．

すなわち S の中の元である．そしてこの f は線形写像である．なぜなら

$$f(\{x_1, x_2, \cdots, x_n, \cdots\} + \{y_1, y_2, \cdots, y_n, \cdots\})$$
$$= f(\{x_1 + y_1, x_2 + y_2, \cdots, x_n + y_n, \cdots\})$$
$$= \{x_2 + y_2, x_3 + y_3, \cdots\} = \{x_2, x_3, \cdots, x_n, \cdots\} + \{y_2, y_3, \cdots, y_n \cdots\}$$
$$= f(\{x_1, x_2, \cdots, x_n, \cdots\}) + f(\{y_1, y_2, \cdots, y_n, \cdots\})$$
$$f(c\{x_1, x_2, \cdots, x_n, \cdots\}) = f(\{cx_1, cx_2, \cdots, cx_n, \cdots\})$$
$$= \{cx_2, \cdots, cx_n, \cdots\}$$
$$= c\{x_2, \cdots, x_n, \cdots\}$$
$$= cf(\{x_1, x_2, \cdots, x_n, \cdots\})$$

より．ここで f の固有値とその固有ベクトルを考える．

$$f(\{x_1, x_2, \cdots, x_n, \cdots\}) = \lambda\{x_1, x_2, \cdots, x_n, \cdots\}$$

から

$$\therefore \ \{x_2, x_3, \cdots, x_n, x_{n+1}, \cdots\} = \{\lambda x_1, \cdots, \lambda x_n, \cdots\}$$
$$\therefore \ x_{n+1} = \lambda x_n \tag{5.2}$$

さらに $x_{n+2} = \lambda x_{n+1} = \lambda^2 x_n$

これを与えられた漸化式に代入すれば

$$\lambda^2 x_n - 5\lambda x_n - 6x_n = 0$$
$$\therefore \ (\lambda^2 - 5\lambda - 6)x_n = 0$$

ここで, $\{x_n\} \neq \{0\}$ より, ある $x_i \neq 0$ $(i = 1, 2, \cdots)$.

$$\therefore \lambda^2 - 5\lambda - 6 = 0$$

となり,

$$(\lambda - 6)(\lambda + 1) = 0$$

$$\therefore \lambda = 6, -1.$$

$\lambda = -1$ のとき, S の中の固有ベクトル $\{x_n\}$ は式 (5.2) へ代入して $x_{n+1} = (-1)x_n$ より, これは公比が -1 の等比数列である. すなわち $x_n = c_1(-1)^{n-1}$ $(n \geqq 1)$ $(c_1 \neq 0)$ (c_1 を初項とした). また $\lambda = 6$ のとき, S の中の固有ベクトルは同様に $x_{n+1} = 6x_n$ から, 公比が 6 の等比数列となる. c_2 $(c_2 \neq 0)$ を初項とすると

$$x_n = c_2 6^{n-1} (n \geqq 1)$$

ここで S は 2 次元であったが, 数列 $\{(-1)^{n-1}\}, \{6^{n-1}\}$ は 1 次独立である. なぜなら $\alpha\{(-1)^{n-1}\} + \beta\{6^{n-1}\} = \{0\}$ とすれば

$$\alpha\{1, -1, 1, \cdots\} + \beta\{1, 6, 36, \cdots\} = \{0, 0, \cdots, 0, \cdots\}$$

から, $\alpha = \beta = 0$. よって, S のすべての数列 $\{x_n\}$ は $\{(-1)^{n-1}\}$ と $\{6^{n-1}\}$ で生成されていると考えてよく,

$$\{x_n\} = c_1\{(-1)^{n-1}\} + c_2\{6^{n-1}\} = \{c_1(-1)^{n-1} + c_2 6^{n-1}\}$$

となるが, ここで $x_1 = 0, x_2 = 1$ から,

$$0 = x_1 = c_1 + c_2$$
$$0 = x_2 = c_1 \times (-1) + c_2 \times 6$$

より,

$$c_1 = -\frac{1}{7}, \ c_2 = \frac{1}{7}$$

$$\therefore \{x_n\} = \left\{\frac{1}{7}(6^{n-1} - (-1)^{n-1})\right\}$$

∎

例題 5.5 微分方程式 $y'' - 5y' + 6y = 0$ の解を求めよ.

解答 例題 3.19 で $y'' - 5y' + 6y = 0$ の解空間は 2 次元のベクトル空間であったが, この微分方程式は, $y = y_1, y' = y_2$ とおけば, $y_1' = y_2, y_2' - 5y_2 + 6y_1 = 0$. つまり

$$\begin{cases} y_1' = y_2 \\ y_2' = -6y_1 + 5y_2 \end{cases} \tag{5.3}$$

となる. これは,

$$\begin{pmatrix} y_1' \\ y_2' \end{pmatrix} = \begin{pmatrix} 0 & 1 \\ -6 & 5 \end{pmatrix} \begin{pmatrix} y_1 \\ y_2 \end{pmatrix} \text{ と書け,} \tag{5.4}$$

$$\boldsymbol{y} = \begin{pmatrix} y_1 \\ y_2 \end{pmatrix} \text{ と置くと,}$$

$$\boldsymbol{y}' = \begin{pmatrix} 0 & 1 \\ -6 & 5 \end{pmatrix} \boldsymbol{y}$$

となる. この微分方程式の解空間 S における解 y_1 が与えられた微分方程式の解である. まず S は何回でも微分可能な関数の組 (ベクトル) のなすベクトル空間の部分空間となる. なぜなら $\boldsymbol{y_1}, \boldsymbol{y_2} \in S, c \in \boldsymbol{R}$ のとき

$$\boldsymbol{y}'_1 = \begin{pmatrix} 0 & 1 \\ -6 & 5 \end{pmatrix} \boldsymbol{y_1}$$

$$+) \quad \boldsymbol{y}'_2 = \begin{pmatrix} 0 & 1 \\ -6 & 5 \end{pmatrix} \boldsymbol{y_2}$$

$$\overline{(\boldsymbol{y_1} + \boldsymbol{y_2})' = \begin{pmatrix} 0 & 1 \\ -6 & 5 \end{pmatrix} (\boldsymbol{y_1} + \boldsymbol{y_2})}$$

より $\boldsymbol{y_1} + \boldsymbol{y_2} \in S$. また, $c\boldsymbol{y}'_1 = c \begin{pmatrix} 0 & 1 \\ -6 & 5 \end{pmatrix} \boldsymbol{y_1}$, $(c\boldsymbol{y_1})' = \begin{pmatrix} 0 & 1 \\ -6 & 5 \end{pmatrix} (c\boldsymbol{y_1})$ より, $c\boldsymbol{y_1} \in S$ となる. さらに S の次元は例題 5.4 と同様に $y = y_1$ と $y' = y_2$ の 2 つの初期条件により解が定まるから 2 次元である (例題 3.19 参照).

また, 行列は線形写像と考えられる

$$\begin{pmatrix} 0 & 1 \\ -6 & 5 \end{pmatrix} : \begin{array}{c} S \longrightarrow S \\ \cup \quad \cup \\ \boldsymbol{y} \longrightarrow \boldsymbol{y}' \end{array}$$

ここで, $\boldsymbol{y}' \in S$ であることは, 式 (5.3) の両辺を微分してみるとわかる.

そこでこの行列の固有値とその固有ベクトルを考えると

$$\begin{pmatrix} y'_1 \\ y'_2 \end{pmatrix} = \begin{pmatrix} 0 & 1 \\ -6 & 5 \end{pmatrix} \begin{pmatrix} y_1 \\ y_2 \end{pmatrix} = \lambda \begin{pmatrix} y_1 \\ y_2 \end{pmatrix}, \begin{pmatrix} y_1 \\ y_2 \end{pmatrix} \neq \begin{pmatrix} 0 \\ 0 \end{pmatrix}$$

として

$$\begin{vmatrix} 0-\lambda & 1 \\ -6 & 5-\lambda \end{vmatrix} = \lambda^2 - 5\lambda + 6 = (\lambda - 2)(\lambda - 3) = 0 \text{ から,}$$

$$\lambda = 2, 3$$

$\lambda = 2$ のときの固有ベクトルは $y_2 = 2y_1$, すなわち $y'_1 = 2y_1$

$$\therefore \quad \frac{dy_1}{dx} = 2y_1 \text{ から, } y_1 = c_1 e^{2x}$$

$$\therefore \quad \boldsymbol{y_1} = \begin{pmatrix} y_1 \\ y_2 \end{pmatrix} = \begin{pmatrix} c_1 e^{2x} \\ 2c_1 e^{2x} \end{pmatrix} = c_1 \begin{pmatrix} e^{2x} \\ 2e^{2x} \end{pmatrix} \quad (c_1 \neq 0)$$

$\lambda = 3$ のときの固有ベクトルは $y_2 = 3y_1$, つまり $y'_1 = 3y_1$

$$\therefore \frac{dy_1}{dx} = 3y_1 \text{ から } y_1 = c_2 e^{3x}$$

$$\therefore \boldsymbol{y}_2 = \begin{pmatrix} y_1 \\ y_2 \end{pmatrix} = \begin{pmatrix} c_2 e^{3x} \\ 3c_2 e^{3x} \end{pmatrix} = c_2 \begin{pmatrix} e^{3x} \\ 3e^{3x} \end{pmatrix} \quad (c_2 \neq 0)$$

ここでベクトル

$$\begin{pmatrix} e^{2x} \\ 2e^{2x} \end{pmatrix}, \quad \begin{pmatrix} e^{3x} \\ 3e^{3x} \end{pmatrix}$$

は1次独立である．なぜなら

$$\alpha \begin{pmatrix} e^{2x} \\ 2e^{2x} \end{pmatrix} + \beta \begin{pmatrix} e^{3x} \\ 3e^{3x} \end{pmatrix} = \begin{pmatrix} 0 \\ 0 \end{pmatrix}, \text{ そして}$$

$$x = 0 \text{ とすれば} \begin{cases} \alpha + \beta = 0 \\ 2\alpha + 3\beta = 0 \end{cases} \text{ から}, \alpha = \beta = 0$$

よって，1次独立である．

これから式 (5.4) の解は

$$\boldsymbol{y} = c_1 \begin{pmatrix} e^{2x} \\ 2e^{2x} \end{pmatrix} + c_2 \begin{pmatrix} e^{3x} \\ 3e^{3x} \end{pmatrix}$$

このことからもとの微分方程式の解は $y = c_1 e^{2x} + c_2 e^{3x}$ (c_1, c_2 は任意の実数) となる． ∎

[問題 1] 次の (1)〜(3) の行列の固有値，固有ベクトル，固有空間の次元をそれぞれを求めよ．

(1) $A = \begin{pmatrix} 2 & -5 \\ -4 & 1 \end{pmatrix}$ (2) $B = \begin{pmatrix} 1 & 2 \\ 3 & -4 \end{pmatrix}$ (3) $C = \begin{pmatrix} 1 & -2 & 0 \\ -1 & 4 & 2 \\ -1 & -1 & 3 \end{pmatrix}$

[問題 2] 基底 $\{1, \cos t, \sin t\}$ で生成される3次元実ベクトル空間 V における微分演算子 D について，D の固有値と固有ベクトル，固有空間の次元をそれぞれ求めよ．

5.2 ケーリー・ハミルトンの定理

一般に多項式 $g(x) = a_m x^m + a_{m-1} x^{m-1} + \cdots + a_0$, n 次の正方行列 A に対して $a_m A^m + a_{m-1} A^{m-1} + \cdots + a_1 A + a_0 E$ を $g(A)$ と書く (ただし E は n 次の単位行列)．

注意 $g(x)$ の定数項 a_0 は $g(A)$ では $a_0 E$ となる．

そのとき，次の定理が成り立つ．

定理 5.2 (ケーリー・ハミルトンの定理) n 次の正方行列 A の固有多項式を $f_A(\lambda)$ とすると，$f_A(A) = O_n$ (n 次の零行列 O_n) となる．

たとえば，

$$A = \begin{pmatrix} 3 & 1 \\ -1 & 1 \end{pmatrix}$$ のとき

A の固有多項式 $f_A(\lambda)$ は

$$f_A(\lambda) = \begin{vmatrix} 3-\lambda & 1 \\ -1 & 1-\lambda \end{vmatrix} = (3-\lambda)(1-\lambda) - 1 \times (-1)$$

$$= \lambda^2 - 4\lambda + 4$$

$$\therefore \quad f_A(A) = A^2 - 4A + 4E = O_2 \text{ となる．}$$

例題 5.6 $A = \begin{pmatrix} 1 & 1 \\ -1 & 1 \end{pmatrix}$ のとき，$A^5 + 2A^4 - A + 3E$，A^{-1} を求めよ．

解答 A の固有多項式は $f_A(\lambda) = \begin{vmatrix} 1-\lambda & 1 \\ -1 & 1-\lambda \end{vmatrix} = \lambda^2 - 2\lambda + 2$．

定理 5.2 から，$\therefore \quad f_A(A) = A^2 - 2A + 2E = O_2$

ここで，求める行列を多項式と考えた式 $\lambda^5 + 2\lambda^4 - \lambda + 3$ を固有多項式 $f_A(\lambda) = \lambda^2 - 2\lambda + 2$ で割ると

$$
\begin{array}{r}
\lambda^3 + 4\lambda^2 + 6\lambda + 4 \\
\lambda^2 - 2\lambda + 2 \overline{\smash{\big)}\ \lambda^5 + 2\lambda^4 - \lambda + 3} \\
\underline{\lambda^5 - 2\lambda^4 + 2\lambda^3} \\
4\lambda^4 - 2\lambda^3 - \lambda + 3 \\
\underline{4\lambda^4 - 8\lambda^3 + 8\lambda^2} \\
6\lambda^3 - 8\lambda^2 - \lambda + 3 \\
\underline{6\lambda^3 - 12\lambda^2 + 12\lambda} \\
4\lambda^2 - 13\lambda + 3 \\
\underline{4\lambda^2 - 8\lambda + 8} \\
-5\lambda - 5
\end{array}
$$

$$\therefore \quad \lambda^5 + 2\lambda^4 - \lambda + 3 = (\lambda^3 + 4\lambda^2 + 6\lambda + 4)(\lambda^2 - 2\lambda + 2) - 5\lambda - 5$$

となる．定数項に注意してこの両辺に $\lambda = A$ を代入すると

$$A^5 + 2A^4 - A + 3E = (A^3 + 4A^2 + 6A + 4E)(A^2 - 2A + 2E) - 5A - 5E$$

$f_A(A) = A^2 - 2A + 2E = O_2$ から

$$\therefore \quad A^5 + 2A^4 - A + 3E = -5A - 5E = -5\begin{pmatrix} 1 & 1 \\ -1 & 1 \end{pmatrix} - 5\begin{pmatrix} 1 & 0 \\ 0 & 1 \end{pmatrix}$$

$$= \begin{pmatrix} -10 & -5 \\ 5 & -10 \end{pmatrix}$$

また，$\det A \neq 0$ だから，A^{-1} は存在する．$A^2 - 2A + 2E = 0$ から，$E = \frac{1}{2}(-A^2 + 2A)$．$A^{-1}$ を左からかけて

$$\therefore A^{-1}E = \frac{1}{2}(-A^{-1}A^2 + 2A^{-1}A)$$

$$\therefore A^{-1} = \frac{1}{2}(-A + 2E) = \frac{1}{2}\left(-\begin{pmatrix} 1 & 1 \\ -1 & 1 \end{pmatrix} + 2\begin{pmatrix} 1 & 0 \\ 0 & 1 \end{pmatrix}\right)$$

$$= \frac{1}{2}\begin{pmatrix} 1 & -1 \\ 1 & 1 \end{pmatrix} = \begin{pmatrix} \frac{1}{2} & -\frac{1}{2} \\ \frac{1}{2} & \frac{1}{2} \end{pmatrix}$$

■

[問題3] $A = \begin{pmatrix} 3 & 1 \\ -1 & 2 \end{pmatrix}$ とする．このとき次の (1)〜(4) を求めよ．

(1) A^2 (2) A^3 (3) $A^2 - 5A + 7E$ (4) $A^2 - 6A + 5E$

[問題4] 例題 4.3 の行列 A の逆行列 A^{-1} を，ケーリー・ハミルトンの定理を使って求めよ．

$$A = \begin{pmatrix} 1 & 2 & -1 \\ 2 & 3 & -2 \\ -1 & -2 & 2 \end{pmatrix}$$

5.3 行列の対角化

n 次の正方行列 A に対して，ある n 次の正則行列 P に対して $P^{-1}AP$ が**対角行列**となるとき，A は**対角化可能**であるという．すなわち，

$$P^{-1}AP = \begin{pmatrix} \lambda_1 & & & 0 \\ & \lambda_2 & & \\ & & \ddots & \\ 0 & & & \lambda_n \end{pmatrix}.$$

そのとき次の 2 つの定理が成り立つ．

定理 5.3 A を n 次の正方行列とする．ある正則行列 P に対して行列 $P^{-1}AP$ をつくると，A と $P^{-1}AP$ の固有多項式は一致する．したがって，その固有値も一致する (そのとき A と $P^{-1}AP$ は相似であるという)．

[証明]
$$f_{P^{-1}AP}(\lambda) = |P^{-1}AP - \lambda E|$$
$$= |P^{-1}AP - P^{-1}\lambda EP|$$
$$= |P^{-1}(A - \lambda E)P| = |P^{-1}||A - \lambda E||P|$$
$$= |P|^{-1}|A - \lambda E||P| = |A - \lambda E| = f_A(\lambda) \text{ となるからである.}$$

さらに，次の定理が成立する．

定理 5.4 n 次の正方行列 A が相異なる固有値を $\lambda_1, \lambda_2, \cdots, \lambda_t$ をもつとする．この各固有値に対する固有ベクトル $\boldsymbol{x_1}, \boldsymbol{x_2}, \cdots, \boldsymbol{x_t}$ は 1 次独立である．

このことから，次の定理が成立する．

定理 5.5 n 次正方行列 A の固有値がすべて相異なれば A は対角化可能である．

[証明] 相異なる固有値を $\lambda_1, \lambda_2, \lambda_3, \cdots, \lambda_n$ とし，その固有ベクトルをそれぞれ $\boldsymbol{x_1}, \boldsymbol{x_2}, \cdots, \boldsymbol{x_n}$ とする．そのとき，$A\boldsymbol{x_1} = \lambda_1 \boldsymbol{x_1}, A\boldsymbol{x_2} = \lambda_2 \boldsymbol{x_2}, \cdots A\boldsymbol{x_n} = \lambda_n \boldsymbol{x_n}$ が成り立つ．このベクトル $\boldsymbol{x_1}, \boldsymbol{x_2}, \cdots, \boldsymbol{x_n}$ を列ベクトルとする行列 $P = (\boldsymbol{x_1}, \boldsymbol{x_2}, \cdots, \boldsymbol{x_n})$ をつくると，$\boldsymbol{x_1}, \boldsymbol{x_2}, \cdots, \boldsymbol{x_n}$ は定理 5.4 より 1 次独立であるから，P は正則行列であり (定理 3.1 参照)，P^{-1} が存在する．そのとき次の式が成立する (例題 1.3 参照)

$$AP = A(\boldsymbol{x_1}, \boldsymbol{x_2}, \cdots \boldsymbol{x_n})$$
$$= (A\boldsymbol{x_1}, A\boldsymbol{x_2}, \cdots, A\boldsymbol{x_n})$$
$$= (\lambda_1 \boldsymbol{x_1}, \lambda_2 \boldsymbol{x_2}, \cdots, \lambda_n \boldsymbol{x_n})$$
$$= (\boldsymbol{x_1}, \cdots, \boldsymbol{x_n}) \begin{pmatrix} \lambda_1 & & & 0 \\ & \lambda_2 & & \\ & & \ddots & \\ 0 & & & \lambda_n \end{pmatrix}$$
$$\therefore AP = P \begin{pmatrix} \lambda_1 & & & 0 \\ & \lambda_2 & & \\ & & \ddots & \\ 0 & & & \lambda_n \end{pmatrix}$$

となる．左から P^{-1} をかけると

$$P^{-1}AP = \begin{pmatrix} \lambda_1 & & & 0 \\ & \lambda_2 & & \\ & & \ddots & \\ 0 & & & \lambda_n \end{pmatrix}$$

となり，A は対角化可能となる．

正方行列のすべての固有値が相異なれば対角化できたが，その他にどのような場合に対角化できるのであろうか．それには次の重要な定理がある．

定理 5.6 (対角化の条件) n 次正方行列 A の異なる固有値 $\lambda_1, \lambda_2, \cdots, \lambda_s$ の重複度 (A の固有方程式 $f_A(\lambda) = 0$ の解は，固有値 $\lambda_1, \lambda_2, \cdots, \lambda_n$ であるが，その際，λ_i が t 重解であるとき，固有値 λ_i の重複度は t であるという) を，それぞれ $n_1, n_2, \cdots, n_s (n_1 + n_2 + \cdots + n_s = n)$ とする．すなわち

$$f_A(\lambda) = (-1)^n (\lambda - \lambda_1)^{n_1} (\lambda - \lambda_2)^{n_2} \cdots (\lambda - \lambda_s)^{n_s}.$$

このとき適当な正則行列 P で $P^{-1}AP$ が対角行列になるための必要十分条件は，A のすべての固有値 λ_i に対する固有空間 W_{λ_i} ($i = 1, \cdots, s$) の次元が λ_i の固有方程式における重複度 n_i に一致することである．

各固有値に対する固有空間の次元が，その固有値の重複度に一致する場合，P は次のようにつくる．すなわち

$$\dim W_{\lambda_1} = n_1, \quad \dim W_{\lambda_2} = n_2, \cdots, \quad \dim W_{\lambda_s} = n_s$$

であるから

W_{λ_1} の基底 $\{\boldsymbol{a}_{11}, \boldsymbol{a}_{12}, \cdots, \boldsymbol{a}_{1n_1}\} \cdots$ 固有値λ_1

W_{λ_2} の基底 $\{\boldsymbol{a}_{21}, \boldsymbol{a}_{22}, \cdots, \boldsymbol{a}_{2n_2}\} \cdots$ 固有値λ_2

$\qquad \vdots$

W_{λ_s} の基底 $\{\boldsymbol{a}_{s1}, \boldsymbol{a}_{s2}, \cdots, \boldsymbol{a}_{sn_s}\} \cdots$ 固有値λ_s

をとる．定理 5.4 を使うと $\lambda_1, \lambda_2, \cdots, \lambda_s$ はすべて異なるから $W_{\lambda_1}, W_{\lambda_2}, \cdots, W_{\lambda_s}$ のそれぞれに含まれるベクトルは互いに 1 次独立である．また，たとえば W_{λ_1} の中の $\{\boldsymbol{a}_{11}, \boldsymbol{a}_{12}, \cdots, \boldsymbol{a}_{1n_1}\}$ は W_{λ_1} の基底から 1 次独立．同様に $W_{\lambda_2}, \cdots, W_{\lambda_s}$ の基底も 1 次独立だから，これらを一緒にした $\{\boldsymbol{a}_{11}, \boldsymbol{a}_{12}, \cdots, \boldsymbol{a}_{1n_1}, \boldsymbol{a}_{21}, \boldsymbol{a}_{22}, \cdots, \boldsymbol{a}_{2n_2}, \cdots \boldsymbol{a}_{s1}, \cdots, \boldsymbol{a}_{sn_s}\}$ らも 1 次独立となり，これらのベクトルの成分を列ベクトルとする行列

$$P = (\overbrace{\underbrace{a_{11}, a_{12}, \cdots, a_{1n_1}}, \underbrace{a_{21}, a_{22}, \cdots, a_{2n_2}}, \cdots, \underbrace{a_{s1}, a_{s2}, \cdots, a_{sn_s}}}^{n\ 個})$$

は n 次の正則行列になる．さらに，

$$AP = A(\underbrace{a_{11}, a_{12}, \cdots, a_{1n_1}}, \underbrace{a_{21}, a_{22}, \cdots, a_{2n_2}}, \cdots, \underbrace{a_{s1}, a_{s2}, \cdots, a_{sn_s}})$$

$$= (\overbrace{Aa_{11}, Aa_{12}, \cdots, Aa_{1n_1}}^{固有値\lambda_1}, \overbrace{Aa_{21}, Aa_{22}, \cdots, Aa_{2n_2}}^{固有値\lambda_2}, \cdots \overbrace{Aa_{s1}, Aa_{s2}, \cdots, Aa_{sn_s}}^{固有値\lambda_s})$$

$$= (\lambda_1 a_{11}, \lambda_1 a_{12}, \cdots, \lambda_1 a_{1n_1}, \lambda_2 a_{21}, \lambda_2 a_{22}, \cdots, \lambda_2 a_{2n_2}, \cdots, \lambda_s a_{s1}, \cdots, \lambda_s a_{sn_s})$$

$$= (a_{11}, a_{12}, \cdots, a_{1n_1}, a_{21}, a_{22}, \cdots, a_{2n_2}, \cdots, a_{s1}, a_{s2}, \cdots, a_{sn_s})$$

$$\begin{pmatrix} \lambda_1 & & & & & & & 0 \\ & \ddots & & & & & & \\ & & \lambda_1 & & & & & \\ & & & \lambda_2 & & & & \\ & & & & \ddots & & & \\ & & & & & \lambda_2 & & \\ & & & & & & \ddots & \\ & & & & & & & \lambda_s \\ 0 & & & & & & & \ddots \\ & & & & & & & & \lambda_s \end{pmatrix}$$

$$= P \begin{pmatrix} \lambda_1 & & & & & & & 0 \\ & \ddots & & & & & & \\ & & \lambda_1 & & & & & \\ & & & \lambda_2 & & & & \\ & & & & \ddots & & & \\ & & & & & \lambda_2 & & \\ & & & & & & \ddots & \\ & & & & & & & \lambda_s \\ 0 & & & & & & & \ddots \\ & & & & & & & & \lambda_s \end{pmatrix}$$

P^{-1} を左からかけて

$$\therefore P^{-1}AP = \begin{pmatrix} \lambda_1 & & & & & & 0 \\ & \ddots & {\scriptstyle n_1} & & & & \\ & & \lambda_1 & & & & \\ & & & \lambda_2 & {\scriptstyle n_2} & & \\ & & & & \ddots & & \\ & & & & & \lambda_2 & \\ & & & & & \ddots & \\ & & & & & & \lambda_s & {\scriptstyle n_s} \\ & & & & & & & \ddots \\ 0 & & & & & & & & \lambda_s \end{pmatrix} \text{ となる}$$

例題 5.7 次の行列は対角化可能か調べよ．対角化可能ならば適当な正則行列 P を求めて A を対角化せよ．

(1) $A = \begin{pmatrix} 3 & 1 \\ -1 & 1 \end{pmatrix}$ (2) $A = \begin{pmatrix} 1 & 0 & 0 \\ 0 & 1 & 0 \\ -2 & -1 & 4 \end{pmatrix}$

解答 (1) A の固有多項式 $f_A(\lambda)$ は，

$$f_A(\lambda) = \begin{vmatrix} 3-\lambda & 1 \\ -1 & 1-\lambda \end{vmatrix} = (3-\lambda)(1-\lambda) - (-1) \times 1$$
$$= \lambda^2 - 4\lambda + 4.$$

固有値は，$f_A(\lambda) = 0$ より，$(\lambda - 2)^2 = 0$ よって，$\lambda = 2$(重解より重複度 2) そこで，$\lambda = 2$ における固有ベクトルは

$$\begin{pmatrix} 3 & 1 \\ -1 & 1 \end{pmatrix} \begin{pmatrix} x_1 \\ x_2 \end{pmatrix} = 2 \begin{pmatrix} x_1 \\ x_2 \end{pmatrix} \Leftrightarrow x_1 + x_2 = 0$$

未知数 2，方程式 1，よって自由度 1．そこで，$x_2 = t$ とすると，$x_1 = -t$

$$\therefore \begin{pmatrix} x_1 \\ x_2 \end{pmatrix} = \begin{pmatrix} -t \\ t \end{pmatrix} = t \begin{pmatrix} -1 \\ 1 \end{pmatrix} \quad (t \neq 0)$$

よって，$\lambda = 2$ における W_2 は

$$\begin{pmatrix} -1 \\ 1 \end{pmatrix} \neq \begin{pmatrix} 0 \\ 0 \end{pmatrix}$$

で生成されていて，1 次独立である (3.1 節 8 と 9 を参照).

よって，$\dim W_2 = 1$．これは $\lambda = 2$ の重複度 2 と異なるから，よって対角化不可能である．

(2) A の固有値は

$$f_A(\lambda) = \begin{vmatrix} 1-\lambda & 0 & 0 \\ 0 & 1-\lambda & 0 \\ -2 & -1 & 4-\lambda \end{vmatrix} = (1-\lambda)^2(4-\lambda) = 0$$

から，$\lambda = 1$ (2 重解)，$\lambda = 4$ (1 重解)

$\lambda = 1$ における固有ベクトルは

$$\begin{pmatrix} 1 & 0 & 0 \\ 0 & 1 & 0 \\ -2 & -1 & 4 \end{pmatrix} \begin{pmatrix} x_1 \\ x_2 \\ x_3 \end{pmatrix} = 1 \begin{pmatrix} x_1 \\ x_2 \\ x_3 \end{pmatrix} \text{ から,}$$

$$-2x_1 - x_2 + 4x_3 = x_3$$
$$\therefore 2x_1 + x_2 - 3x_3 = 0$$

未知数 3，方程式 1，自由度 2．そこで $x_1 = t_1, x_3 = t_2$ とすると

$$x_2 = -2t_1 + 3t_2$$

$$\therefore \begin{pmatrix} x_1 \\ x_2 \\ x_3 \end{pmatrix} = \begin{pmatrix} t_1 \\ -2t_1 + 3t_2 \\ t_2 \end{pmatrix} = t_1 \begin{pmatrix} 1 \\ -2 \\ 0 \end{pmatrix} + t_2 \begin{pmatrix} 0 \\ 3 \\ 1 \end{pmatrix} \quad (t_1 \neq 0 \text{ または } t_2 \neq 0)$$

よって，$\lambda = 1$ の固有空間 W_1 は

$$\begin{pmatrix} 1 \\ -2 \\ 0 \end{pmatrix}, \begin{pmatrix} 0 \\ 3 \\ 1 \end{pmatrix}$$

で生成されていて，1 次独立である．なぜなら

$$\alpha \begin{pmatrix} 1 \\ -2 \\ 0 \end{pmatrix} + \beta \begin{pmatrix} 0 \\ 3 \\ 1 \end{pmatrix} = \begin{pmatrix} 0 \\ 0 \\ 0 \end{pmatrix}$$

$$\therefore \alpha = \beta = 0$$

よって，$\dim W_1 = 2$ (これは $\lambda = 1$ の重複度 2 に一致)．また，$\lambda = 4$ のときの固有ベクトルは，

$$\begin{pmatrix} 1 & 0 & 0 \\ 0 & 1 & 0 \\ -2 & -1 & 4 \end{pmatrix} \begin{pmatrix} x_1 \\ x_2 \\ x_3 \end{pmatrix} = 4 \begin{pmatrix} x_1 \\ x_2 \\ x_3 \end{pmatrix} \text{ から，}$$

$$\begin{cases} x_1 = 4x_1 \\ x_2 = 4x_2 \\ -2x_1 - x_2 + 4x_3 = 4x_3 \end{cases} \Leftrightarrow \begin{cases} x_1 = 0 \\ x_2 = 0 \\ x_3 : \text{任意} \end{cases}$$

$x_3 = s$ とすると

$$\therefore \begin{pmatrix} x_1 \\ x_2 \\ x_3 \end{pmatrix} = \begin{pmatrix} 0 \\ 0 \\ s \end{pmatrix} = s \begin{pmatrix} 0 \\ 0 \\ 1 \end{pmatrix} \quad (s \neq 0)$$

これは $\lambda = 4$ の固有空間 W_4 が

$$\begin{pmatrix} 0 \\ 0 \\ 1 \end{pmatrix} \neq \begin{pmatrix} 0 \\ 0 \\ 0 \end{pmatrix}$$

で生成されていて，1 次独立である．

$$\therefore \quad \dim W_4 = 1 \text{ (これは } \lambda = 4 \text{ の重複度 1 と一致する)}.$$

よって，この行列 A はすべての固有値に対する固有方程式の重複度がその固有空間の次元に等しいから，定理により対角化可能である．

そこで，定理 5.6 の対角化するための正則行列のつくり方から

$$P = \begin{pmatrix} 1 & 0 & 0 \\ -2 & 3 & 0 \\ 0 & 1 & 1 \end{pmatrix} \text{とすると } P^{-1}AP = \begin{pmatrix} ① & ② & ③ \\ 1 & 0 & 0 \\ 0 & 1 & 0 \\ 0 & 0 & 4 \end{pmatrix} \text{となる.}$$

①↑ $\lambda=1$ の固有ベクトル ②↑ $\lambda=1$ の固有ベクトル ③↑ $\lambda=4$ の固有ベクトル

ここは1次独立な固有ベクトル

注意 1 P の1列目と2列目が $\lambda=1$ の固有ベクトル, 3列目が $\lambda=4$ の固有ベクトルより, $P^{-1}AP$ の1列目と2列目の対角成分は 1, 3列目の対角成分は 4 がくる.

注意 2 対角化するための正則行列として, たとえば

$$P = \begin{pmatrix} 0 & 1 & 0 \\ 0 & -2 & 3 \\ 1 & 0 & 1 \end{pmatrix}$$

とつくってもよい. その場合

$$P^{-1}AP = \begin{pmatrix} 4 & 0 & 0 \\ 0 & 1 & 0 \\ 0 & 0 & 1 \end{pmatrix}$$

となる.

[問題 5] 次の行列 (1)〜(4) は対角化可能か調べ, 可能ならば対角化せよ.

(1) $\begin{pmatrix} 1 & 1 \\ 0 & 1 \end{pmatrix}$ (2) $\begin{pmatrix} 3 & 0 \\ 9 & 0 \end{pmatrix}$ (3) $\begin{pmatrix} 1 & 2 & 1 \\ 0 & 1 & 0 \\ 3 & -2 & 0 \end{pmatrix}$ (4) $\begin{pmatrix} -2 & 1 & 2 \\ -3 & 2 & 2 \\ -2 & 2 & 1 \end{pmatrix}$

[問題 6] 次の行列 (1), (2) が適当な正則行列で対角化可能であるための条件を求めよ.

(1) $\begin{pmatrix} a & b \\ 0 & 2 \end{pmatrix}$ (2) $\begin{pmatrix} a & 0 & 0 \\ 0 & a & 1 \\ 0 & 0 & b \end{pmatrix}$

次に, 特に A が実対称行列 (1.3 節の 1 を参照) の場合の対角化を考える. まず次の 2 つの定理が成り立つ.

定理 5.7 実対称行列 A の固有値はすべて実数であり, その固有ベクトルとして実数を成分とする実ベクトルがとれる.

定理 5.8 実対称行列の異なる固有値に対する固有ベクトルは互いに直交する. また実対称行列の対角化については, 次の定理が成り立つ.

定理 5.9 実対称行列 A は適当な直交行列 T (1.3 節の 3 を参照) で対角化可能である．すなわち A の固有値を λ_1 (重複度 n_1)，λ_2 (重複度 n_2)，$\cdots$，λ_s (重複度 n_s) とすると

$$T^{-1}AT = {}^tTAT = \begin{pmatrix} \lambda_1 & & & & & & 0 \\ & \ddots & & & & & \\ & & \lambda_1 & & & & \\ & & & \lambda_2 & & & \\ & & & & \ddots & & \\ & & & & & \lambda_2 & \\ & & & & & & \ddots \\ & & & & & & & \lambda_s \\ 0 & & & & & & & & \ddots \\ & & & & & & & & & \lambda_s \end{pmatrix}$$

（λ_1 が n_1 個，λ_2 が n_2 個，λ_s が n_s 個）となる．

ここで，T は次のようにつくる．T は定理 3.8 を用いて，T の列ベクトルに正規直交基底をもってくればよい．

そこで，まず A の固有値を定理 5.6 のように，

$$f_A(\lambda) = (-1)^n(\lambda - \lambda_1)^{n_1}(\lambda - \lambda_2)^{n_2} \cdots (\lambda - \lambda_s)^{n_s} = 0$$

として，λ_1(重複度 n_1), λ_2(重複度 n_2), $\cdots$, のように求める．次に，定理 5.6 の正則行列 P のつくり方と同様に，それぞれの固有空間 W_{λ_1} の基底，W_{λ_2} の基底，$\cdots W_{\lambda_s}$ の基底を求め，

$$\underbrace{\boldsymbol{a}_{11}, \boldsymbol{a}_{12}, \cdots, \boldsymbol{a}_{1n_1}}_{W_{\lambda_1}\text{の固有ベクトル}}, \underbrace{\boldsymbol{a}_{21}, \boldsymbol{a}_{22}, \cdots, \boldsymbol{a}_{2n_2}}_{W_{\lambda_2}\text{の固有ベクトル}}, \cdots \underbrace{\boldsymbol{a}_{s1}, \boldsymbol{a}_{s2}, \cdots, \boldsymbol{a}_{sn_s}}_{W_{\lambda_s}\text{の固有ベクトル}}$$

とし，正則行列 P を列ベクトルとして求めた．しかしこれらのベクトルは 1 次独立であるが，大きさが 1 で直交しているとは限らない．

そこで，直交行列 T としての正則行列を求めなければならない．まず，W_{λ_1} 内における 1 次独立なベクトル $\boldsymbol{a}_{11}, \boldsymbol{a}_{12}, \cdots, \boldsymbol{a}_{1n_1}$ からシュミットの直交化法 (定理 3.8) より，正規直交系 $\boldsymbol{e}_{11}, \boldsymbol{e}_{12}, \cdots, \boldsymbol{e}_{1n_1} \in W_{\lambda_1}$ をつくる．

これらのベクトルは W_{λ_1} のベクトルだから W_{λ_2} のベクトルと垂直 (定理 5.8)．

同様に W_{λ_2} についても，正規直交系 $\boldsymbol{e}_{21}, \boldsymbol{e}_{22}, \cdots, \boldsymbol{e}_{2n_2}$ をつくれば，$\boldsymbol{e}_{11}, \boldsymbol{e}_{12}, \cdots, \boldsymbol{e}_{1n_1}, \boldsymbol{e}_{21}, \boldsymbol{e}_{22}, \cdots, \boldsymbol{e}_{2n_2}$ は正規直交系をなしている

それを W_{λ_s} まで続けることで n 個の正規直交系が得られ，行列 T として，それらを列ベクトルとして

$$T = (\underbrace{\boldsymbol{e}_{11}, \boldsymbol{e}_{12}, \cdots, \boldsymbol{e}_{1n_1}}_{W_{\lambda_1}}, \underbrace{\boldsymbol{e}_{21}, \boldsymbol{e}_{22}, \cdots, \boldsymbol{e}_{2n_2}}_{W_{\lambda_2}}, \cdots, \underbrace{\boldsymbol{e}_{s1}, \boldsymbol{e}_{s2}, \cdots, \boldsymbol{e}_{sn_s}}_{W_{\lambda_s}})$$

をつくれば T は直交行列で ${}^tT = T^{-1}$．

$$AT = A(\boldsymbol{e}_{11}, \boldsymbol{e}_{12}, \cdots, \boldsymbol{e}_{1n_1}, \boldsymbol{e}_{21}, \boldsymbol{e}_{22}, \cdots, \boldsymbol{e}_{2n_2}, \cdots, \boldsymbol{e}_{s1}, \boldsymbol{e}_{s2}, \cdots, \boldsymbol{e}_{sn_s})$$
$$= (A\boldsymbol{e}_{11}, A\boldsymbol{e}_{12}, \cdots, A\boldsymbol{e}_{1n_1}, A\boldsymbol{e}_{21}, A\boldsymbol{e}_{22}, \cdots, A\boldsymbol{e}_{2n_2}, \cdots, A\boldsymbol{e}_{s1}, A\boldsymbol{e}_{s2}, \cdots, A\boldsymbol{e}_{sn_s})$$
$$= (\lambda_1 \boldsymbol{e}_{11}, \lambda_1 \boldsymbol{e}_{12}, \cdots, \lambda_1 \boldsymbol{e}_{1n_1}, \lambda_2 \boldsymbol{e}_{21}, \lambda_2 \boldsymbol{e}_{22}, \cdots, \lambda_2 \boldsymbol{e}_{2n_2}, \cdots, \lambda_s \boldsymbol{e}_{s1}, \lambda_s \boldsymbol{e}_{s2}, \cdots, \lambda_s \boldsymbol{e}_{sn_s})$$

$$\therefore AT = T \begin{pmatrix} \left.\begin{matrix} \lambda_1 & & \\ & \ddots & \\ & & \lambda_1 \end{matrix}\right\}n_1 & & & 0 \\ & \left.\begin{matrix} \lambda_2 & & \\ & \ddots & \\ & & \lambda_2 \end{matrix}\right\}n_2 & & \\ & & \ddots & \\ 0 & & & \left.\begin{matrix} \lambda_s & & \\ & \ddots & \\ & & \lambda_s \end{matrix}\right\}n_s \end{pmatrix}$$

左から T^{-1} をかけて

$$T^{-1}AT = {}^tTAT = \begin{pmatrix} \left.\begin{matrix} \lambda_1 & & \\ & \ddots & \\ & & \lambda_1 \end{matrix}\right\}n_1 & & & 0 \\ & \left.\begin{matrix} \lambda_2 & & \\ & \ddots & \\ & & \lambda_2 \end{matrix}\right\}n_2 & & \\ & & \ddots & \\ 0 & & & \left.\begin{matrix} \lambda_s & & \\ & \ddots & \\ & & \lambda_s \end{matrix}\right\}n_s \end{pmatrix}$$

となる．

例題 5.8 次の実対称行列 A を直交行列 T によって対角化せよ．

$$A = \begin{pmatrix} 0 & 1 & 1 \\ 1 & 0 & 1 \\ 1 & 1 & 0 \end{pmatrix}$$

解答 A の固有値は

$$f_A(\lambda) = \begin{vmatrix} 0-\lambda & 1 & 1 \\ 1 & 0-\lambda & 1 \\ 1 & 1 & 0-\lambda \end{vmatrix}$$
$$= (-\lambda)^3 + 1 \times 1 \times 1 + 1 \times 1 \times 1 - 1 \times (-\lambda) \times 1 - 1 \times (-\lambda) - (-\lambda) \times 1 \times 1$$
$$= -\lambda^3 + 3\lambda + 2.$$

$f_A(-1) = -(-1)^3 + 3 \times (-1) + 2 = 0$ から,高校で学んだ因数定理を使って,$f_A(\lambda)$ は $\lambda - (-1) = \lambda + 1$ で割り切れる.

$$
\begin{array}{r}
-\lambda^2 + \lambda + 2 \\
\lambda + 1 \overline{\smash{\big)}\, -\lambda^3 + 3\lambda + 2} \\
\underline{-\lambda^3 - \lambda^2 } \\
\lambda^2 + 3\lambda + 2 \\
\underline{\lambda^2 + \lambda } \\
2\lambda + 2 \\
\underline{2\lambda + 2} \\
0
\end{array}
$$

$\therefore\ f_A(\lambda) = (\lambda+1)(-\lambda^2+\lambda+2) = -(\lambda+1)(\lambda^2-\lambda-2) = -(\lambda+1)^2(\lambda-2)$

$\therefore\ f_A(\lambda) = -(\lambda+1)^2(\lambda-2) = 0$

$\therefore\ \lambda = 2,\ \lambda = -1$(重解).

$\lambda = 2$ のときの固有ベクトルは

$$\begin{pmatrix} 0 & 1 & 1 \\ 1 & 0 & 1 \\ 1 & 1 & 0 \end{pmatrix} \begin{pmatrix} x_1 \\ x_2 \\ x_3 \end{pmatrix} = 2 \begin{pmatrix} x_1 \\ x_2 \\ x_3 \end{pmatrix}$$ から,

$$\begin{cases} x_2 + x_3 = 2x_1 \\ x_1 + x_3 = 2x_2 \\ x_1 + x_2 = 2x_3 \end{cases} \Leftrightarrow \begin{cases} -2x_1 + x_2 + x_3 = 0 & (\text{i}) \\ x_1 - 2x_2 + x_3 = 0 & (\text{ii}) \\ x_1 + x_2 - 2x_3 = 0 & (\text{iii}) \end{cases}$$

(ii)から(iii)を引くと,$-3x_2 + 3x_3 = 0$

$\therefore\ x_2 = x_3$

これを(i)に代入して $x_1 = x_3$

$\therefore\ \begin{cases} x_1 = x_2 \\ x_2 = x_3 \end{cases}$ 式2,未知数3から自由度1

よって,$x_3 = s$ とすると,$x_1 = x_2 = s$

$$\therefore\ \begin{pmatrix} x_1 \\ x_2 \\ x_3 \end{pmatrix} = \begin{pmatrix} s \\ s \\ s \end{pmatrix} = s \begin{pmatrix} 1 \\ 1 \\ 1 \end{pmatrix} \quad (s \neq 0)$$

よって,$\lambda = 2$ の固有空間は,生成するベクトルとその1次独立性より,次のように表すことができる.

$$W_2 = \left\{ \begin{pmatrix} 1 \\ 1 \\ 1 \end{pmatrix} \right\}.$$

そこで、この固有空間 W_2 の基底からシュミットの直交化法で正規直交系をつくる．しかしこの場合 W_2 の基底は 1 つだけだから，

$$e_1 = \frac{1}{\sqrt{1^2+1^2+1^2}} \begin{pmatrix} 1 \\ 1 \\ 1 \end{pmatrix} = \frac{1}{\sqrt{3}} \begin{pmatrix} 1 \\ 1 \\ 1 \end{pmatrix} = \begin{pmatrix} \frac{1}{\sqrt{3}} \\ \frac{1}{\sqrt{3}} \\ \frac{1}{\sqrt{3}} \end{pmatrix}.$$

次に，$\lambda = -1$ における固有ベクトルは

$$\begin{pmatrix} 0 & 1 & 1 \\ 1 & 0 & 1 \\ 1 & 1 & 0 \end{pmatrix} \begin{pmatrix} x_1 \\ x_2 \\ x_3 \end{pmatrix} = (-1) \begin{pmatrix} x_1 \\ x_2 \\ x_3 \end{pmatrix} \text{ から,}$$

$$\begin{cases} x_2 + x_3 = -x_1 \\ x_1 + x_3 = -x_2 \\ x_1 + x_2 = -x_3 \end{cases} \Leftrightarrow x_1 + x_2 + x_3 = 0 \text{ (未知数 3, 式 1, 自由度 2)}$$

∴ $x_2 = t_1$, $x_3 = t_2$

とすると $x_1 = -t_1 - t_2$

$$\therefore \begin{pmatrix} x_1 \\ x_2 \\ x_3 \end{pmatrix} = \begin{pmatrix} -t_1 - t_2 \\ t_1 \\ t_2 \end{pmatrix} = t_1 \begin{pmatrix} -1 \\ 1 \\ 0 \end{pmatrix} + t_2 \begin{pmatrix} -1 \\ 0 \\ 1 \end{pmatrix} \quad (t_1 \neq 0 \text{ または } t_2 \neq 0)$$

よって，$\lambda = -1$ における固有空間は，生成するベクトルとその 1 次独立性より，次のようになる．

$$W_{-1} = \left\{ \begin{pmatrix} -1 \\ 1 \\ 0 \end{pmatrix}, \begin{pmatrix} -1 \\ 0 \\ 1 \end{pmatrix} \right\} \text{ となり,}$$

W_{-1} の基底は $\begin{pmatrix} -1 \\ 1 \\ 0 \end{pmatrix}, \begin{pmatrix} -1 \\ 0 \\ 1 \end{pmatrix}$ である．

この W_{-1} の基底から，シュミットの直交化法によって (定理 3.8)，

$$e_1' = \frac{1}{\sqrt{(-1)^2+1^2+0^2}} \begin{pmatrix} -1 \\ 1 \\ 0 \end{pmatrix} = \frac{1}{\sqrt{2}} \begin{pmatrix} -1 \\ 1 \\ 0 \end{pmatrix} = \begin{pmatrix} -\frac{1}{\sqrt{2}} \\ \frac{1}{\sqrt{2}} \\ 0 \end{pmatrix}$$

次にこの e_1' を使って，

$$e_2' = \frac{\begin{pmatrix} -1 \\ 0 \\ 1 \end{pmatrix} - \left(\begin{pmatrix} -1 \\ 0 \\ 1 \end{pmatrix}, e_1' \right) e_1'}{\left\| \begin{pmatrix} -1 \\ 0 \\ 1 \end{pmatrix} - \left(\begin{pmatrix} -1 \\ 0 \\ 1 \end{pmatrix}, e_1' \right) e_1' \right\|}$$

$$= \frac{\begin{pmatrix} -1 \\ 0 \\ 1 \end{pmatrix} - \left((-1) \times \left(-\frac{1}{\sqrt{2}} \right) + 0 \times \frac{1}{\sqrt{2}} + 1 \times 0 \right) \begin{pmatrix} -\frac{1}{\sqrt{2}} \\ \frac{1}{\sqrt{2}} \\ 0 \end{pmatrix}}{\left\| \begin{pmatrix} -1 \\ 0 \\ 1 \end{pmatrix} - \left((-1) \times \left(-\frac{1}{\sqrt{2}} \right) + 0 \times \frac{1}{\sqrt{2}} + 1 \times 0 \right) \begin{pmatrix} -\frac{1}{\sqrt{2}} \\ \frac{1}{\sqrt{2}} \\ 0 \end{pmatrix} \right\|}$$

$$= \begin{pmatrix} -\frac{1}{\sqrt{6}} \\ -\frac{1}{\sqrt{6}} \\ \frac{2}{\sqrt{6}} \end{pmatrix} \text{ より}$$

よって,$T = (e_1, e_1', e_2')$ とすればよいから

$$T = \begin{pmatrix} \frac{1}{\sqrt{3}} & -\frac{1}{\sqrt{2}} & -\frac{1}{\sqrt{6}} \\ \frac{1}{\sqrt{3}} & \frac{1}{\sqrt{2}} & -\frac{1}{\sqrt{6}} \\ \frac{1}{\sqrt{3}} & 0 & \frac{2}{\sqrt{6}} \end{pmatrix}$$

$$\therefore {}^t T A T = T^{-1} A T = \begin{pmatrix} 2 & 0 & 0 \\ 0 & -1 & 0 \\ 0 & 0 & -1 \end{pmatrix} \text{ となる.} \quad \blacksquare$$

[問題 7] 次の対称行列を直交行列によって対角化せよ.

(1) $\begin{pmatrix} 2 & -1 \\ -1 & 2 \end{pmatrix}$ (2) $\begin{pmatrix} 0 & 2 & 2 \\ 2 & 0 & 2 \\ 2 & 2 & 0 \end{pmatrix}$

[問題 8] 次の対称行列を対角化する直交行列を求めよ.

$$\begin{pmatrix} 1 & -1 & 0 & -1 \\ -1 & 1 & -1 & 0 \\ 0 & -1 & 1 & -1 \\ -1 & 0 & -1 & 1 \end{pmatrix}$$

5.4 2次形式

1　2次形式

n 個の変数 $x_1, x_2, \cdots, x_n$ に対して次の形の 2 次式を **2次形式**という．すなわち

$$\sum_{i=1}^{n} a_{ii} x_i^2 + 2 \sum_{i<j} a_{ij} x_i x_j \tag{5.5}$$

たとえば 2 個の変数 x_1, x_2 の場合は，

$$\sum_{i=1}^{2} a_{ii} x_i^2 + 2 \sum_{i<j} a_{ij} x_i x_j = a_{11} x_1^2 + a_{22} x_2^2 + 2 a_{12} x_1 x_2$$

である．$i > j$ のとき $a_{ij} = a_{ji}$ として

$$A = [a_{ij}], \qquad \boldsymbol{x} = \begin{pmatrix} x_1 \\ x_2 \\ \vdots \\ x_n \end{pmatrix}$$

とすれば，式 (5.5) を行列を用いて書くことができ，式 (5.5) は，

$$\sum_{i,j=1}^{n} a_{ij} x_i x_j = (x_1\ x_2\ \cdots\ x_n) \begin{pmatrix} a_{11} & a_{12} & \cdots & a_{1n} \\ a_{21} & a_{22} & \cdots & a_{2n} \\ \vdots & \vdots & & \vdots \\ a_{n1} & a_{n2} & \cdots & a_{nn} \end{pmatrix} \begin{pmatrix} x_1 \\ x_2 \\ \vdots \\ x_n \end{pmatrix} = {}^t \boldsymbol{x} A \boldsymbol{x}$$

と書ける．ここで ${}^t\boldsymbol{x}$ は $\boldsymbol{x}$ の転置行列 (1.2 節の 5 を参照) $a_{ij} = a_{ji}$ から，A は対称行列である (1.3 節の 1 を参照)．

これを $f(\boldsymbol{x}, \boldsymbol{x})$ と書く．a_{ij} がすべて実数のとき，$f(\boldsymbol{x}, \boldsymbol{x}) = {}^t\boldsymbol{x} A \boldsymbol{x}$ を**実 2 次形式**という．**実対称行列** A を $f(\boldsymbol{x}, \boldsymbol{x})$ の**行列**という．また，$\mathrm{rank}\, A$ を $f(\boldsymbol{x}, \boldsymbol{x})$ の**階数**という．

つくり方から，$f(\boldsymbol{x}, \boldsymbol{x}) \leftrightarrow A$ であるような 1 対 1 の対応をする．

たとえば，$f(\boldsymbol{x}, \boldsymbol{x}) = a_{11} x_1^2 + a_{22} x_2^2 + a_{33} x_3^2 + 2 a_{12} x_1 x_2 + 2 a_{13} x_1 x_3 + 2 a_{23} x_2 x_3$ は，

$$(x_1,\ x_2,\ x_3)\begin{pmatrix} a_{11} & a_{12} & a_{13} \\ a_{21} & a_{22} & a_{23} \\ a_{31} & a_{32} & a_{33} \end{pmatrix}\begin{pmatrix} x_1 \\ x_2 \\ x_3 \end{pmatrix},\ (a_{ij}=a_{ji}) \tag{5.6}$$

となる．そして

$$f(\boldsymbol{x},\boldsymbol{x}) \leftrightarrow \begin{pmatrix} a_{11} & a_{12} & a_{13} \\ a_{21} & a_{22} & a_{23} \\ a_{31} & a_{32} & a_{33} \end{pmatrix}$$

この 2 次形式について，次の定理が成り立つ．

定理 5.10 実 2 次形式 $f(\boldsymbol{x},\boldsymbol{x}) = {}^t\boldsymbol{x}A\boldsymbol{x}$ は適当な直交行列 T による変換

$$\boldsymbol{x}=T\boldsymbol{y},\quad \boldsymbol{y}=\begin{pmatrix} y_1 \\ y_2 \\ \vdots \\ y_n \end{pmatrix} (これを\textbf{直交変換}という)を行うと,$$

$$f(\boldsymbol{x},\boldsymbol{x}) = {}^t\boldsymbol{x}A\boldsymbol{x} = {}^t(T\boldsymbol{y})AT\boldsymbol{y} = {}^t\boldsymbol{y}\,{}^tTAT\boldsymbol{y}$$
$$= \lambda_1 y_1^2 + \lambda_1 y_2^2 + \cdots + \lambda_1 y_{n_1}^2 + \lambda_2 y_{n_1+1}^2 + \cdots + \lambda_2 y_{n_1+n_2}^2 + \cdots$$
$$+ \lambda_s y_{n_1+n_2+\cdots+n_{s-1}+1}^2 + \cdots + \lambda_s y_{n_1+n_2+\cdots+n_s}^2$$

とすることができる．ここで $\lambda_1,\lambda_2,\cdots,\lambda_s$ は A の固有値であり，したがって，実数 (A は対称行列．定理 5.7 参照)．この変換された式を**実 2 次形式 $f(\boldsymbol{x},\boldsymbol{x})$ の標準形**という．

[証明] 対称行列 A を対角化するために適当な直交行列 T として，定理 5.9 における直交行列をとれば，この T によって次のようになる．

$${}^tTAT = T^{-1}AT = \begin{pmatrix} \lambda_1 & & & & & & 0 \\ & \ddots & & & & & \\ & & \lambda_1 & & & & \\ & & & \lambda_2 & & & \\ & & & & \ddots & & \\ & & & & & \lambda_2 & \\ & & & & & & \ddots \\ & & & & & & \lambda_s \\ 0 & & & & & & \ddots \\ & & & & & & \lambda_s \end{pmatrix}\begin{matrix}\}n_1 \\ \\ \}n_2 \\ \\ \}n_s\end{matrix}$$

$$\therefore\ f(\boldsymbol{x},\boldsymbol{x}) = {}^t\boldsymbol{x}A\boldsymbol{x} = {}^t\boldsymbol{y}\,{}^tTAT\boldsymbol{y}$$

$$= (y_1 \ y_2 \ \cdots \ y_n) \begin{pmatrix} \lambda_1 & & & & & & 0 \\ & \ddots & n_1 & & & & \\ & & \lambda_1 & & & & \\ & & & \lambda_2 & & & \\ & & & & \ddots & n_2 & \\ & & & & & \lambda_2 & \\ & & & & & & \ddots \\ & & & & & & & \lambda_s \\ & & & & & & & \ddots & n_s \\ 0 & & & & & & & & \lambda_s \end{pmatrix} \begin{pmatrix} y_1 \\ y_2 \\ \\ y_n \end{pmatrix}$$

$$= \lambda_1 y_1^2 + \lambda_1 y_2^2 + \cdots + \lambda_1 y_{n_1}^2 + \lambda_2 y_{n_1+1}^2 + \cdots + \lambda_2 y_{n_1+n_2}^2 + \cdots$$
$$+ \lambda_s y_{n_1+n_2+\cdots+n_{s-1}+1}^2 + \cdots + \lambda_s y_{n_1+n_2+\cdots+n_s}^2$$

となるからである.

例題 5.9 $f(\boldsymbol{x},\boldsymbol{x}) = 2x_1x_2 + 2x_1x_3 + 2x_2x_3$ を直交変換によって標準形に直せ.

解答 式 (5.6) から,$a_{11} = a_{22} = a_{33} = 0$,$a_{12} = a_{21} = a_{13} = a_{31} = a_{23} = a_{32} = 1$ より

$$f(\boldsymbol{x},\boldsymbol{x}) = {}^t\boldsymbol{x}A\boldsymbol{x} = (x_1 \ x_2 \ x_3) \begin{pmatrix} 0 & 1 & 1 \\ 1 & 0 & 1 \\ 1 & 1 & 0 \end{pmatrix} \begin{pmatrix} x_1 \\ x_2 \\ x_3 \end{pmatrix} \quad \text{となる.}$$

例題 5.8 から $A = \begin{pmatrix} 0 & 1 & 1 \\ 1 & 0 & 1 \\ 1 & 1 & 0 \end{pmatrix}$ の固有値は,$\lambda = 2, \lambda = -1$ (重複度 2) であり,W_2, W_{-1} の正規直交系の基底はそれぞれ

$$\boldsymbol{e_1} = \begin{pmatrix} \frac{1}{\sqrt{3}} \\ \frac{1}{\sqrt{3}} \\ \frac{1}{\sqrt{3}} \end{pmatrix}, \underbrace{\boldsymbol{e'_1} = \begin{pmatrix} -\frac{1}{\sqrt{2}} \\ \frac{1}{\sqrt{2}} \\ 0 \end{pmatrix}, \boldsymbol{e'_2} = \begin{pmatrix} -\frac{1}{\sqrt{6}} \\ -\frac{1}{\sqrt{6}} \\ \frac{2}{\sqrt{6}} \end{pmatrix}}_{W_{-1}}$$
$\underbrace{}_{W_2}$

であった.さらにこの $\boldsymbol{e_1}, \boldsymbol{e'_1}, \boldsymbol{e'_2}$ から直交行列 T を $T = (\boldsymbol{e_1}, \boldsymbol{e'_1}, \boldsymbol{e'_2})$ としてつくると

$${}^tTAT = T^{-1}AT = \begin{pmatrix} 2 & 0 & 0 \\ 0 & -1 & 0 \\ 0 & 0 & -1 \end{pmatrix}$$

となった (例題 5.8 参照).

そこで,この T を用いて $\boldsymbol{x} = T\boldsymbol{y}$ とすれば

$$f(\boldsymbol{x},\boldsymbol{x}) = {}^t\boldsymbol{x}A\boldsymbol{x} = {}^t(T\boldsymbol{y})AT\boldsymbol{y} = {}^t\boldsymbol{y}\,{}^tTAT\boldsymbol{y}$$

$$= {}^t\boldsymbol{y} \begin{pmatrix} 2 & 0 & 0 \\ 0 & -1 & 0 \\ 0 & 0 & -1 \end{pmatrix} \boldsymbol{y} = (y_1\ y_2\ y_3) \begin{pmatrix} 2 & 0 & 0 \\ 0 & -1 & 0 \\ 0 & 0 & -1 \end{pmatrix} \begin{pmatrix} y_1 \\ y_2 \\ y_3 \end{pmatrix}$$

$$= 2y_1^2 - y_2^2 - y_3^2$$

となる. ∎

[問題 9] 次の 2 次形式 $f(x,y)$ を直交変換によって標準形に直せ.

$$f(x,y) = x^2 + 4xy - 2y^2$$

[問題 10] 次の 2 次形式 $f(x,y,z)$ を直交変換によって標準形に直せ.

$$f(x,y,z) = 3x^2 + 2y^2 + 4z^2 + 4xy + 4xz$$

2 正値 2 次形式

実 2 次形式 $f(\boldsymbol{x},\boldsymbol{x}) = {}^t\boldsymbol{x}A\boldsymbol{x}$ で, 任意の実ベクトル $\boldsymbol{x} \neq \boldsymbol{0}$ に対して $f(\boldsymbol{x},\boldsymbol{x}) > 0$ が成り立つとき, $f(\boldsymbol{x},\boldsymbol{x})$ は**正値**であるといい, この 2 次形式を**正値 2 次形式**という.

また, 任意のベクトル $\boldsymbol{x}$ に対して, $f(\boldsymbol{x},\boldsymbol{x}) \geqq 0$ であるとき**非負**という. 同様に任意の実ベクトル $\boldsymbol{x} \neq \boldsymbol{0}$ に対して $f(\boldsymbol{x},\boldsymbol{x}) < 0$ が成り立つとき, $f(\boldsymbol{x},\boldsymbol{x})$ は**負値**であるという.

また, 任意のベクトル $\boldsymbol{x}$ に対して $f(\boldsymbol{x},\boldsymbol{x}) \leqq 0$ であるとき**非正**という. このとき, 次の定理が成り立つ.

定理 5.11 実 2 次形式 $f(\boldsymbol{x},\boldsymbol{x}) = {}^t\boldsymbol{x}A\boldsymbol{x}$ が正値 (負値) であるための必要十分条件は, すべての固有値が正 (負) であることであり, 非負 (非正) であるための必要十分条件は, すべての固有値が非負 (非正) であることである.

[証明] $f(\boldsymbol{x},\boldsymbol{x})$ は適当な直交変換で $\boldsymbol{x} = T\boldsymbol{y}$ により

$$f(\boldsymbol{x},\boldsymbol{x}) = \lambda_1 y_1^2 + \lambda_2 y_2^2 + \cdots + \lambda_n y_n^2$$

の形になるが, 任意の実ベクトル $\boldsymbol{x} \neq \boldsymbol{0}$ をとることは, 任意の実ベクトル $\boldsymbol{y} \neq \boldsymbol{0}$ をとることと同等である (なぜなら T は正則であるから). よって定理が成立する.

さらに, 次の定理が成り立つ.

定理 5.12 実 2 次形式 $f(\boldsymbol{x},\boldsymbol{x})$ が正値, 負値であるための必要十分条件は,

$$f(\boldsymbol{x},\boldsymbol{x}) \leftrightarrow A = \begin{pmatrix} a_{11} & a_{12} & \cdots & a_{1n} \\ a_{21} & a_{22} & \cdots & a_{2n} \\ \vdots & \vdots & & \vdots \\ a_{n1} & a_{n2} & \cdots & a_{nn} \end{pmatrix} \text{のとき,}$$

(a) 正値:

$$a_{11} > 0, \ \begin{vmatrix} a_{11} & a_{12} \\ a_{21} & a_{22} \end{vmatrix} > 0, \ \begin{vmatrix} a_{11} & a_{12} & a_{13} \\ a_{21} & a_{22} & a_{23} \\ a_{31} & a_{32} & a_{33} \end{vmatrix} > 0, \cdots, \ \begin{vmatrix} a_{11} & a_{12} & \cdots & a_{1n} \\ a_{21} & a_{22} & \cdots & a_{2n} \\ \vdots & & & \\ a_{n1} & a_{n2} & \cdots & a_{nn} \end{vmatrix} > 0$$

(b) 負値:

$$a_{11} < 0, \ \begin{vmatrix} a_{11} & a_{12} \\ a_{21} & a_{22} \end{vmatrix} > 0, \ \begin{vmatrix} a_{11} & a_{12} & a_{13} \\ a_{21} & a_{22} & a_{23} \\ a_{31} & a_{32} & a_{33} \end{vmatrix} < 0, \cdots \quad \text{(正負が交互)}$$

注意 非負,非正であるための必要十分条件は,それぞれ上の (a), (b) において等号を加えたものである.

例題 5.10 任意の実数 x, y, z について,$x^2 + y^2 + z^2 + 2a(xy + yz + zx) \geqq 0$ であるように a の値の範囲を定めよ.

解答 左辺は明らかに 2 次形式で,これを行列を用いて表すと

$$\text{左辺} = (x\ y\ z) \begin{pmatrix} 1 & a & a \\ a & 1 & a \\ a & a & 1 \end{pmatrix} \begin{pmatrix} x \\ y \\ z \end{pmatrix}$$

よって,この 2 次形式が非負であるための a の範囲を求めればよいから,定理 5.12 を使って

$$1 > 0, \quad \begin{vmatrix} 1 & a \\ a & 1 \end{vmatrix} = 1 \times 1 - a \times a = 1 - a^2 \geqq 0$$

$$\therefore \ a^2 - 1 \leqq 0 \quad \therefore \ -1 \leqq a \leqq 1 \quad (\text{i})$$

$$\begin{vmatrix} 1 & a & a \\ a & 1 & a \\ a & a & 1 \end{vmatrix} = 1 \times 1 \times 1 + a \times a \times a + a \times a \times a - a \times 1 \times a - a \times a \times 1 - 1 \times a \times a$$

$$= 2a^3 - 3a^2 + 1 \geqq 0$$

$$\therefore \ (a-1)^2 (2a+1) \geqq 0 \quad (\text{ii})$$

(i) と (ii) で,$-\dfrac{1}{2} \leqq a \leqq 1$ ■

[問題 11] 任意の実数 x, y, z について，$2a(x^2+y^2+z^2)+xy+yz+zx > 0$ であるように a の値の範囲を定めよ．

[問題 12] 問題 11 における 2 次形式が負値である a の範囲を求めよ．

3 シルベスターの慣性法則とフロベニウスの定理

実 2 次形式 $f(\boldsymbol{x},\boldsymbol{x})$ は適当な直交変換で $f(\boldsymbol{x},\boldsymbol{x}) = \lambda_1 y_1^2 + \lambda_2 y_2^2 + \cdots + \lambda_n y_n^2$ の形になったが，これをさらに次のように変換することができる．

定理 5.13 実 2 次形式 $f(\boldsymbol{x},\boldsymbol{x})$ は適当に変数の実正則線形変換 $\boldsymbol{x} = Q\boldsymbol{z}$ (Q が実正則行列) を行えば

$$f(\boldsymbol{x},\boldsymbol{x}) = z_1^2 + z_2^2 + \cdots + z_p^2 - z_{p+1}^2 - z_{p+2}^2 - \cdots - z_{p+q}^2$$

となる．また，次の定理も成立する．

定理 5.14 (シルベスターの慣性法則) 実 2 次形式 $f(\boldsymbol{x},\boldsymbol{x})$ が 2 つの実正則変換 $\boldsymbol{x} = Q\boldsymbol{y}$, $\boldsymbol{x} = R\boldsymbol{z}$ によりそれぞれ

$$\begin{aligned} f(\boldsymbol{x},\boldsymbol{x}) &= y_1^2 + \cdots + y_p^2 - y_{p+1}^2 - \cdots - y_{p+q}^2 \\ &= z_1^2 + \cdots + z_{p'}^2 - z_{p'+1}^2 - \cdots - z_{p'+q'}^2 \end{aligned}$$

となったとすれば，$p = p', q = q'$ である．

定理 5.6 で，行列が対角化される条件を学んだが，対角可能でない任意の行列については次の定理がある．

定理 5.15 n 次の正方行列 A は三角行列と相似である．すなわち

$$P^{-1}AP = \begin{pmatrix} \lambda_1 & & * \\ & \ddots & \\ 0 & & \lambda_n \end{pmatrix}$$

ここで，$\lambda_1, \lambda_2, \cdots, \lambda_n$ は A の固有値．

多項式 $g(x) = a_n x^n + a_{n-1} x^{n-1} + \cdots + a_0$ において $g(A) = a_n A^n + a_{n-1} A^{n-1} + \cdots + a_0 E$ であったが，$g(A)$ の固有値について次の定理が成立する．

定理 5.16 (フロベニウスの定理) A の固有値を $\lambda_1, \lambda_2, \cdots \lambda_n$ とするとき，$g(A)$ の固有値は $g(\lambda_1), g(\lambda_2), \cdots, g(\lambda_n)$ となる．

例題 5.11 $A^m = E$ ならば A の固有値はすべて 1 の m 乗根であることを示せ．

解答 $A^m = E$ の式から，いま $f(x) = x^m - 1$ なる関数を考える．条件から $f(A) = A^m - E = O$ である．

しかしフロベニウスの定理から，A の固有値を $\alpha_1, \alpha_2, \cdots, \alpha_n$ とすると，$f(A)$ の固有値は $f(\alpha_1), f(\alpha_2), \cdots, f(\alpha_n)$ であるが，$f(A) = O$ より $f(\alpha_1) = \alpha_1^m - 1, f(\alpha_2) = \alpha_2^m - 1, \cdots, f(\alpha_n) = \alpha_n^m - 1$ は O 行列の固有値でもある．

しかし，O 行列の固有値は，

$$\begin{vmatrix} 0-\lambda & 0 & \cdots & 0 \\ 0 & 0-\lambda & \cdots & \\ \vdots & \vdots & \ddots & \vdots \\ 0 & & \cdots & 0-\lambda \end{vmatrix} = (\lambda)^n = 0$$

$\therefore \lambda = 0$ （すべての固有値が 0 の意味）

すなわち，$f(\alpha_1) = f(\alpha_2) = \cdots = f(\alpha_n) = 0$

$\therefore \alpha_1^m = 1, \alpha_2^m = 1, \cdots, \alpha_n^m = 1$

よって，すべての α_i は $x^m = 1$ の解となっている． ∎

[問題13] **べき零行列**．$A^m = O$ となる行列 A の固有値はすべて 0 であることを示せ．

[問題14] 正方行列が $A^3 = -A$ を満たすとき，A の固有値は $0, i, -i$ であることを示せ．

章末問題 5

5.1 次の行列 A の固有値，各固有値に対する固有ベクトルおよび固有空間の次元を求めよ．

$$A = \begin{pmatrix} -3 & -2 & -2 \\ 2 & 1 & 2 \\ 2 & 2 & 1 \end{pmatrix}$$

5.2 次の行列 A の固有値と固有ベクトルを求めよ．

$$A = \begin{pmatrix} 3 & -i \\ 2i & 1 \end{pmatrix}$$

5.3 ケーリー・ハミルトンの定理を用いて次の行列 A の逆行列を求めよ．

$$A = \begin{pmatrix} 1 & -1 & 2 \\ 2 & 1 & 0 \\ -2 & 3 & -5 \end{pmatrix}$$

5.4 次の行列 A を対角化する行列 P を求めよ．

$$A = \begin{pmatrix} 3 & -5 \\ -3 & 1 \end{pmatrix}$$

5.5 次の行列 A は対角化可能か，可能ならば対角化するための正則行列 P を求めて対角化せよ．
$$A = \begin{pmatrix} 3 & 2 & 4 \\ 2 & 0 & 2 \\ 4 & 2 & 3 \end{pmatrix}$$

5.6 次の行列 A を対角化する行列 P を求めよ．
$$A = \begin{pmatrix} 3 & -2 & -1 \\ 0 & 1 & -1 \\ 2 & 1 & 5 \end{pmatrix}$$

5.7 行列 A が次のように与えられているとき
$$A = \begin{pmatrix} 1 & 1 \\ -2 & 4 \end{pmatrix}$$

(1) 行列 A の n 乗を求めよ．
(2) 次の連立微分方程式を解け．
$$\begin{cases} \dfrac{dx}{dt} = x + y \\ \dfrac{dy}{dt} = -2x + 4y \end{cases}$$

5.8 次の 2 階微分方程式を解け．
$$y'' + 4y' - 5y = 0$$

5.9 2 次曲線 $x^2 - 12xy - 4y^2 = 1$ を標準形に直し，曲線の種類を調べよ．

5.10 任意の実数 x, y, z について，$x^2 + 2ay^2 + z^2 + 4ayz - 2zx + 2axy \geqq 0$ であるような実数 a の値の範囲を求めよ．

5.11 A を 3 次正方行列とする．A の固有値がすべて 0 ならば，$A^3 = O_3$ であることを示せ．

5.12 n 次正方行列 A の固有値がすべて異なるならば，A はべき零行列ではないことを示せ．

演習問題解答

第1章
■問題解答

[問題 1] $A + B = \begin{pmatrix} 3+2 & 1-1 & 9+2 \\ 2+0 & -1+8 & 1+9 \end{pmatrix} = \begin{pmatrix} 5 & 0 & 11 \\ 2 & 7 & 10 \end{pmatrix}$, $5A = \begin{pmatrix} 15 & 5 & 45 \\ 10 & -5 & 5 \end{pmatrix}$,

$2B = \begin{pmatrix} 4 & -2 & 4 \\ 0 & 16 & 18 \end{pmatrix}$, $3A - 4B = \begin{pmatrix} 1 & 7 & 19 \\ 6 & -35 & -33 \end{pmatrix}$

[問題 2] $AB = \begin{pmatrix} 1 & 1 \\ 2 & 1 \\ 1 & -1 \end{pmatrix} \begin{pmatrix} -1 & -1 & 2 \\ 2 & 0 & 1 \end{pmatrix} = \begin{pmatrix} 1 & -1 & 3 \\ 0 & -2 & 5 \\ -3 & -1 & 1 \end{pmatrix}$

$BA = \begin{pmatrix} -1 & -4 \\ 3 & 1 \end{pmatrix}$

[問題 3] A は $(2,3)$ 型行列だから ${}^t\!A$ は $(3,2)$ 型行列

${}^t\!A = \begin{pmatrix} 3 & 1 \\ 8 & 2 \\ 9 & 0 \end{pmatrix}$

${}^t\!A A = \begin{pmatrix} 3 & 1 \\ 8 & 2 \\ 9 & 0 \end{pmatrix} \begin{pmatrix} 3 & 8 & 9 \\ 1 & 2 & 0 \end{pmatrix} = \begin{pmatrix} 9+1 & 24+2 & 27+0 \\ 24+2 & 64+4 & 72+0 \\ 27+0 & 72+0 & 81+0 \end{pmatrix} = \begin{pmatrix} 10 & 26 & 27 \\ 26 & 68 & 72 \\ 27 & 72 & 81 \end{pmatrix}$

[問題 4] $A(B+C)$ の (i,j) 成分 $= \sum_{k=1}^{n} \{A \text{ の } (i,k) \text{ 成分}\}\{(B+C) \text{ の } (k,j) \text{ 成分}\}$

$= \sum_{k=1}^{n} \{A \text{ の } (i,k) \text{ 成分}\}\{B \text{ の } (k,j) \text{ 成分} + C \text{ の } (k,j) \text{ 成分}\}$

$= \sum_{k=1}^{n} [\{A \text{ の } (i,k) \text{ 成分}\}\{B \text{ の } (k,j) \text{ 成分}\} + \{A \text{ の } (i,k) \text{ 成分}\}\{C \text{ の } (k,j) \text{ 成分}\}]$

$= \sum_{k=1}^{n} \{A \text{ の } (i,k) \text{ 成分}\}\{B \text{ の } (k,j) \text{ 成分}\} + \sum_{k=1}^{n} \{A \text{ の } (i,k) \text{ 成分}\}\{C \text{ の } (k,j) \text{ 成分}\}$

$= AB \text{ の } (i,j) \text{ 成分} + AC \text{ の } (i,j) \text{ 成分}$

$= (AB + AC) \text{ の } (i,j) \text{ 成分} \qquad \therefore \ A(B+C) = AB + AC$

[問題 5]　$(AB)C$ の (i,j) 成分 $= \sum_{k=1}^{l} \{(AB) \text{ の } (i,k) \text{ 成分}\}\{C \text{ の } (k,j) \text{ 成分}\}$

$$= \sum_{k=1}^{l} \left(\sum_{t=1}^{n} \{A \text{ の } (i,t) \text{ 成分}\}\{B \text{ の } (t,k) \text{ 成分}\} \right) \{C \text{ の } (k,j) \text{ 成分}\}$$

$$= \sum_{k=1}^{l} \left(\sum_{t=1}^{n} \{A \text{ の } (i,t) \text{ 成分}\} \times \{B \text{ の } (t,k) \text{ 成分}\}\{C \text{ の } (k,j) \text{ 成分}\} \right)$$

$$= \sum_{k=1}^{l} \sum_{t=1}^{n} \{A \text{ の } (i,t) \text{ 成分}\} \times (\{B \text{ の } (t,k) \text{ 成分}\}\{C \text{ の } (k,j) \text{ 成分}\})$$

$$= \sum_{t=1}^{n} \{A \text{ の } (i,t) \text{ 成分}\} \times \sum_{k=1}^{l} [\{B \text{ の } (t,k) \text{ 成分}\}\{C \text{ の } (k,j) \text{ 成分}\}]$$

$$= \sum_{t=1}^{n} \{A \text{ の } (i,t) \text{ 成分}\} \times \{BC \text{ の } (t,j) \text{ 成分}\}$$

$$= A(BC) \text{ の } (i,j) \text{ 成分}$$

[問題 6]　$AB = \begin{pmatrix} O_2 & A_1 \\ A_1 & O_2 \end{pmatrix} \begin{pmatrix} E_2 & B_1 \\ E_2 & B_1 \end{pmatrix} = \begin{pmatrix} A_1 & A_1 B_1 \\ A_1 & A_1 B_1 \end{pmatrix}$

$$= \begin{pmatrix} 3 & 2 & -6 & -1 \\ 0 & 3 & 0 & -6 \\ 3 & 2 & -6 & -1 \\ 0 & 3 & 0 & -6 \end{pmatrix}$$

[問題 7]　$\begin{pmatrix} X & Y \\ Z & W \end{pmatrix} \begin{pmatrix} E_n & O_n \\ C & E_n \end{pmatrix} = \begin{pmatrix} XE_n + YC & XO_n + YE_n \\ ZE_n + WC & ZO_n + WE_n \end{pmatrix} = \begin{pmatrix} X + YC & Y \\ Z + WC & W \end{pmatrix}$

[問題 8]　${}^t A = \begin{pmatrix} 3 & 1 & -1 \\ 5 & 2 & 1 \\ 1 & 3 & 8 \end{pmatrix}$ だから,

$$A + {}^t A = \begin{pmatrix} 3 & 5 & 1 \\ 1 & 2 & 3 \\ -1 & 1 & 8 \end{pmatrix} + \begin{pmatrix} 3 & 1 & -1 \\ 5 & 2 & 1 \\ 1 & 3 & 8 \end{pmatrix} = \begin{pmatrix} 6 & 6 & 0 \\ 6 & 4 & 4 \\ 0 & 4 & 16 \end{pmatrix}$$

$$A - {}^t A = \begin{pmatrix} 3 & 5 & 1 \\ 1 & 2 & 3 \\ -1 & 1 & 8 \end{pmatrix} - \begin{pmatrix} 3 & 1 & -1 \\ 5 & 2 & 1 \\ 1 & 3 & 8 \end{pmatrix} = \begin{pmatrix} 0 & 4 & 2 \\ -4 & 0 & 2 \\ -2 & -2 & 0 \end{pmatrix}$$

したがって, $A = B + C$, B は対称行列で C は交代行列. ここで

$$B = \frac{1}{2}(A + {}^t A) = \begin{pmatrix} 3 & 3 & 0 \\ 3 & 2 & 2 \\ 0 & 2 & 8 \end{pmatrix}, C = \frac{1}{2}(A - {}^t A) = \begin{pmatrix} 0 & 2 & 1 \\ -2 & 0 & 1 \\ -1 & -1 & 0 \end{pmatrix}$$

[問題 9]　${}^t A = A, {}^t A = -A$ から $A = -A$　∴　$2A = O_n$　∴　$A = O_n$

[問題 10]　行ベクトル $\boldsymbol{a}_1, \boldsymbol{a}_2, \boldsymbol{a}_3$ で $|\boldsymbol{a}_1| = |\boldsymbol{a}_2| = |\boldsymbol{a}_3| = 1$, $\boldsymbol{a}_1 {}^t \boldsymbol{a}_2 = 0$, $\boldsymbol{a}_2 {}^t \boldsymbol{a}_3 = 0$, $\boldsymbol{a}_3 {}^t \boldsymbol{a}_1 = 0$ より,

$$\begin{cases} x^2 + \left(-\dfrac{1}{\sqrt{6}}\right)^2 + \left(\dfrac{1}{\sqrt{3}}\right)^2 = 1 \\ 0^2 + \left(-\dfrac{\sqrt{2}}{\sqrt{3}}\right)^2 + z^2 = 1 \\ \left(\dfrac{1}{\sqrt{2}}\right)^2 + y^2 + \left(-\dfrac{1}{\sqrt{3}}\right)^2 = 1 \\ \left(x, -\dfrac{1}{\sqrt{6}}, \dfrac{1}{\sqrt{3}}\right) \cdot \left(0, -\dfrac{\sqrt{2}}{\sqrt{3}}, z\right) = 0 \\ \left(0, -\dfrac{\sqrt{2}}{\sqrt{3}}, z\right) \cdot \left(\dfrac{1}{\sqrt{2}}, y, -\dfrac{1}{\sqrt{3}}\right) = 0 \\ \left(\dfrac{1}{\sqrt{2}}, y, -\dfrac{1}{\sqrt{3}}\right) \cdot \left(x, -\dfrac{1}{\sqrt{6}}, \dfrac{1}{\sqrt{3}}\right) = 0 \end{cases}$$

より，$x = \dfrac{1}{\sqrt{2}},\ y = \dfrac{1}{\sqrt{6}},\ z = -\dfrac{1}{\sqrt{3}}$

[問題 11]
${}^t\begin{pmatrix} -\frac{1}{\sqrt{2}} & \frac{1}{\sqrt{3}} & -\frac{1}{\sqrt{6}} \\ 0 & \frac{1}{\sqrt{3}} & \frac{2}{\sqrt{6}} \\ \frac{1}{\sqrt{2}} & \frac{1}{\sqrt{3}} & -\frac{1}{\sqrt{6}} \end{pmatrix} \begin{pmatrix} -\frac{1}{\sqrt{2}} & \frac{1}{\sqrt{3}} & -\frac{1}{\sqrt{6}} \\ 0 & \frac{1}{\sqrt{3}} & \frac{2}{\sqrt{6}} \\ \frac{1}{\sqrt{2}} & \frac{1}{\sqrt{3}} & -\frac{1}{\sqrt{6}} \end{pmatrix}$

$= \begin{pmatrix} -\frac{1}{\sqrt{2}} & 0 & \frac{1}{\sqrt{2}} \\ \frac{1}{\sqrt{3}} & \frac{1}{\sqrt{3}} & \frac{1}{\sqrt{3}} \\ -\frac{1}{\sqrt{6}} & \frac{2}{\sqrt{6}} & -\frac{1}{\sqrt{6}} \end{pmatrix} \begin{pmatrix} -\frac{1}{\sqrt{2}} & \frac{1}{\sqrt{3}} & -\frac{1}{\sqrt{6}} \\ 0 & \frac{1}{\sqrt{3}} & \frac{2}{\sqrt{6}} \\ \frac{1}{\sqrt{2}} & \frac{1}{\sqrt{3}} & -\frac{1}{\sqrt{6}} \end{pmatrix} = \begin{pmatrix} 1 & 0 & 0 \\ 0 & 1 & 0 \\ 0 & 0 & 1 \end{pmatrix}$

$\begin{pmatrix} -\frac{1}{\sqrt{2}} & \frac{1}{\sqrt{3}} & -\frac{1}{\sqrt{6}} \\ 0 & \frac{1}{\sqrt{3}} & \frac{2}{\sqrt{6}} \\ \frac{1}{\sqrt{2}} & \frac{1}{\sqrt{3}} & -\frac{1}{\sqrt{6}} \end{pmatrix} {}^t\begin{pmatrix} -\frac{1}{\sqrt{2}} & \frac{1}{\sqrt{3}} & -\frac{1}{\sqrt{6}} \\ 0 & \frac{1}{\sqrt{3}} & \frac{2}{\sqrt{6}} \\ \frac{1}{\sqrt{2}} & \frac{1}{\sqrt{3}} & -\frac{1}{\sqrt{6}} \end{pmatrix} = \begin{pmatrix} 1 & 0 & 0 \\ 0 & 1 & 0 \\ 0 & 0 & 1 \end{pmatrix}$ も同様．

[問題 12] (1) $A^2 = \begin{pmatrix} 1 & -1 \\ 0 & 1 \end{pmatrix}\begin{pmatrix} 1 & -1 \\ 0 & 1 \end{pmatrix} = \begin{pmatrix} 1 & -2 \\ 0 & 1 \end{pmatrix},\ A^3 = \begin{pmatrix} 1 & -3 \\ 0 & 1 \end{pmatrix}$

したがって $A^n = \begin{pmatrix} 1 & -n \\ 0 & 1 \end{pmatrix}$ と予想できる．

帰納法で証明する．

$n = 1$ のとき，$A^1 = \begin{pmatrix} 1 & -1 \\ 0 & 1 \end{pmatrix}$ より成立．

$n = k$ のとき，$A^k = \begin{pmatrix} 1 & -k \\ 0 & 1 \end{pmatrix}$ を仮定して，

$$A^{k+1} = \begin{pmatrix} 1 & -k \\ 0 & 1 \end{pmatrix}\begin{pmatrix} 1 & -1 \\ 0 & 1 \end{pmatrix} = \begin{pmatrix} 1 & -(k+1) \\ 0 & 1 \end{pmatrix}$$

よりすべての自然数で成立．

(2) $A^2 = \begin{pmatrix} 0 & 0 & 1 \\ 0 & 0 & 0 \\ 0 & 0 & 0 \end{pmatrix},\ A^3 = \begin{pmatrix} 0 & 0 & 0 \\ 0 & 0 & 0 \\ 0 & 0 & 0 \end{pmatrix},\ A^n = O_3 \quad (n \geqq 4)$

[問題 13]
(1) A が正則行列より，$AA^{-1} = A^{-1}A = E$ となる A^{-1} が存在する．これは A^{-1} の逆行列が A であることを意味し，$(A^{-1})^{-1} = A$ となる．
(2) A, B が正則行列より，$AA^{-1} = A^{-1}A = E$, $BB^{-1} = B^{-1}B = E$ が成り立つ．いま，$B^{-1}A^{-1}$ を考えると，
$$ABB^{-1}A^{-1} = AEA^{-1} = AA^{-1} = E$$
また
$$B^{-1}A^{-1}AB = B^{-1}B = E \quad \therefore \ AB(B^{-1}A^{-1}) = (B^{-1}A^{-1})AB = E$$
となり，AB は逆行列 $B^{-1}A^{-1}$ をもち正則．
$$\therefore \ (AB)^{-1} = B^{-1}A^{-1}$$

[問題 14] $A^{-1} = \begin{pmatrix} \cos\theta & -\sin\theta \\ \sin\theta & \cos\theta \end{pmatrix}$ であれば，
$$AA^{-1} = \begin{pmatrix} \cos\theta & \sin\theta \\ -\sin\theta & \cos\theta \end{pmatrix} \begin{pmatrix} \cos\theta & -\sin\theta \\ \sin\theta & \cos\theta \end{pmatrix} = \begin{pmatrix} \cos^2\theta + \sin^2\theta & 0 \\ 0 & \cos^2\theta + \sin^2\theta \end{pmatrix}$$
$$= \begin{pmatrix} 1 & 0 \\ 0 & 1 \end{pmatrix} = E \qquad (\because \cos^2\theta + \sin^2\theta = 1 \text{ から})$$

同様に，
$$A^{-1}A = \begin{pmatrix} 1 & 0 \\ 0 & 1 \end{pmatrix} = E$$
も確かめられる．A^{-1} は存在すればただ1つであるから，
$$A^{-1} = \begin{pmatrix} \cos\theta & -\sin\theta \\ \sin\theta & \cos\theta \end{pmatrix}$$

[問題 15] 逆行列を $\begin{pmatrix} X & Y \\ Z & W \end{pmatrix}$ とおくと，
$$\begin{pmatrix} A & B \\ O & C \end{pmatrix} \begin{pmatrix} X & Y \\ Z & W \end{pmatrix} = \begin{pmatrix} X & Y \\ Z & W \end{pmatrix} \begin{pmatrix} A & B \\ O & C \end{pmatrix} = \begin{pmatrix} E_1 & O \\ O & E_1 \end{pmatrix} \ \text{より},$$

$$\begin{cases} AX + BZ = E_1 \\ AY + BW = O \\ CZ = O \qquad (\text{i}) \\ CW = E_1 \qquad (\text{ii}) \end{cases}$$

$$\begin{cases} XA = E_1 \qquad (\text{iii}) \\ XB + YC = O \qquad (\text{iv}) \\ ZA = O \\ ZB + WC = E_1 \end{cases}$$

A, B, C は正則であるから，A^{-1}, B^{-1}, C^{-1} が存在するので，(ⅰ) の左から C^{-1} をかけて，
$$C^{-1}CZ = C^{-1}O = O \quad \therefore \ Z = O$$
(ⅱ) の左から C^{-1} をかけて，
$$C^{-1}CW = C^{-1}E_1 \quad \therefore \ W = C^{-1}$$
(ⅲ) の右から A^{-1} をかけて，

$$X = E_1 A^{-1} = A^{-1} \qquad \therefore \quad X = A^{-1} \cdots\cdots (\text{v})$$

(v) を (iv) に代入すると，
$$A^{-1}B + YC = O \qquad \therefore \quad YC = -A^{-1}B \qquad Y = -A^{-1}BC^{-1}$$

よって，
$$\begin{pmatrix} X & Y \\ Z & W \end{pmatrix} = \begin{pmatrix} A^{-1} & -A^{-1}BC^{-1} \\ O & C^{-1} \end{pmatrix}$$

■章末問題解答

1.1 A は $(1,2)$ 行列で B は $(2,4)$ 行列だから AB は定義される．

$$AB = (2\ \ 3) \begin{pmatrix} 3 & 5 & 4 & 2 \\ 1 & 2 & 3 & -1 \end{pmatrix}$$
$$= (2\cdot 3 + 3\cdot 1,\ 2\cdot 5 + 3\cdot 2,\ 2\cdot 4 + 3\cdot 3,\ 2\cdot 2 + 3\cdot (-1))$$
$$= (9\ \ 16\ \ 17\ \ 1)$$

しかし BA は定義できない

1.2 ${}^tA = \begin{pmatrix} 1 & 3 & -2 \\ 2 & 4 & -1 \end{pmatrix}$

$$A\,{}^tA = \begin{pmatrix} 1 & 2 \\ 3 & 4 \\ -2 & -1 \end{pmatrix} \begin{pmatrix} 1 & 3 & -2 \\ 2 & 4 & -1 \end{pmatrix} = \begin{pmatrix} 1+4 & 3+8 & -2-2 \\ 3+8 & 9+16 & -6-4 \\ -2-2 & -6-4 & 4+1 \end{pmatrix} = \begin{pmatrix} 5 & 11 & -4 \\ 11 & 25 & -10 \\ -4 & -10 & 5 \end{pmatrix}$$

$${}^tAA = \begin{pmatrix} 1 & 3 & -2 \\ 2 & 4 & -1 \end{pmatrix} \begin{pmatrix} 1 & 2 \\ 3 & 4 \\ -2 & -1 \end{pmatrix} = \begin{pmatrix} 1+9+4 & 2+12+2 \\ 2+12+2 & 4+16+1 \end{pmatrix} = \begin{pmatrix} 14 & 16 \\ 16 & 21 \end{pmatrix}$$

したがって，$A\,{}^tA, {}^tAA$ が両式とも定義されていても等しいとは限らない．

1.3 $A = \begin{pmatrix} x & y \\ z & w \end{pmatrix}$ とおく．

$$A\,{}^tA = \begin{pmatrix} x^2+y^2 & xz+yw \\ xz+yw & z^2+w^2 \end{pmatrix} = \begin{pmatrix} 1 & 0 \\ 0 & 1 \end{pmatrix}$$

よって，$x^2 + y^2 = 1$ （ⅰ）
$xz + yw = 0$ （ⅱ）
$z^2 + w^2 = 1$ （ⅲ）

（ⅰ）と（ⅲ）より，
$$x = \sin\varphi, y = \cos\varphi; z = \sin\theta, w = \cos\theta$$

とおける．θ と φ の関係を調べるために（ⅱ）に代入する．
$$0 = \sin\varphi \sin\theta + \cos\varphi \cos\theta = \cos(\varphi - \theta)$$

したがって，
$$\varphi - \theta = \pm \frac{\pi}{2} \pm 2n\pi, n \in \mathbf{Z}$$

$\mathbf{Z}$ は整数全体の集合．

2 つの場合に分ける．

(a) $\varphi = \theta + \frac{\pi}{2} + 2n\pi$ のとき，
$$x = \sin\left(\theta + \frac{\pi}{2} + 2n\pi\right) = \cos\theta, \quad y = \cos\left(\theta + \frac{\pi}{2} + 2n\pi\right) = -\sin\theta$$

(b) $\varphi = \theta - \frac{\pi}{2} + 2n\pi$ のとき，
$$x = \sin\left(\theta - \frac{\pi}{2} + 2n\pi\right) = -\cos\theta, \quad y = \cos\left(\theta - \frac{\pi}{2} + 2n\pi\right) = \sin\theta$$

よって 2 つの行列が得られる
$$\begin{pmatrix} \cos\theta & -\sin\theta \\ \sin\theta & \cos\theta \end{pmatrix}, \quad \begin{pmatrix} -\cos\theta & \sin\theta \\ \sin\theta & \cos\theta \end{pmatrix}$$

1.4 $AB = \begin{pmatrix} 1 & -3 & 2 \\ 2 & 1 & -3 \\ 4 & -3 & -1 \end{pmatrix} \begin{pmatrix} 1 & 4 & 1 & 0 \\ 2 & 1 & 1 & 0 \\ 1 & -2 & 1 & 2 \end{pmatrix}$

$= \begin{pmatrix} 1-6+2 & 4-3-4 & 1-3+2 & 4 \\ 2+2-3 & 8+1+6 & 2+1-3 & -6 \\ 4-6-1 & 16-3+2 & 4-3-1 & -2 \end{pmatrix} = \begin{pmatrix} -3 & -3 & 0 & 4 \\ 1 & 15 & 0 & -6 \\ -3 & 15 & 0 & -2 \end{pmatrix}$

$AC = \begin{pmatrix} 1 & -3 & 2 \\ 2 & 1 & -3 \\ 4 & -3 & -1 \end{pmatrix} \begin{pmatrix} 2 & 1 & -1 & -2 \\ 3 & -2 & -1 & -2 \\ 2 & -5 & -1 & 0 \end{pmatrix}$

$= \begin{pmatrix} 2-9+4 & 1+6-10 & -1+3-2 & -2+6 \\ 4+3-6 & 2-2+15 & -2-1+3 & -4-2 \\ 8-9-2 & 4+6+5 & -4+3+1 & -8+6 \end{pmatrix} = \begin{pmatrix} -3 & -3 & 0 & 4 \\ 1 & 15 & 0 & -6 \\ -3 & 15 & 0 & -2 \end{pmatrix}$

1.5 $AB = BA$ なら，任意の自然数 s, t に対して
$$A^s B^t = \underbrace{A \cdots A}_{s\text{ 個}} \underbrace{B \cdots B}_{t\text{ 個}} = \underbrace{A \cdots A}_{(s-1)\text{ 個}} BA \cdots B = B \underbrace{A \cdots A}_{s\text{ 個}} \underbrace{B \cdots B}_{(t-1)\text{ 個}} = B^t A^s$$

が成立するので，高校で学んだ二項展開と同様に成立する．たとえば
$$(A+B)^2 = (A+B)(A+B) = A^2 + AB + BA + B^2 = A^2 + 2AB + B^2$$
$$= {}_2C_0 A^2 + {}_2C_1 AB + {}_2C_2 B^2$$

同様に $(A+B)^n = \sum_{j=0}^{n} {}_nC_j A^{n-j} B^j$

1.6 解 I：数学的帰納法で示す．
$n=1$ のときは成立．$n=k$ まで成立したと仮定する．
$n=k+1$ の場合
$$A^{k+1} = A^k A = \begin{pmatrix} \alpha^k & k\alpha^{k-1} \\ 0 & \alpha^k \end{pmatrix} \begin{pmatrix} \alpha & 1 \\ 0 & \alpha \end{pmatrix}$$
$$= \begin{pmatrix} \alpha^{k+1} & \alpha^k + k\alpha^k \\ 0 & \alpha^{k+1} \end{pmatrix} = \begin{pmatrix} \alpha^{k+1} & (k+1)\alpha^k \\ 0 & \alpha^{k+1} \end{pmatrix}$$

よってすべての自然数に対して成立．

解 II：章末問題 1.5 を利用すると別な解法が得られる．
$$A = \begin{pmatrix} \alpha & 1 \\ 0 & \alpha \end{pmatrix} = \alpha E + N$$

E は 2 次の単位行列で $N = \begin{pmatrix} 0 & 1 \\ 0 & 0 \end{pmatrix}$, $N^2 = O$, また $NE = EN$

$$A^n = (\alpha E + N)^n = \sum_{j=0}^{n} {}_nC_j (\alpha E)^{n-j} N^j$$

$$= (\alpha E)^n + {}_nC_1 (\alpha E)^{n-1} N + {}_nC_2 (\alpha E)^{n-2} N^2 + \cdots$$

$$= \alpha^n E + n\alpha^{n-1} N$$

$$= \begin{pmatrix} \alpha^n & 0 \\ 0 & \alpha^n \end{pmatrix} + \begin{pmatrix} 0 & n\alpha^{n-1} \\ 0 & 0 \end{pmatrix} = \begin{pmatrix} \alpha^n & n\alpha^{n-1} \\ 0 & \alpha^n \end{pmatrix}$$

注意 一般に n 次正方行列 N に対して $N^k = O_n$ なる自然数 $k \geqq 2$ が存在するとき N をべき零行列という.

1.7 成分の行列は交換可能ではないので乗法の順番に注意が必要である.

$$\begin{pmatrix} X & Y \\ Z & W \end{pmatrix} \begin{pmatrix} A & O_n \\ O_n & E_n \end{pmatrix} = \begin{pmatrix} XA + YO_n & XO_n + YE_n \\ ZA + WO_n & ZO_n + WE_n \end{pmatrix} = \begin{pmatrix} XA & Y \\ ZA & W \end{pmatrix}$$

1.8 (1) $A^2 = \begin{pmatrix} 0 & 2 & 5 \\ 0 & 0 & 3 \\ 0 & 0 & 0 \end{pmatrix} \begin{pmatrix} 0 & 2 & 5 \\ 0 & 0 & 3 \\ 0 & 0 & 0 \end{pmatrix} = \begin{pmatrix} 0 & 0 & 6 \\ 0 & 0 & 0 \\ 0 & 0 & 0 \end{pmatrix}$

$A^3 = \begin{pmatrix} 0 & 0 & 6 \\ 0 & 0 & 0 \\ 0 & 0 & 0 \end{pmatrix} \begin{pmatrix} 0 & 2 & 5 \\ 0 & 0 & 3 \\ 0 & 0 & 0 \end{pmatrix} = \begin{pmatrix} 0 & 0 & 0 \\ 0 & 0 & 0 \\ 0 & 0 & 0 \end{pmatrix}$

すなわち A はべき零行列.

(2) $(A + E)(A^2 - A + E) = A^3 - A^2 + A + A^2 - A + E^2 = E$

同様に $(A^2 - A + E)(A + E) = E$

したがって, $A + E$ の逆行列は $A^2 - A + E$ である.

1.9 求める $2n$ 次逆行列を $\begin{pmatrix} A & B \\ C & D \end{pmatrix}$ とおくと

$$\begin{pmatrix} X & Y \\ O_n & X \end{pmatrix} \begin{pmatrix} A & B \\ C & D \end{pmatrix} = \begin{pmatrix} E_n & O_n \\ O_n & E_n \end{pmatrix}$$

$$\text{左辺} = \begin{pmatrix} XA + YC & XB + YD \\ XC & XD \end{pmatrix}$$

これより,

$$\begin{cases} XA + YC = E_n & \text{(i)} \\ XC = O_n & \text{(ii)} \\ XB + YD = O_n & \text{(iii)} \\ XD = E_n & \text{(iv)} \end{cases}$$

(iv) より, $D = X^{-1}, C = X^{-1} O_n = O_n$. (iii) に代入, $XB = -YX^{-1}$. よって $B = -X^{-1}YX^{-1}$. (i) より, $A = X^{-1}$.

したがって, 逆行列は $\begin{pmatrix} X^{-1} & -X^{-1}YX^{-1} \\ O_n & X^{-1} \end{pmatrix}$

第2章

■問題解答

[問題 1] $\mathrm{sgn}\begin{pmatrix} 4 & 3 & 2 & 1 \\ 3 & 2 & 1 & 4 \end{pmatrix}^{-1} \begin{pmatrix} 1 & 2 & 3 & 4 \\ 3 & 4 & 1 & 2 \end{pmatrix}$

$= \mathrm{sgn}\begin{pmatrix} 3 & 2 & 1 & 4 \\ 4 & 3 & 2 & 1 \end{pmatrix}\begin{pmatrix} 1 & 2 & 3 & 4 \\ 3 & 4 & 1 & 2 \end{pmatrix} = \mathrm{sgn}\begin{pmatrix} 1 & 2 & 3 & 4 \\ 4 & 1 & 2 & 3 \end{pmatrix}$

$= \mathrm{sgn}(1, 4, 3, 2) = \mathrm{sgn}(1, 2)(1, 3)(1, 4) = -1$

[問題 2] $(i, j)(1) = 1$, また $(1, i)(1, j)(1, i)(1) = (1, i)(1, j)(1) = (1, i)(i) = 1$

$(i, j)(2) = 2$, また $(1, i)(1, j)(1, i)(2) = (1, i)(2) = 2$

$\vdots$

$(i, j)(i) = j$, また $(1, i)(1, j)(1, i)(i) = (1, i)(1, j)(1) = (1, i)(j) = j$

$\vdots$

同様に 1 から n まですべてに対して左辺と右辺が等しいから,∴ $(i, j) = (1, i)(1, j)(1, i)$

[問題 3] (1) $\begin{vmatrix} 3 & 8 \\ 9 & 1 \end{vmatrix} = 3 \times 1 - 8 \times 9 = 3 - 72 = -69$

(2) $\begin{vmatrix} 9 & 6 & 1 \\ 2 & 1 & 1 \\ 2 & -1 & 3 \end{vmatrix} = 27 + 12 - 2 - (2 + 36 - 9) = 8$

(3) 行列式の性質 (e) を繰り返し用いる.

$\begin{vmatrix} -2 & 6 & 3 & 1 \\ 1 & 2 & -1 & 1 \\ -2 & 7 & 2 & 5 \\ -1 & 5 & 1 & 4 \end{vmatrix} = \begin{vmatrix} -2 & 6 & 3 & 1 \\ 1 & 2 & -1 & 1 \\ -1 & 2 & 1 & 1 \\ -1 & 5 & 1 & 4 \end{vmatrix} = \begin{vmatrix} -2 & 5 & 3 & 1 \\ 1 & 1 & -1 & 1 \\ -1 & 1 & 1 & 1 \\ -1 & 1 & 1 & 4 \end{vmatrix}$

$\begin{vmatrix} -2 & 5 & 3 & 1 \\ 1 & 1 & -1 & 1 \\ -1 & 1 & 1 & 1 \\ 0 & 0 & 0 & 3 \end{vmatrix} = \begin{vmatrix} 1 & 2 & 3 & 1 \\ 0 & 2 & -1 & 1 \\ 0 & 0 & 1 & 1 \\ 0 & 0 & 0 & 3 \end{vmatrix} = 6$

(注意): $\begin{vmatrix} -2 & 6 & 3 & 1 \\ 1 & 2 & -1 & 1 \\ -2 & 7 & 2 & 5 \\ -1 & 5 & 1 & 4 \end{vmatrix}$ これは4行目を(-1)倍して3行目に足すことを意味する.
本書ではこの書き方を使うこともある

[問題 4] 解答の一例を示す.

$\begin{vmatrix} a^3 & b^3 & c^3 \\ a & b & c \\ 1 & 1 & 1 \end{vmatrix} = -\begin{vmatrix} 1 & 1 & 1 \\ a & b & c \\ a^3 & b^3 & c^3 \end{vmatrix} = -\begin{vmatrix} 1 & 0 & 0 \\ a & b-a & c-a \\ a^3 & b^3-a^3 & c^3-a^3 \end{vmatrix} = -\begin{vmatrix} b-a & c-a \\ b^3-a^3 & c^3-a^3 \end{vmatrix}$

$= -(b-a)(c^3-a^3) + (c-a)(b^3-a^3) = -(a-b)(b-c)(c-a)(a+b+c)$

[問題 5] (行列式の性質 (f)) より

$$\begin{vmatrix} a_{11} & 0 & \cdots & 0 \\ & a_{22} & & \vdots \\ & & \ddots & 0 \\ * & & & a_{nn} \end{vmatrix} = a_{11} \begin{vmatrix} a_{22} & 0 & \cdots & 0 \\ & a_{33} & & \vdots \\ & & \ddots & 0 \\ ** & & & a_{nn} \end{vmatrix} = a_{11}a_{22} \begin{vmatrix} a_{33} & 0 & \cdots & 0 \\ & a_{44} & & \vdots \\ & & \ddots & 0 \\ *** & & & a_{nn} \end{vmatrix}$$

$$= a_{11}a_{22}a_{33}\cdots a_{nn}$$

[問題 6] 解答の一例を示す．2 列をもとにして，1 行目の他の列をすべて 0 にし，1 行目の余因子展開．

$$\begin{vmatrix} 2 & 1 & 0 & 3 \\ 3 & 2 & 1 & 2 \\ 3 & 0 & 2 & 1 \\ 1 & 3 & 2 & 3 \end{vmatrix} = \begin{vmatrix} 0 & 1 & 0 & 0 \\ -1 & 2 & 1 & -4 \\ 3 & 0 & 2 & 1 \\ -5 & 3 & 2 & -6 \end{vmatrix}$$

$$= 0 \times (-1)^{1+1} \times \begin{vmatrix} 2 & 1 & -4 \\ 0 & 2 & 1 \\ 3 & 2 & -6 \end{vmatrix} + 1 \times (-1)^{1+2} \begin{vmatrix} -1 & 1 & -4 \\ 3 & 2 & 1 \\ -5 & 2 & -6 \end{vmatrix}$$

$$+ 0 \times (-1)^{1+3} \begin{vmatrix} -1 & 2 & -4 \\ 3 & 0 & 1 \\ -5 & 3 & -6 \end{vmatrix} + 0 \times (-1)^{1+4} \begin{vmatrix} -1 & 2 & 1 \\ 3 & 0 & 2 \\ -5 & 3 & 2 \end{vmatrix}$$

$$= (-1) \times \begin{vmatrix} 0 & 1 & 0 \\ 5 & 2 & 9 \\ -3 & 2 & 2 \end{vmatrix} = (-1) \times 1 \times (-1)^{1+2} \begin{vmatrix} 5 & 9 \\ -3 & 2 \end{vmatrix} = 37$$

[問題 7]

$$\begin{vmatrix} 1+x & 1 & 1 & 1 \\ 1 & 1+x & 1 & 1 \\ 1 & 1 & 1+x & 1 \\ 1 & 1 & 1 & 1+x \end{vmatrix} = \begin{vmatrix} 4+x & 1 & 1 & 1 \\ 4+x & 1+x & 1 & 1 \\ 4+x & 1 & 1+x & 1 \\ 4+x & 1 & 1 & 1+x \end{vmatrix}$$

$$= (4+x) \begin{vmatrix} 1 & 1 & 1 & 1 \\ 1 & 1+x & 1 & 1 \\ 1 & 1 & 1+x & 1 \\ 1 & 1 & 1 & 1+x \end{vmatrix} = (4+x) \begin{vmatrix} 1 & 1 & 1 & 1 \\ 0 & x & 0 & 0 \\ 0 & 0 & x & 0 \\ 0 & 0 & 0 & x \end{vmatrix} = (4+x)x^3$$

[問題 8] (1) $A = \begin{pmatrix} 0 & 1 \\ -1 & 0 \end{pmatrix}$ の各成分の余因子は

$$A_{11} = (-1)^{1+1} \cdot |0| = 0, \quad A_{12} = (-1)^{1+2}|-1| = (-1)^{1+2}(-1) = 1$$

$$A_{21} = (-1)^{2+1}|1| = (-1) \times 1 = -1, \quad A_{22} = (-1)^{2+2} \cdot |0| = 0$$

$$\therefore \tilde{A} = {}^t\!\begin{pmatrix} A_{11} & A_{12} \\ A_{21} & A_{22} \end{pmatrix} = {}^t\!\begin{pmatrix} 0 & 1 \\ -1 & 0 \end{pmatrix} = \begin{pmatrix} 0 & -1 \\ 1 & 0 \end{pmatrix}$$

$|A| = 1$ より，

$$A^{-1} = \frac{1}{|A|}\tilde{A} = \frac{1}{1}\begin{pmatrix} 0 & -1 \\ 1 & 0 \end{pmatrix} = \begin{pmatrix} 0 & -1 \\ 1 & 0 \end{pmatrix}$$

注意 一般に数 a の行列式は $|a|$ となるが，$|a|=a$ で $|*|$ は絶対値ではない．

(2) 各成分の余因子は，$A = \begin{pmatrix} 1 & 1 & 1 \\ 1 & 3 & 3 \\ 1 & 0 & 6 \end{pmatrix}$ から，

$$A_{11} = (-1)^{1+1}\begin{vmatrix} 3 & 3 \\ 0 & 6 \end{vmatrix} = 18, A_{12} = (-1)^{1+2}\begin{vmatrix} 1 & 3 \\ 1 & 6 \end{vmatrix}$$

$$= -3, A_{13} = (-1)^{1+3}\begin{vmatrix} 1 & 3 \\ 1 & 0 \end{vmatrix} = -3$$

$$A_{21} = (-1)^{2+1}\begin{vmatrix} 1 & 1 \\ 0 & 6 \end{vmatrix} = -6, A_{22} = (-1)^{2+2}\begin{vmatrix} 1 & 1 \\ 1 & 6 \end{vmatrix}$$

$$= 5, A_{23} = (-1)^{2+3}\begin{vmatrix} 1 & 1 \\ 1 & 0 \end{vmatrix} = 1$$

$$A_{31} = (-1)^{3+1}\begin{vmatrix} 1 & 1 \\ 3 & 3 \end{vmatrix} = 0, A_{32} = (-1)^{3+2}\begin{vmatrix} 1 & 1 \\ 1 & 3 \end{vmatrix}$$

$$= -2, A_{33} = (-1)^{3+3}\begin{vmatrix} 1 & 1 \\ 1 & 3 \end{vmatrix} = 2$$

$$\therefore \tilde{A} = {}^t\!\begin{pmatrix} A_{11} & A_{12} & A_{13} \\ A_{21} & A_{22} & A_{23} \\ A_{31} & A_{32} & A_{33} \end{pmatrix} = {}^t\!\begin{pmatrix} 18 & -3 & -3 \\ -6 & 5 & 1 \\ 0 & -2 & 2 \end{pmatrix} = \begin{pmatrix} 18 & -6 & 0 \\ -3 & 5 & -2 \\ -3 & 1 & 2 \end{pmatrix}$$

また $|A| = 12$ より，$A^{-1} = \frac{1}{|A|}\tilde{A} = \begin{pmatrix} \frac{3}{2} & -\frac{1}{2} & 0 \\ -\frac{1}{4} & \frac{5}{12} & -\frac{1}{6} \\ -\frac{1}{4} & \frac{1}{12} & \frac{1}{6} \end{pmatrix}$

[問題 9] (1) 係数がつくる行列式を求める．

$$\begin{vmatrix} 1 & 1 & 3 \\ -1 & 3 & 2 \\ 6 & -2 & 5 \end{vmatrix} = 15 + 12 + 6 - (54 - 5 - 4) = -12 \neq 0.\ \text{したがって，解が存在する．}$$

$$x_1 = \frac{\begin{vmatrix} 5 & 1 & 3 \\ 4 & 3 & 2 \\ 9 & -2 & 5 \end{vmatrix}}{\begin{vmatrix} 1 & 1 & 3 \\ -1 & 3 & 2 \\ 6 & -2 & 5 \end{vmatrix}},\quad x_2 = \frac{\begin{vmatrix} 1 & 5 & 3 \\ -1 & 4 & 2 \\ 6 & 9 & 5 \end{vmatrix}}{\begin{vmatrix} 1 & 1 & 3 \\ -1 & 3 & 2 \\ 6 & -2 & 5 \end{vmatrix}},\quad x_3 = \frac{\begin{vmatrix} 1 & 1 & 5 \\ -1 & 3 & 4 \\ 6 & -2 & 9 \end{vmatrix}}{\begin{vmatrix} 1 & 1 & 3 \\ -1 & 3 & 2 \\ 6 & -2 & 5 \end{vmatrix}}$$

それぞれの分子の行列式を計算する．

$$\begin{vmatrix} 5 & 1 & 3 \\ 4 & 3 & 2 \\ 9 & -2 & 5 \end{vmatrix} = 75 + 18 - 24 - (81 + 20 - 20) = -12$$

$$\begin{vmatrix} 1 & 5 & 3 \\ -1 & 4 & 2 \\ 6 & 9 & 5 \end{vmatrix} = 20 + 60 - 27 - (72 - 25 + 18) = -12$$

$$\begin{vmatrix} 1 & 1 & 5 \\ -1 & 3 & 4 \\ 6 & -2 & 9 \end{vmatrix} = 27 + 24 + 10 - (90 - 9 - 8) = -12$$

したがって, $x_1 = 1, x_2 = 1, x_3 = 1$

(2) $\begin{vmatrix} -1 & 1 & 0 & -3 \\ 1 & 0 & -1 & 2 \\ 2 & -1 & 0 & 1 \\ 0 & 1 & 1 & 0 \end{vmatrix} = \begin{vmatrix} -1 & 1 & 0 & -3 \\ 1 & 1 & 0 & 2 \\ 2 & -1 & 0 & 1 \\ 0 & 1 & 1 & 0 \end{vmatrix}$

$= -\begin{vmatrix} -1 & 1 & -3 \\ 1 & 1 & 2 \\ 2 & -1 & 1 \end{vmatrix} = -\begin{vmatrix} 1 & 0 & -2 \\ 3 & 0 & 3 \\ 2 & -1 & 1 \end{vmatrix} = -\begin{vmatrix} 1 & -2 \\ 3 & 3 \end{vmatrix} = -(3+6) = -9 \neq 0$

よって解が存在する. 右辺の定数を入れた行列式をそれぞれ計算する.

$$\begin{vmatrix} 2 & 1 & 0 & -3 \\ -4 & 0 & -1 & 2 \\ -1 & -1 & 0 & 1 \\ 5 & 1 & 1 & 0 \end{vmatrix} = \begin{vmatrix} 2 & 1 & 0 & -3 \\ 1 & 1 & 0 & 2 \\ -1 & -1 & 0 & 1 \\ 5 & 1 & 1 & 0 \end{vmatrix}$$

$$= -\begin{vmatrix} 2 & 1 & -3 \\ 1 & 1 & 2 \\ -1 & -1 & 1 \end{vmatrix} = -\begin{vmatrix} 1 & 0 & -2 \\ 0 & 0 & 3 \\ -1 & -1 & 1 \end{vmatrix} = -3$$

$$\begin{vmatrix} -1 & 2 & 0 & -3 \\ 1 & -4 & -1 & 2 \\ 2 & -1 & 0 & 1 \\ 0 & 5 & 1 & 0 \end{vmatrix} = \begin{vmatrix} -1 & 2 & 0 & -3 \\ 1 & 1 & 0 & 2 \\ 2 & -1 & 0 & 1 \\ 0 & 5 & 1 & 0 \end{vmatrix}$$

$$= -\begin{vmatrix} -1 & 2 & -3 \\ 1 & 1 & 2 \\ 2 & -1 & 1 \end{vmatrix} = -\begin{vmatrix} 3 & 0 & -1 \\ 3 & 0 & 3 \\ 2 & -1 & 1 \end{vmatrix} = -(3+9) = -12$$

$$\begin{vmatrix} -1 & 1 & 2 & -3 \\ 1 & 0 & -4 & 2 \\ 2 & -1 & -1 & 1 \\ 0 & 5 & 1 & 0 \end{vmatrix} = \begin{vmatrix} 1 & 0 & 1 & -2 \\ 1 & 0 & -4 & 2 \\ 2 & -1 & -1 & 1 \\ 2 & 0 & 4 & 1 \end{vmatrix}$$

$$= \begin{vmatrix} 1 & 1 & -2 \\ 1 & -4 & 2 \\ 2 & 4 & 1 \end{vmatrix} = \begin{vmatrix} 1 & 0 & 0 \\ 1 & -5 & 4 \\ 2 & 2 & 5 \end{vmatrix} = -25 - 8 = -33$$

$$\begin{vmatrix} -1 & 1 & 0 & 2 \\ 1 & 0 & -1 & -4 \\ 2 & -1 & 0 & -1 \\ 0 & 1 & 1 & 5 \end{vmatrix} = \begin{vmatrix} 1 & 0 & 0 & 1 \\ 1 & 0 & -1 & -4 \\ 2 & -1 & 0 & -1 \\ 2 & 0 & 1 & 4 \end{vmatrix}$$

$$= \begin{vmatrix} 1 & 0 & 1 \\ 1 & -1 & -4 \\ 2 & 1 & 4 \end{vmatrix} = -4 + 1 + 2 + 4 = 3$$

$x_1 = \dfrac{-3}{-9} = \dfrac{1}{3}, \quad x_2 = \dfrac{-12}{-9} = \dfrac{4}{3}, \quad x_3 = \dfrac{-33}{-9} = \dfrac{11}{3}, \quad x_4 = \dfrac{3}{-9} = -\dfrac{1}{3}$

[問題 10] (1) 係数の行列式 $\neq 0$ なら自明の解だけをもつ.

したがって, $\begin{vmatrix} k & -5 \\ -1 & k \end{vmatrix} = k^2 - 5 = 0$

$k = \pm\sqrt{5}$

（ⅰ） $k = \sqrt{5}$ のとき

$$\begin{cases} \sqrt{5}x - 5y = 0 \\ -x + \sqrt{5}y = 0 \end{cases} \quad \text{これより } x = \sqrt{5}y$$

$\therefore \begin{cases} x = \sqrt{5}t \\ y = t \end{cases} ; \quad t(\neq 0)$ は任意

（ⅱ） $k = -\sqrt{5}$ のとき

$$\begin{cases} -\sqrt{5}x - 5y = 0 \\ -x - \sqrt{5}y = 0 \end{cases} \quad \text{これより } x = -\sqrt{5}y$$

$\therefore \begin{cases} x = -\sqrt{5}t \\ y = t \end{cases} ; \quad t(\neq 0)$ は任意

(2) 与式を変形して

$$\begin{cases} (k-1)x + y + 2z = 0 \\ (k-1)y - z = 0 \\ (k-2)z = 0 \end{cases}$$

が自明な解以外をもつためには係数からつくる行列式が 0

$$\begin{vmatrix} k-1 & 1 & 2 \\ 0 & k-1 & -1 \\ 0 & 0 & k-2 \end{vmatrix} = (k-1)^2(k-2)$$

$k = 1$ または $k = 2$

（ⅰ） $k = 1$ のとき

$$\begin{cases} y + 2z = 0 \\ z = 0 \end{cases} \quad \text{より } y = 0 \text{ で } x \text{ は任意}$$

したがって, $\begin{pmatrix} x \\ y \\ z \end{pmatrix} = \begin{pmatrix} t \\ 0 \\ 0 \end{pmatrix}, t(\neq 0) \in \boldsymbol{R}$

（ⅱ） $k = 2$ のとき

$$\begin{cases} x + y + 2z = 0 \\ y - z = 0 \end{cases}$$

これより $z = y$

$x = -y - 2z = -y - 2y = -3y$

したがって，$\begin{pmatrix} x \\ y \\ z \end{pmatrix} = \begin{pmatrix} -3t \\ t \\ t \end{pmatrix}, t(\neq 0) \in \boldsymbol{R}$

■章末問題解答

2.1 (1) 1つの置換における2つの数の交換は，その置換に1つの互換をかけることと同値である．したがって，いくつかの互換を用いて恒等置換に変形する．

$$(2,3,5,1,4)$$
$$\downarrow$$
$$(1,3,5,2,4)$$
$$\downarrow$$
$$(1,2,5,3,4)$$
$$\downarrow$$
$$(1,2,3,5,4)$$
$$\downarrow$$
$$(1,2,3,4,5)$$

4個の互換が用いられたから σ は偶置換

(2) $\sigma = (2,3,5,1,4)$, $\tau = (3,4,1,2,5)$ は

$$\sigma = \begin{pmatrix} 1 & 2 & 3 & 4 & 5 \\ 4 & 3 & 5 & 2 & 1 \end{pmatrix}, \tau = \begin{pmatrix} 1 & 2 & 3 & 4 & 5 \\ 2 & 5 & 4 & 1 & 3 \end{pmatrix}$$ のことである.

$$\tau\sigma = \begin{pmatrix} 1 & 2 & 3 & 4 & 5 \\ 2 & 5 & 4 & 1 & 3 \end{pmatrix} \begin{pmatrix} 1 & 2 & 3 & 4 & 5 \\ 4 & 3 & 5 & 2 & 1 \end{pmatrix} = \begin{pmatrix} 1 & 2 & 3 & 4 & 5 \\ 1 & 4 & 3 & 5 & 2 \end{pmatrix} = (2,4,5)$$

$$\sigma\tau = \begin{pmatrix} 1 & 2 & 3 & 4 & 5 \\ 4 & 3 & 5 & 2 & 1 \end{pmatrix} \begin{pmatrix} 1 & 2 & 3 & 4 & 5 \\ 2 & 5 & 4 & 1 & 3 \end{pmatrix} = \begin{pmatrix} 1 & 2 & 3 & 4 & 5 \\ 3 & 1 & 2 & 4 & 5 \end{pmatrix} = (1,3,2)$$

注意 行列の積と同様，一般に $\sigma\tau$ と $\tau\sigma$ は等しくない．

$$\tau^{-1} = \begin{pmatrix} 2 & 5 & 4 & 1 & 3 \\ 1 & 2 & 3 & 4 & 5 \end{pmatrix} = \begin{pmatrix} 1 & 2 & 3 & 4 & 5 \\ 4 & 1 & 5 & 3 & 2 \end{pmatrix} = (1,4,3,5,2)$$

2.2 (1) $(1,3)(2,4)$ ∴ $\mathrm{sgn}\begin{pmatrix} 1 & 2 & 3 & 4 \\ 3 & 4 & 1 & 2 \end{pmatrix} = 1$

(2) $(1,4,5,7,2) = (1,2)(1,7)(1,5)(1,4)$ ∴ $\mathrm{sgn}\begin{pmatrix} 1 & 2 & 3 & 4 & 5 & 6 & 7 \\ 4 & 1 & 3 & 5 & 7 & 6 & 2 \end{pmatrix} = 1$

(3) $n = 2$ のとき

$$\begin{pmatrix} 1 & 2 \\ 2 & 1 \end{pmatrix}$$

$n = 3$ のとき

$$\begin{pmatrix} 1 & 2 & 3 \\ 3 & 2 & 1 \end{pmatrix}$$

$n = 4$ のとき

$$\begin{pmatrix} 1 & 2 & 3 & 4 \\ 4 & 3 & 2 & 1 \end{pmatrix}$$

$n = 5$ のとき

$$\begin{pmatrix} 1 & 2 & 3 & 4 & 5 \\ 5 & 4 & 3 & 2 & 1 \end{pmatrix}$$ と類推して

$n = 2m$ (偶数) のとき

$$\begin{pmatrix} 1 & 2 & \cdots & m & m+1 & & 2m \\ 2m & 2m-1 & \cdots & m+1 & m & & 1 \end{pmatrix}$$

$$= (1, 2m)(2, 2m-1)\cdots(m, m+1)$$

$$\therefore \text{sgn}\begin{pmatrix} 1 & 2 & \cdots & n \\ n & \cdots & & 1 \end{pmatrix} = (-1)^m = (-1)^{\frac{n}{2}}$$

$n = 2m - 1$ (奇数) のとき

$$\begin{pmatrix} 1 & 2 & \cdots & m-1 & m & & 2m-1 \\ 2m-1 & & \cdots & m+1 & m & 2 & 1 \end{pmatrix}$$

$$= (1, 2m-1)(2, 2m-2)\cdots(m-1, m+1)$$

$$\therefore \text{sgn}\begin{pmatrix} 1 & 2 & \cdots & n \\ n & n-1 & & 1 \end{pmatrix} = (-1)^{m-1} = (-1)^{\frac{n-1}{2}}$$

2.3 7 次の行列式の展開式は,

$$\sum_{\begin{pmatrix} 1 & 2 & \cdots & 7 \\ p_1 & p_2 & \cdots & p_7 \end{pmatrix} \in S_n} \text{sgn}\begin{pmatrix} 1 & 2 & \cdots & 7 \\ p_1 & p_2 & \cdots & p_7 \end{pmatrix} a_{1p_1} a_{2p_2} \cdots a_{7p_7} \text{から},$$

$a_{13} a_{21} a_{34} a_{45} a_{52} a_{67} a_{76}$ の項の符号は,

$$\text{sgn}\begin{pmatrix} 1 & 2 & 3 & 4 & 5 & 6 & 7 \\ 3 & 1 & 4 & 5 & 2 & 7 & 6 \end{pmatrix} = \text{sgn}(1, 3, 4, 5, 2)(6, 7)$$

$$= \text{sgn}(1, 2)(1, 5)(1, 4)(1, 3)(6, 7) = -1$$

2.4 (1) $\begin{vmatrix} 2 & 1 \\ 9 & 6 \end{vmatrix} = 2 \times 6 - 9 \times 1 = 12 - 9 = 3$

(2) $\begin{vmatrix} 1 & 2 \\ 4 & 3 \end{vmatrix} = 1 \times 3 - 2 \times 4 = -5$

(3) $\begin{vmatrix} a(b-c) & b(a-c) \\ c(b-c) & c-a \end{vmatrix} = \begin{vmatrix} a(b-c) & -b(c-a) \\ c(b-c) & c-a \end{vmatrix}$

$$= (b-c)(c-a)\begin{vmatrix} a & -b \\ c & 1 \end{vmatrix} = (b-c)(c-a)(a+bc)$$

(4) $\begin{vmatrix} 1 & -1 & 2 \\ 2 & 3 & 1 \\ 8 & -3 & 4 \end{vmatrix} = \begin{vmatrix} 1 & 0 & 0 \\ 2 & 5 & -3 \\ 8 & 5 & -12 \end{vmatrix} = \begin{vmatrix} 5 & -3 \\ 5 & -12 \end{vmatrix} \xleftarrow{-1} = \begin{vmatrix} 5 & -3 \\ 0 & -9 \end{vmatrix} = -45$

(5) $\begin{vmatrix} 1 & 2 & 2 \\ -2 & -1 & 2 \\ -2 & 2 & -1 \end{vmatrix} = 1 - 8 - 8 - (4 + 4 + 4) = -27$

(6) $\begin{vmatrix} 6 & 7 & -2 \\ 2 & -3 & 5 \\ 5 & 6 & -7 \end{vmatrix} \overset{-1}{=} \begin{vmatrix} -1 & 7 & -2 \\ 5 & -3 & 5 \\ -1 & 6 & -7 \end{vmatrix} \overset{1}{=} \begin{vmatrix} -1 & 5 & -2 \\ 5 & 2 & 5 \\ -1 & -1 & -7 \end{vmatrix} = (-1) \begin{vmatrix} -1 & 5 & -2 \\ 5 & 2 & 5 \\ 1 & 1 & 7 \end{vmatrix}_1$

$= (-1) \begin{vmatrix} 0 & 6 & 5 \\ 5 & 2 & 5 \\ 1 & 1 & 7 \end{vmatrix} = (-1)(0 + 30 + 25 - 10 - 210) = 165$

(7) $\begin{vmatrix} a & a & a \\ b & a & a \\ c & b & a \end{vmatrix} = a^3 + a^2c + ab^2 - a^2c - a^2b - a^2b$

$= a^3 - 2ba^2 + b^2a = a(a^2 - 2ba + b^2) = a(a-b)^2$

(8) $\begin{vmatrix} c & a+b & c \\ b+c & a & a \\ b & b & c+a \end{vmatrix}_{-1} \overset{1}{=} \begin{vmatrix} c-a & a & -a \\ c & a-b & -c \\ b & b & c+a \end{vmatrix}$

$= \begin{vmatrix} c-b & a+b-c & c-b-a \\ c & a-b-c & 0 \\ b & 0 & a+b+c \end{vmatrix}_1 = \begin{vmatrix} c & a+b-c & 2c \\ c & a-b-c & 0 \\ b & 0 & a+b+c \end{vmatrix}_{-1}$

$= \begin{vmatrix} 0 & 2b & 2c \\ c & a-b-c & 0 \\ b & 0 & a+b+c \end{vmatrix} = -2bc(a-b-c) - 2bc(a+b+c)$

$= -2bc(a-b-c+a+b+c) = -4abc$

2.5

(1) $\begin{vmatrix} 1 & -1 & 1 & -1 \\ -1 & 1 & -2 & 3 \\ 1 & 3 & 1 & 2 \\ 2 & 1 & 5 & 1 \end{vmatrix} = \begin{vmatrix} 1 & 0 & 0 & 0 \\ -1 & 0 & -1 & 2 \\ 1 & 4 & 0 & 3 \\ 2 & 3 & 3 & 3 \end{vmatrix} = \begin{vmatrix} 0 & -1 & 2 \\ 4 & 0 & 3 \\ 3 & 3 & 3 \end{vmatrix}$

$= -9 + 24 + 12 = 27$

(2) $\begin{vmatrix} 4 & 3 & 2 & 6 \\ 2 & 3 & 1 & 2 \\ 0 & 3 & 2 & 1 \\ -3 & -2 & 0 & 2 \end{vmatrix} = \begin{vmatrix} 4 & 3 & 2 & 6 \\ 2 & 3 & 1 & 2 \\ 0 & 3 & 2 & 1 \\ -3 & 1 & 2 & 3 \end{vmatrix}_{-3}$

$= \begin{vmatrix} 13 & 0 & -4 & -3 \\ 11 & 0 & -5 & -7 \\ 9 & 0 & -4 & -8 \\ -3 & 1 & 2 & 3 \end{vmatrix} = 1 \times (-1)^{4+2} \begin{vmatrix} 13 & -4 & -3 \\ 11 & -5 & -7 \\ 9 & -4 & -8 \end{vmatrix}$

2列で展開

$$= (-1)^{4+2} \times (-1)^2 \begin{vmatrix} 13 & 4 & 3 \\ 11 & 5 & 7 \\ 9 & 4 & 8 \end{vmatrix} \begin{matrix} \\ \uparrow^{-1} \\ \end{matrix}$$

$$= -\begin{vmatrix} 4 & 0 & -5 \\ 2 & 1 & -1 \\ 9 & 4 & 8 \end{vmatrix} = 53$$

(3) $\begin{vmatrix} 2 & 7 & 5 & 6 \\ 1 & 1 & 3 & 1 \\ 1 & 5 & 4 & 3 \\ 4 & 4 & 6 & 5 \end{vmatrix} = \begin{vmatrix} 2 & 5 & -1 & 4 \\ 1 & 0 & 0 & 0 \\ 1 & 4 & 1 & 2 \\ 4 & 0 & -6 & 1 \end{vmatrix} = 1 \times (-1)^{2+1} \begin{vmatrix} 5 & -1 & 4 \\ 4 & 1 & 2 \\ 0 & -6 & 1 \end{vmatrix}$

$$= -\begin{vmatrix} 9 & 0 & 6 \\ 4 & 1 & 2 \\ 0 & -6 & 1 \end{vmatrix} = -(9 - 144 + 108) = 27$$

(4) $\begin{vmatrix} 1 & 1 & 1 & 1 \\ 0 & 1 & 2 & 3 \\ 1 & 3 & 6 & 10 \\ 0 & 3 & 9 & 19 \end{vmatrix} = \begin{vmatrix} 1 & 1 & 1 & 1 \\ 0 & 1 & 2 & 3 \\ 0 & 2 & 5 & 9 \\ 0 & 3 & 9 & 19 \end{vmatrix} = \begin{vmatrix} 1 & 2 & 3 \\ 2 & 5 & 9 \\ 3 & 9 & 19 \end{vmatrix}$

$$= \begin{vmatrix} 1 & 0 & 0 \\ 2 & 1 & 3 \\ 3 & 3 & 10 \end{vmatrix} = \begin{vmatrix} 1 & 3 \\ 3 & 10 \end{vmatrix} = 10 - 9 = 1$$

(5) $\begin{vmatrix} 1 & a & a^2 & a^3 + bcd \\ 1 & b & b^2 & b^3 + acd \\ 1 & c & c^2 & c^3 + abd \\ 1 & d & d^2 & d^3 + abc \end{vmatrix} = \begin{vmatrix} 1 & a & a^2 & a^3 + bcd \\ 0 & b-a & b^2-a^2 & b^3-a^3+acd-bcd \\ 0 & c-a & c^2-a^2 & c^3-a^3+abd-bcd \\ 0 & d-a & d^2-a^2 & d^3-a^3+abc-bcd \end{vmatrix}$

$$= \begin{vmatrix} b-a & (b-a)(b+a) & (b-a)(b^2+ba+a^2-cd) \\ c-a & (c-a)(c+a) & (c-a)(c^2+ca+a^2-bd) \\ d-a & (d-a)(d+a) & (d-a)(d^2+da+a^2-bc) \end{vmatrix}$$

$$= (b-a)(c-a)(d-a) \begin{vmatrix} 1 & b+a & b^2+ba+a^2-cd \\ 1 & c+a & c^2+ca+a^2-bd \\ 1 & d+a & d^2+da+a^2-bc \end{vmatrix}$$

$$= (b-a)(c-a)(d-a) \begin{vmatrix} c-b & (c-b)(a+b+c+d) \\ d-b & (d-b)(a+b+c+d) \end{vmatrix}$$

$$= (b-a)(c-a)(d-a)(a+b+c+d)\{(c-b)(d-b)-(c-b)(d-b)\} = 0$$

2.6 $\begin{vmatrix} k & 3k \\ 4 & k \end{vmatrix} = k^2 - 12k = k(k-12) = 0$

したがって，$k=0$ または $k=12$ ならば行列式は 0 である．

2.7 (1) $\det\begin{pmatrix} t+1 & 6 \\ 2 & t-3 \end{pmatrix} = (t+1)(t-3) - 12 = t^2 - 2t - 15 = (t-5)(t+3)$

(2) $\det\begin{pmatrix} t+3 & -1 & 1 \\ 7 & t-5 & 1 \\ 6 & -6 & t+2 \end{pmatrix}$

$= (t+3)(t-5)(t+2) - 6 - 42 - 6(t-5) + 7(t+2) + 6(t+3)$

$= (t+3)(t-5)(t+2) - 48 - 6t + 30 + 7t + 14 + 6t + 18$

$= (t+3)(t-5)(t+2) + 7(t+2)$

$= (t+2)(t^2 - 2t - 15 + 7) = (t+2)(t^2 - 2t - 8)$

$= (t+2)(t+2)(t-4) = (t+2)^2(t-4)$

2.8 $\begin{vmatrix} 1 & 1 & -1 \\ 3 & -1 & 5 \\ 5 & 2 & -6 \end{vmatrix} = 6 + 25 - 6 - (5 - 18 + 10) = 25 + 3 = 28 (\neq 0)$，したがって解が存在する

$\begin{vmatrix} 5 & 1 & -1 \\ 11 & -1 & 5 \\ 15 & 2 & -6 \end{vmatrix} = 30 + 75 - 22 - (15 - 66 + 50) = 83 + 1 = 84$

$\begin{vmatrix} 1 & 5 & -1 \\ 3 & 11 & 5 \\ 5 & 15 & -6 \end{vmatrix} = \begin{vmatrix} 1 & 5 & -1 \\ 0 & -4 & 8 \\ 5 & 15 & -6 \end{vmatrix} = 24 + 200 - (20 + 120) = 224 - 140 = 84$

$\begin{vmatrix} 1 & 1 & 5 \\ 3 & -1 & 11 \\ 5 & 2 & 15 \end{vmatrix} = \begin{vmatrix} 1 & 0 & 2 \\ 3 & -4 & 2 \\ 5 & -3 & 0 \end{vmatrix} = -18 + 40 + 6 = 28$

$x_1 = \dfrac{84}{28} = 3, \quad x_2 = \dfrac{84}{28} = 3, \quad x_3 = \dfrac{28}{28} = 1$

2.9 係数の行列式

$\begin{vmatrix} a & -b \\ 2a & 3b \end{vmatrix} = 3ab + 2ab = 5ab \neq 0$，したがって解が存在する．

$x = \dfrac{1}{5ab} \begin{vmatrix} c & -b \\ -8c & 3b \end{vmatrix} = \dfrac{1}{5ab}(3bc - 8bc) = -\dfrac{c}{a}$

$y = \dfrac{1}{5ab} \begin{vmatrix} a & c \\ 2a & -8c \end{vmatrix} = \dfrac{1}{5ab}(-8ac - 2ac) = -\dfrac{2c}{b}$

2.10 解は (1) $x_1 = x_2 = x_3 = 1$

(2) $x_1 = 1, x_2 = 2, x_3 = -1, x_4 = 3$

(3) $x = b - c, y = c - a, z = a - b$

2.11 (1) $\begin{cases} (k-3)x + y - z = 0 \\ -x + (k-3)y + z = 0 \\ x - y + (k-3)z = 0 \end{cases}$ より,

$\begin{vmatrix} k-3 & 1 & -1 \\ -1 & k-3 & 1 \\ 1 & -1 & k-3 \end{vmatrix} = (k-3)(k^2 - 6k + 12) = 0$ より, $k = 3, 3 \pm \sqrt{3}i$

(2) $\begin{cases} (k-2)x_1 + x_2 + x_3 + x_4 = 0 \\ x_1 + (k-2)x_2 + x_3 + x_4 = 0 \\ x_1 + x_2 + (k-2)x_3 + x_4 = 0 \\ x_1 + x_2 + x_3 + (k-2)x_4 = 0 \end{cases}$ より,

$\begin{vmatrix} k-2 & 1 & 1 & 1 \\ 1 & k-2 & 1 & 1 \\ 1 & 1 & k-2 & 1 \\ 1 & 1 & 1 & k-2 \end{vmatrix} = (k+1)(k-3)^3 = 0$ より, $k = 3, -1$

2.12 A の逆行列は $A^{-1} = \begin{pmatrix} 1 & x \\ 0 & 1 \end{pmatrix}$ の形である.

$AA^{-1} = E$ より,

$\begin{pmatrix} 1 & 1 \\ 0 & 1 \end{pmatrix} \begin{pmatrix} 1 & x \\ 0 & 1 \end{pmatrix} = \begin{pmatrix} 1 & 1+x \\ 0 & 1 \end{pmatrix} = \begin{pmatrix} 1 & 0 \\ 0 & 1 \end{pmatrix}$ より,

$x + 1 = 0$ だから $x = -1$

∴ $A^{-1} = \begin{pmatrix} 1 & -1 \\ 0 & 1 \end{pmatrix}$

または公式 $A^{-1} = \dfrac{1}{\det A} {}^t\!\begin{pmatrix} A_{11} & A_{12} \\ A_{21} & A_{22} \end{pmatrix}$ によっても求められる.

$\det A = 1, A_{11} = 1, A_{12} = 0, A_{21} = -1, A_{22} = 1$

よって, $A^{-1} = \begin{pmatrix} 1 & -1 \\ 0 & 1 \end{pmatrix}$

2.13 (1) $\begin{vmatrix} 1 & 1 & -1 \\ 2 & 1 & -2 \\ -1 & 3 & 4 \end{vmatrix} = 4 + 2 - 6 - (1 + 8 - 6) = -3 \neq 0$.

よって正則.

$A^{-1} = \dfrac{1}{-3} {}^t\!\begin{pmatrix} A_{11} & A_{12} & A_{13} \\ A_{21} & A_{22} & A_{23} \\ A_{31} & A_{32} & A_{33} \end{pmatrix}$

$A_{11} = \begin{vmatrix} 1 & -2 \\ 3 & 4 \end{vmatrix} = 10, A_{12} = -\begin{vmatrix} 2 & -2 \\ -1 & 4 \end{vmatrix} = -6, A_{13} = \begin{vmatrix} 2 & 1 \\ -1 & 3 \end{vmatrix} = 7,$

$A_{21} = -\begin{vmatrix} 1 & -1 \\ 3 & 4 \end{vmatrix} = -7, A_{22} = \begin{vmatrix} 1 & -1 \\ -1 & 4 \end{vmatrix} = 3, A_{23} = -\begin{vmatrix} 1 & 1 \\ -1 & 3 \end{vmatrix} = -4,$

$$A_{31} = \begin{vmatrix} 1 & -1 \\ 1 & 2 \end{vmatrix} = -1, \ A_{32} = -\begin{vmatrix} 1 & -1 \\ 2 & -2 \end{vmatrix} = 0, \ A_{33} = \begin{vmatrix} 1 & 1 \\ 2 & 1 \end{vmatrix} = -1$$

$$A^{-1} = -\frac{1}{3}\begin{pmatrix} 10 & -7 & -1 \\ -6 & 3 & 0 \\ 7 & -4 & -1 \end{pmatrix}$$

(2) $\det B = \begin{vmatrix} 1 & 2 & 3 \\ -1 & 3 & 2 \\ 3 & 1 & 4 \end{vmatrix} = \begin{vmatrix} 1 & 2 & 3 \\ 0 & 5 & 5 \\ 0 & -5 & -5 \end{vmatrix} = \begin{vmatrix} 1 & 2 & 3 \\ 0 & 5 & 5 \\ 0 & 0 & 0 \end{vmatrix} = 0$

よって正則ではない.

2.14 A の次数を $2m+1$ とおく. A は交代行列だから, ${}^tA = -A$

$$\det({}^tA) = \det(-A) = (-1)^{2m+1}\det A = -\det A$$

一方, $\det({}^tA) = \det A$ より, $2\det A = 0$. よって $\det A = 0$.

2.15

$$\begin{vmatrix} 1+x & 1 & 1 \\ 1 & 1+y & 1 \\ 1 & 1 & 1+z \end{vmatrix} = xyz \begin{vmatrix} 1+\frac{1}{x} & \frac{1}{y} & \frac{1}{z} \\ \frac{1}{x} & 1+\frac{1}{y} & \frac{1}{z} \\ \frac{1}{x} & \frac{1}{y} & 1+\frac{1}{z} \end{vmatrix}$$

$$= xyz \begin{vmatrix} 1+\frac{1}{x}+\frac{1}{y}+\frac{1}{z} & \frac{1}{y} & \frac{1}{z} \\ 1+\frac{1}{x}+\frac{1}{y}+\frac{1}{z} & 1+\frac{1}{y} & \frac{1}{z} \\ 1+\frac{1}{x}+\frac{1}{y}+\frac{1}{z} & \frac{1}{y} & 1+\frac{1}{z} \end{vmatrix}$$

$$= xyz(1+\tfrac{1}{x}+\tfrac{1}{y}+\tfrac{1}{z}) \begin{vmatrix} 1 & \frac{1}{y} & \frac{1}{z} \\ 1 & 1+\frac{1}{y} & \frac{1}{z} \\ 1 & \frac{1}{y} & 1+\frac{1}{z} \end{vmatrix}$$

$$= xyz(1+\tfrac{1}{x}+\tfrac{1}{y}+\tfrac{1}{z}) \begin{vmatrix} 1 & \frac{1}{y} & \frac{1}{z} \\ 0 & 1 & 0 \\ 0 & 0 & 1 \end{vmatrix} = xyz(1+\tfrac{1}{x}+\tfrac{1}{y}+\tfrac{1}{z})$$

2.16 1行について余因子の展開をして,

(1) $\begin{vmatrix} a_{11} & a_{12} & & & * & \\ a_{21} & a_{22} & & & & \\ & & b_{11} & \cdots & b_{1p} \\ & & & \vdots & \\ 0 & & b_{p1} & \cdots & b_{pp} \end{vmatrix} = a_{11} \times (-1)^{1+1} \begin{vmatrix} a_{22} & & & ** & \\ 0 & b_{11} & \cdots & b_{1p} \\ & & \vdots & \\ 0 & b_{p1} & \cdots & b_{pp} \end{vmatrix}$

$$+ a_{12} \times (-1)^{1+2} \begin{vmatrix} a_{21} & & *** & \\ 0 & b_{11} & \cdots & b_{1p} \\ & & \vdots & \\ 0 & b_{p1} & \cdots & b_{pp} \end{vmatrix}$$

$$= a_{11} \times a_{22} \begin{vmatrix} b_{11} & \cdots & b_{1p} \\ \vdots & & \vdots \\ b_{p1} & \cdots & b_{pp} \end{vmatrix} - a_{12}a_{21} \begin{vmatrix} b_{11} & \cdots & b_{1p} \\ \vdots & & \vdots \\ b_{p1} & \cdots & b_{pp} \end{vmatrix}$$

$$= \begin{vmatrix} a_{11} & a_{12} \\ a_{21} & a_{22} \end{vmatrix} \begin{vmatrix} b_{11} & \cdots & b_{1p} \\ \vdots & & \vdots \\ b_{p1} & \cdots & b_{pp} \end{vmatrix}$$

(2) $\begin{vmatrix} x & y & z & w \\ a & b & c & d \\ d & c & b & a \\ w & z & y & x \end{vmatrix} = \begin{vmatrix} x+w & y+z & z & w \\ a+d & b+c & c & d \\ a+d & b+c & b & a \\ x+w & y+z & y & x \end{vmatrix} = \begin{vmatrix} x+w & y+z & z & w \\ a+d & b+c & c & d \\ 0 & 0 & b-c & a-d \\ 0 & 0 & y-z & x-w \end{vmatrix}$

$$= \begin{vmatrix} x+w & y+z \\ a+d & b+c \end{vmatrix} \begin{vmatrix} b-c & a-d \\ y-z & x-w \end{vmatrix} = \begin{vmatrix} x+w & y+z \\ a+d & b+c \end{vmatrix} \begin{vmatrix} x-w & y-z \\ a-d & b-c \end{vmatrix}$$

2.17 (1) $-\begin{vmatrix} y & z & -x \\ x & y & -z \\ z & x & -y \end{vmatrix} = \begin{vmatrix} z & y & -x \\ y & x & -z \\ x & z & -y \end{vmatrix} = -\begin{vmatrix} z & y & x \\ y & x & z \\ x & z & y \end{vmatrix} = -\begin{vmatrix} x+y+z & y & x \\ x+y+z & x & z \\ x+y+z & z & y \end{vmatrix}$

入れ換え

$$= -(x+y+z) \begin{vmatrix} 1 & y & x \\ 1 & x & z \\ 1 & z & y \end{vmatrix} = -(x+y+z) \begin{vmatrix} 1 & y & x \\ 0 & x-y & z-x \\ 0 & z-y & y-x \end{vmatrix}$$

$$= (x+y+z)(x^2+y^2+z^2-xy-yz-zx) = x^3+y^3+z^3-3xyz$$

(2) $(x^3+y^3+z^3-3xyz)^2 = -\begin{vmatrix} y & z & -x \\ x & y & -z \\ z & x & -y \end{vmatrix} \times \begin{vmatrix} z & y & -x \\ y & x & -z \\ x & z & -y \end{vmatrix}$

$$= -\begin{vmatrix} \begin{pmatrix} y & z & -x \\ x & y & -z \\ z & x & -y \end{pmatrix} \begin{pmatrix} z & y & -x \\ y & x & -z \\ x & z & -y \end{pmatrix} \end{vmatrix}$$

入れ換え

$= -\begin{vmatrix} 2yz-x^2 & y^2 & z^2 \\ y^2 & 2xy-z^2 & -x^2 \\ z^2 & x^2 & 2xz-y^2 \end{vmatrix} = \begin{vmatrix} 2yz-x^2 & z^2 & y^2 \\ z^2 & 2xz-y^2 & x^2 \\ y^2 & x^2 & 2xy-z^2 \end{vmatrix}$

2.18 1行で余因子展開して

$$
\begin{vmatrix} 0 & 0 & 0 & \beta & \alpha \\ c & b & a & 0 & \beta \\ f & e & d & a & 0 \\ h & g & e & b & 0 \\ i & h & f & c & 0 \end{vmatrix} = \beta \times (-1)^{1+4} \times \begin{vmatrix} c & b & a & \beta \\ f & e & d & 0 \\ h & g & e & 0 \\ i & h & f & 0 \end{vmatrix} + \alpha \times (-1)^{1+5} \times \begin{vmatrix} c & b & a & 0 \\ f & e & d & 0 \\ h & g & e & b \\ i & h & f & c \end{vmatrix}
$$

(入れ換え)

$$
= -\beta \begin{vmatrix} \beta & a & b & c \\ 0 & d & e & f \\ 0 & e & g & h \\ 0 & f & h & i \end{vmatrix} + \alpha \begin{vmatrix} 0 & a & b & c \\ a & d & e & f \\ b & e & g & h \\ c & f & h & i \end{vmatrix} = -\beta^2 \begin{vmatrix} d & e & f \\ e & g & h \\ f & h & i \end{vmatrix} + \alpha \begin{vmatrix} 0 & a & b & c \\ a & d & e & f \\ b & e & g & h \\ c & f & h & i \end{vmatrix} = 0
$$

から，与式が成立する．

2.19 (1) $\begin{vmatrix} A & B \\ B & A \end{vmatrix}\uparrow 1 = \begin{vmatrix} A+B & B+A \\ B & A \end{vmatrix} \xrightarrow{-1} = \begin{vmatrix} A+B & 0 \\ B & A-B \end{vmatrix} = |A+B||A-B|$

ただし，$\begin{vmatrix} A & B \\ B & A \end{vmatrix}\uparrow 1$ は 2 行目の分割行列を 1 倍して 1 行目の分割行列に足すことを意味する．

(2) $\begin{vmatrix} A & B \\ B & A \end{vmatrix}\downarrow 1 = \begin{vmatrix} -B & A \\ 0 & 2A \end{vmatrix} |-B||2A| = (-1)^n \cdot 2^n |B||A| = (-1)^n \cdot 2^n |A||B|$

たとえば，

$$
|-B| = \left| -\begin{pmatrix} b_{11} & b_{12} & \cdots & b_{1n} \\ b_{21} & \cdots & \cdots & b_{2n} \\ \vdots & & & \\ b_{n1} & \cdots & \cdots & b_{nn} \end{pmatrix} \right| = \begin{vmatrix} -b_{11} & -b_{12} & \cdots & -b_{1n} \\ -b_{21} & \cdots & \cdots & -b_{2n} \\ \vdots & & & \\ -b_{n1} & \cdots & \cdots & -b_{nn} \end{vmatrix}
$$

$$
= (-1)^n \begin{vmatrix} b_{11} & \cdots & b_{1n} \\ \vdots & & \vdots \\ b_{n1} & \cdots & b_{nn} \end{vmatrix}
$$

(3) $\begin{vmatrix} a & b & c & d \\ b & a & d & c \\ c & d & a & b \\ d & c & b & a \end{vmatrix} = \begin{vmatrix} a+c & b+d \\ b+d & a+c \end{vmatrix} \begin{vmatrix} a-c & b-d \\ b-d & a-c \end{vmatrix}$

$$
= \{(a+c)^2 - (b+d)^2\}\{(a-c)^2 - (b-d)^2\}
$$

$$
= (a+b+c+d)(a+b-c-d)(a+c-b-d)(a+d-b-c)
$$

第3章

■問題解答

[問題 1] $\begin{pmatrix} a_{11} & a_{12} \\ a_{21} & a_{22} \end{pmatrix}$, $\begin{pmatrix} b_{11} & b_{12} \\ b_{21} & b_{22} \end{pmatrix} \in M_2(\mathbf{R})$ のとき和は，

$$
\begin{pmatrix} a_{11} & a_{12} \\ a_{21} & a_{22} \end{pmatrix} + \begin{pmatrix} b_{11} & b_{12} \\ b_{21} & b_{22} \end{pmatrix} = \begin{pmatrix} a_{11}+b_{11} & a_{12}+b_{12} \\ a_{21}+b_{21} & a_{22}+b_{22} \end{pmatrix} \in M_2(\mathbf{R})
$$

スカラー倍は，$c\begin{pmatrix} a_{11} & a_{12} \\ a_{21} & a_{22} \end{pmatrix} = \begin{pmatrix} ca_{11} & ca_{12} \\ ca_{21} & ca_{22} \end{pmatrix} \in M_2(\mathbf{R})$ で定義される．たとえば (V1)(交換法則) は，

$$\begin{pmatrix} a_{11} & a_{12} \\ a_{21} & a_{22} \end{pmatrix} + \begin{pmatrix} b_{11} & b_{12} \\ b_{21} & b_{22} \end{pmatrix} = \begin{pmatrix} a_{11}+b_{11} & a_{12}+b_{12} \\ a_{21}+b_{21} & a_{22}+b_{22} \end{pmatrix} = \begin{pmatrix} b_{11}+a_{11} & b_{12}+a_{12} \\ b_{21}+a_{21} & b_{22}+a_{22} \end{pmatrix}$$

$$= \begin{pmatrix} b_{11} & b_{12} \\ b_{21} & b_{22} \end{pmatrix} + \begin{pmatrix} a_{11} & a_{12} \\ a_{21} & a_{22} \end{pmatrix}$$

(V2)〜(V8) は 1.2 節の 4 を参照.

そのとき零元は $\begin{pmatrix} 0 & 0 \\ 0 & 0 \end{pmatrix}$ であり,$\begin{pmatrix} a_{11} & a_{12} \\ a_{21} & a_{22} \end{pmatrix}$ の逆元は $\begin{pmatrix} -a_{11} & -a_{12} \\ -a_{21} & -a_{22} \end{pmatrix}$ である.

[問題 2] $\begin{pmatrix} a & b \\ b & c \end{pmatrix}, \begin{pmatrix} a' & b' \\ b' & c' \end{pmatrix} \in S_2(\mathbf{R})$ のとき,

$$\begin{pmatrix} a & b \\ b & c \end{pmatrix} + \begin{pmatrix} a' & b' \\ b' & c' \end{pmatrix} = \begin{pmatrix} a+a' & b+b' \\ b+b' & c+c' \end{pmatrix} \in S_2(\mathbf{R})$$

$\lambda \begin{pmatrix} a & b \\ b & c \end{pmatrix} = \begin{pmatrix} \lambda a & \lambda b \\ \lambda b & \lambda c \end{pmatrix} \in S_2(\mathbf{R})$ より,和とスカラー倍が $S_2(\mathbf{R})$ に定義できる.次にベクトル空間の (V1)〜(V8) の性質は 2 次の対称行列も 1 つの行列であるから,1 章 1.2 の行列の演算が成り立つ.たとえば,零元 $\begin{pmatrix} 0 & 0 \\ 0 & 0 \end{pmatrix}$,$\begin{pmatrix} a & b \\ b & c \end{pmatrix}$ の逆元 $\begin{pmatrix} -a & -b \\ -b & -c \end{pmatrix}$ も $S_2(\mathbf{R})$ の元であり,(V8) は

$1 \cdot \begin{pmatrix} a & b \\ b & c \end{pmatrix} = \begin{pmatrix} a & b \\ b & c \end{pmatrix}$ となる.

[問題 3]

(1) $W_1 \ni \boldsymbol{a_1} = (x_1, 0, z_1)$, $\boldsymbol{a_2} = (x_2, 0, z_2)$

$\boldsymbol{a_1} + \boldsymbol{a_2} = (x_1+x_2, 0, z_1+z_2) \in W_1$, $c\boldsymbol{a_1} = (cx_1, 0, cz_1) \in W_1$

したがって,W_1 は部分ベクトル空間である.

(2) $W_2 \ni \boldsymbol{a_1} = (x_1, y_1, z_1)$, $\boldsymbol{a_2} = (x_2, y_2, z_2)$, $\boldsymbol{a_1} + \boldsymbol{a_2} = (x_1+x_2, y_1+y_2, z_1+z_2)$,

$x_1 + 5y_1 - 3z_1 = 0, x_2 + 5y_2 - 3z_2 = 0$ より

$$x_1 + x_2 + 5(y_1+y_2) - 3(z_1+z_2) = 0 \text{ だから}$$

$\boldsymbol{a_1} + \boldsymbol{a_2} \in W_2$.

$c\boldsymbol{a_1} = (cx_1, cy_1, cz_1)$, $cx_1 + 5(cy_1) - 3(cz_1) = c(x_1 + 5y_1 - 3z_1) = 0$

したがって,W_2 は部分ベクトル空間である.

(3) $0 + 0 + 0 \neq 1$ より $(0,0,0) \notin W_3$. したがって,W_3 は部分ベクトル空間ではない.

(4) $W_4 \ni \boldsymbol{a_1} = \left(\dfrac{1}{2}, y_1, z_1\right)$, $\boldsymbol{a_2} = \left(\dfrac{2}{3}, y_2, z_2\right)$, $\boldsymbol{a_1} + \boldsymbol{a_2} = \left(\dfrac{7}{6}, y_1+y_2, z_1+z_2\right), \notin W_4$

よって W_4 は部分ベクトル空間ではない.

[問題 4] $F_0 = \{f | \int_{-1}^{1} f(x)dx = 0, f \in F\}$ より,$f, g \in F_0, c \in \mathbf{R}$ とすると,

$$\int_{-1}^{1} \{f(x) + g(x)\}dx = \int_{-1}^{1} f(x)dx + \int_{-1}^{1} g(x)dx = 0 + 0 = 0 \quad \therefore \ f + g \in F_0$$

$$\int_{-1}^{1} \{cf(x)\}dx = c\int_{-1}^{1} f(x)dx = 0 \quad \therefore \ cf \in F_0$$

よって F_0 は F の部分空間.

[問題 5] $\boldsymbol{a} = \alpha\boldsymbol{b} + \beta\boldsymbol{c}$ と表示できる.

$(2, k, 0) = \alpha(1, -2, 1) + \beta(3, 1, -2)$ より,成分を比較する.

$$\begin{cases} \alpha + 3\beta = 2 & (\text{i}) \\ -2\alpha + \beta = k & (\text{ii}) \\ \alpha - 2\beta = 0 & (\text{iii}) \end{cases}$$

(i) と (iii) より, $5\beta = 2$. したがって, $\beta = \dfrac{2}{5}$ (iv)

(iv) を (iii) に代入して, $\alpha = \dfrac{4}{5}$ (v)

(iv) と (v) を (ii) に代入する.

$$k = \frac{-8}{5} + \frac{2}{5} = \frac{-6}{5} \quad \text{で} \quad \boldsymbol{a} = \frac{4}{5}\boldsymbol{b} + \frac{2}{5}\boldsymbol{c}$$

[問題 6] $\begin{vmatrix} 1 & -2 & x \\ 1 & 3 & 5 \\ 2 & 1 & 4 \end{vmatrix} = -5x - 5 = 0$ より, $x = -1$

[問題 7] $\boldsymbol{R}[t]_3$ の元 $f(t) = a_0 + a_1 t + a_2 t^2 + a_3 t^3$ と書ける. 2つの条件から

$$f(-1) = a_0 - a_1 + a_2 - a_3 = 0, \; f(1) = a_0 + a_1 + a_2 + a_3 = 0$$

これより, $a_0 + a_2 = 0$. したがって, $a_2 = -a_0$. また, $a_3 = -a_1$.

$$f(t) = a_0 + a_1 t - a_0 t^2 - a_1 t^3 = a_0(1 - t^2) + a_1(t - t^3)$$

条件を満たす $f(t)$ は, $1 - t^2$, $t - t^3$ の1次結合で表示できる. $1 - t^2$ と $t - t^3$ の1次独立性を調べる.

$$c(1 - t^2) + d(t - t^3) = 0 \Rightarrow c + dt - ct^2 - dt^3 = 0.$$

これより $c = d = 0$. したがって, $1 - t^2$ と $t - t^3$ は1次独立だから基底は $1 - t^2$, $t - t^3$ で次元は2.

[問題 8]
(1) 条件より $b = -c - d$ だから

$$\begin{pmatrix} a \\ b \\ c \\ d \end{pmatrix} = \begin{pmatrix} a \\ -c-d \\ c \\ d \end{pmatrix} = a\begin{pmatrix} 1 \\ 0 \\ 0 \\ 0 \end{pmatrix} + c\begin{pmatrix} 0 \\ -1 \\ 1 \\ 0 \end{pmatrix} + d\begin{pmatrix} 0 \\ -1 \\ 0 \\ 1 \end{pmatrix}, \; \dim U = 3$$

(2) 条件より $b = -a, \; c = 2d$ だから

$$\begin{pmatrix} a \\ b \\ c \\ d \end{pmatrix} = \begin{pmatrix} a \\ -a \\ 2d \\ d \end{pmatrix} = a\begin{pmatrix} 1 \\ -1 \\ 0 \\ 0 \end{pmatrix} + d\begin{pmatrix} 0 \\ 0 \\ 2 \\ 1 \end{pmatrix}, \; \dim U = 2$$

(3) $U \cap W = \{(a, b, c, d) | b + c + d = 0, \; a + b = 0, \; c = 2d\}$

これより連立方程式を解く.

$$b = -c - d = -2d - d = -3d, \; c = 2d, \; a = -b = 3d.$$

$$\begin{pmatrix} a \\ b \\ c \\ d \end{pmatrix} = \begin{pmatrix} 3d \\ -3d \\ 2d \\ d \end{pmatrix} = d\begin{pmatrix} 3 \\ -3 \\ 2 \\ 1 \end{pmatrix}$$

$\dim(U \cap W) = 1$.

[問題 9]
$$f: \begin{array}{c} R \\ \cup \\ 0 \neq x \end{array} \to \begin{array}{c} R \\ \cup \\ f(x) = x^2 \end{array}$$
$$\begin{array}{c} -x \\ \not\to \end{array} \to f(-x) = x^2$$ より，$x \neq -x$ であるが $f(x) = f(-x)$ より，f は単射ではない．また，$f(x) = x^2 \geqq 0$ であり，$f(\boldsymbol{R}) \subsetneq \boldsymbol{R}$ より，f は全射でない．

また，線形写像でないことは，$x, y \in \boldsymbol{R}$ をとると，
$$f(x+y) = (x+y)^2 = x^2 + 2xy + y^2 = f(x) + f(y) + 2xy \neq f(x) + f(y)$$
$c \in \boldsymbol{R}$ とすれば，$f(cx) = (cx)^2 = c^2 x^2 = c^2 f(x)$ より，f は線形写像ではない．

[問題 10] f の線形性は 3.2 節の 3 の (L1) と (L2) を確かめればよい．

(1) (L1) $f(x_1 + x_2, y_1 + y_2) = (x_1 + x_2 + y_1 + y_2, x_1 + x_2)$
$$= (x_1 + y_1, x_1) + (x_2 + y_2, x_2) = f(x_1, y_1) + f(x_2, y_2)$$

(L2) $f(cx, cy) = (cx + cy, cx) = c(x + y, x) = cf(x, y)$
したがって，f は線形である．

(2) $f(cx, cy) = (cx + 1, 2cy, cx + cy)$
一方，$cf(x, y) = (cx + c, 2cy, cx + cy)$ で $cx + 1$ と $cx + c$ は任意の c に対して等しくない．したがって，線形ではない．

[問題 11]

(1) $\boldsymbol{R}^2$ の基が $\{\boldsymbol{a_1}, \boldsymbol{a_2}\}$ より $f(\boldsymbol{a_1}), f(\boldsymbol{a_2})$ を $\boldsymbol{a_1}, \boldsymbol{a_2}$ の 1 次結合で表すと
$$f\left(\begin{pmatrix} 1 \\ 2 \end{pmatrix}\right) = \begin{pmatrix} 1 + 2 \cdot 2 \\ 2 \cdot 1 \end{pmatrix} = \begin{pmatrix} 5 \\ 2 \end{pmatrix} = x_1 \begin{pmatrix} 1 \\ 2 \end{pmatrix} + x_2 \begin{pmatrix} 2 \\ 0 \end{pmatrix}$$
$$f\left(\begin{pmatrix} 2 \\ 0 \end{pmatrix}\right) = \begin{pmatrix} 2 + 2 \cdot 0 \\ 2 \cdot 2 \end{pmatrix} = \begin{pmatrix} 2 \\ 4 \end{pmatrix} = x_1' \begin{pmatrix} 1 \\ 2 \end{pmatrix} + x_2' \begin{pmatrix} 2 \\ 0 \end{pmatrix}$$
$$\begin{cases} 5 = x_1 + 2x_2 \\ 2 = 2x_1 \\ 2 = x_1' + 2x_2' \\ 4 = 2x_1' \end{cases}$$
$x_1 = 1, \ x_2 = 2, \ x_1' = 2, \ x_2' = 0$

f の表現行列は $\begin{pmatrix} 1 & 2 \\ 2 & 0 \end{pmatrix}$

$f^{-1} \leftrightarrow \begin{pmatrix} 1 & 2 \\ 2 & 0 \end{pmatrix}^{-1}$ より，例題 2.10 と同様に $\begin{pmatrix} 1 & 2 \\ 2 & 0 \end{pmatrix} = A$ とすると
$$A_{11} = (-1)^{1+1} \times 0 = 0, A_{12} = (-1)^{1+2} \times 2 = -2,$$
$$A_{21} = (-1)^{2+1} \times 2 = -2, A_{22} = (-1)^{2+2} \times 1 = 1$$
$$\tilde{A} = {}^t\begin{pmatrix} A_{11} & A_{12} \\ A_{21} & A_{22} \end{pmatrix} = \begin{pmatrix} A_{11} & A_{21} \\ A_{12} & A_{22} \end{pmatrix} = \begin{pmatrix} 0 & -2 \\ -2 & 1 \end{pmatrix}$$

また，$|A| = 1 \times 0 - 2 \times 2 = -4$
$$A^{-1} = \frac{\tilde{A}}{|A|} = -\frac{1}{4}\begin{pmatrix} 0 & -2 \\ -2 & 1 \end{pmatrix} = \begin{pmatrix} 0 & \frac{1}{2} \\ \frac{1}{2} & -\frac{1}{4} \end{pmatrix}$$

$$f^{-1} \leftrightarrow \begin{pmatrix} 0 & \frac{1}{2} \\ \frac{1}{2} & -\frac{1}{4} \end{pmatrix}$$

(2) まず g の表現行列は,$\mathbf{R}^2$ の基底は $\{\mathbf{a_1}, \mathbf{a_2}\}$,$\mathbf{R}^3$ の基底は $\left\{ \begin{pmatrix} 1 \\ 0 \\ 0 \end{pmatrix}, \begin{pmatrix} 0 \\ 1 \\ 0 \end{pmatrix}, \begin{pmatrix} 0 \\ 0 \\ 1 \end{pmatrix} \right\}$ より

$$g(\mathbf{a_1}) = g\left(\begin{pmatrix} 1 \\ 2 \end{pmatrix}\right) = \begin{pmatrix} -1+2 \\ 0 \\ 1+2 \end{pmatrix} = \begin{pmatrix} 1 \\ 0 \\ 3 \end{pmatrix} = 1\begin{pmatrix} 1 \\ 0 \\ 0 \end{pmatrix} + 0\begin{pmatrix} 0 \\ 1 \\ 0 \end{pmatrix} + 3\begin{pmatrix} 0 \\ 0 \\ 1 \end{pmatrix}$$

$$g(\mathbf{a_2}) = g\left(\begin{pmatrix} 2 \\ 0 \end{pmatrix}\right) = \begin{pmatrix} -2+0 \\ 0 \\ 2+0 \end{pmatrix} = \begin{pmatrix} -2 \\ 0 \\ 2 \end{pmatrix} = -2\begin{pmatrix} 1 \\ 0 \\ 0 \end{pmatrix} + 0\begin{pmatrix} 0 \\ 1 \\ 0 \end{pmatrix} + 2\begin{pmatrix} 0 \\ 0 \\ 1 \end{pmatrix}$$

から,$g \leftrightarrow \begin{pmatrix} 1 & -2 \\ 0 & 0 \\ 3 & 2 \end{pmatrix}$

よって,$g \circ f$ の表現行列は $\begin{pmatrix} 1 & -2 \\ 0 & 0 \\ 3 & 2 \end{pmatrix} \begin{pmatrix} 1 & 2 \\ 2 & 0 \end{pmatrix} = \begin{pmatrix} -3 & 2 \\ 0 & 0 \\ 7 & 6 \end{pmatrix}$

[問題 12] $f(\mathbf{e_1}) = a\mathbf{e_1} + c\mathbf{e_2}$, $f(\mathbf{e_2}) = b\mathbf{e_1} + d\mathbf{e_2}$ とすると $f \leftrightarrow \begin{pmatrix} a & b \\ c & d \end{pmatrix}$.

そこで求める線形写像を $f\left(\begin{pmatrix} x \\ y \end{pmatrix}\right) = \begin{pmatrix} a & b \\ c & d \end{pmatrix} \begin{pmatrix} x \\ y \end{pmatrix}$ とすると,

$$f\left(\begin{pmatrix} 1 \\ -1 \end{pmatrix}\right) = \begin{pmatrix} a & b \\ c & d \end{pmatrix} \begin{pmatrix} 1 \\ -1 \end{pmatrix} = \begin{pmatrix} 2 \\ -3 \end{pmatrix} \quad (\text{i})$$

$$f\left(\begin{pmatrix} 3 \\ -2 \end{pmatrix}\right) = \begin{pmatrix} a & b \\ c & d \end{pmatrix} \begin{pmatrix} 3 \\ -2 \end{pmatrix} = \begin{pmatrix} 11 \\ 8 \end{pmatrix} \quad (\text{ii})$$

(i),(ii) から,

$\begin{pmatrix} a & b \\ c & d \end{pmatrix} \begin{pmatrix} 1 & 3 \\ -1 & -2 \end{pmatrix} = \begin{pmatrix} 2 & 11 \\ -3 & 8 \end{pmatrix}$ から,

$\begin{vmatrix} 1 & 3 \\ -1 & -2 \end{vmatrix} \neq 0$ より右から $\begin{pmatrix} 1 & 3 \\ -1 & -2 \end{pmatrix}^{-1}$ をかけて,

$$\begin{pmatrix} a & b \\ c & d \end{pmatrix} \begin{pmatrix} 1 & 3 \\ -1 & -2 \end{pmatrix} \begin{pmatrix} 1 & 3 \\ -1 & -2 \end{pmatrix}^{-1} = \begin{pmatrix} 2 & 11 \\ -3 & 8 \end{pmatrix} \begin{pmatrix} 1 & 3 \\ -1 & -2 \end{pmatrix}^{-1}$$

$$\therefore \begin{pmatrix} a & b \\ c & d \end{pmatrix} = \begin{pmatrix} 2 & 11 \\ -3 & 8 \end{pmatrix} \begin{pmatrix} -2 & -3 \\ 1 & 1 \end{pmatrix} = \begin{pmatrix} 7 & 5 \\ 14 & 17 \end{pmatrix}$$

$$\therefore \begin{pmatrix} a & b \\ c & d \end{pmatrix} = \begin{pmatrix} 7 & 5 \\ 14 & 17 \end{pmatrix}$$

[問題 13] $\mathbf{a_1} = \begin{pmatrix} 3 \\ 0 \\ -1 \end{pmatrix}, \mathbf{a_2} = \begin{pmatrix} 0 \\ 2 \\ 0 \end{pmatrix}, \mathbf{a_3} = \begin{pmatrix} -1 \\ 0 \\ 3 \end{pmatrix}$ とする

$$e_1 = \frac{a}{\|a\|} = \frac{1}{\sqrt{3^2 + 0^2 + (-1)^2}} \begin{pmatrix} 3 \\ 0 \\ -1 \end{pmatrix} = \frac{1}{\sqrt{10}} \begin{pmatrix} 3 \\ 0 \\ -1 \end{pmatrix} = \begin{pmatrix} \frac{3}{\sqrt{10}} \\ 0 \\ -\frac{1}{\sqrt{10}} \end{pmatrix}$$

$$a_2 - (a_2, e_1)e_1 = \begin{pmatrix} 0 \\ 2 \\ 0 \end{pmatrix} - (0 \times \frac{3}{\sqrt{10}} + 2 \times 0 + 0 \times (-\frac{1}{\sqrt{10}})) \begin{pmatrix} \frac{3}{\sqrt{10}} \\ 0 \\ -\frac{1}{\sqrt{10}} \end{pmatrix} = \begin{pmatrix} 0 \\ 2 \\ 0 \end{pmatrix}$$

$$\therefore \; e_2 = \frac{a_2 - (a_2, e_1)e_1}{\|a_2 - (a_2, e_1)e_1\|} = \frac{1}{\sqrt{0^2 + 2^2 + 0^2}} \begin{pmatrix} 0 \\ 2 \\ 0 \end{pmatrix} = \frac{1}{2} \begin{pmatrix} 0 \\ 2 \\ 0 \end{pmatrix} = \begin{pmatrix} 0 \\ 1 \\ 0 \end{pmatrix}$$

$$a_3 - (a_3, e_1)e_1 - (a_3, e_2)e_2$$

$$= \begin{pmatrix} -1 \\ 0 \\ 3 \end{pmatrix} - ((-1) \times \frac{3}{\sqrt{10}} + 0 \times 0 + 3 \times (-\frac{1}{\sqrt{10}})) \begin{pmatrix} \frac{3}{\sqrt{10}} \\ 0 \\ -\frac{1}{\sqrt{10}} \end{pmatrix}$$

$$- ((-1) \times 0 + 0 \times 1 + 3 \times 0) \begin{pmatrix} 0 \\ 1 \\ 0 \end{pmatrix} = \begin{pmatrix} -1 \\ 0 \\ 3 \end{pmatrix} + \begin{pmatrix} \frac{9}{5} \\ 0 \\ -\frac{3}{5} \end{pmatrix} = \begin{pmatrix} \frac{4}{5} \\ 0 \\ \frac{12}{5} \end{pmatrix}$$

$$\therefore \; e_3 = \frac{a_3 - (a_3, e_1)e_1 - (a_3, e_2)e_2}{\|a_3 - (a_3, e_1)e_1 - (a_3, e_2)e_2\|} = \frac{1}{\sqrt{(\frac{4}{5})^2 + 0^2 + (\frac{12}{5})^2}} \begin{pmatrix} \frac{4}{5} \\ 0 \\ \frac{12}{5} \end{pmatrix} = \begin{pmatrix} \frac{1}{\sqrt{10}} \\ 0 \\ \frac{3}{\sqrt{10}} \end{pmatrix}$$

よって，$e_1 = \begin{pmatrix} \frac{3}{\sqrt{10}} \\ 0 \\ -\frac{1}{\sqrt{10}} \end{pmatrix}$, $e_2 = \begin{pmatrix} 0 \\ 1 \\ 0 \end{pmatrix}$, $e_3 = \begin{pmatrix} \frac{1}{\sqrt{10}} \\ 0 \\ \frac{3}{\sqrt{10}} \end{pmatrix}$

[問題 14] $e_1 = \frac{1}{\|1\|}$ より，

$$\|1\|^2 = \int_{-1}^{1} 1^2 dx = [x]_{-1}^{1} = 2 \quad \therefore \; \|1\| = \sqrt{2} \quad \therefore \; e_1 = \frac{1}{\sqrt{2}}$$

$$e_2 = \frac{x + 1 - (x+1, \frac{1}{\sqrt{2}})\frac{1}{\sqrt{2}}}{\left\| x + 1 - (x+1, \frac{1}{\sqrt{2}})\frac{1}{\sqrt{2}} \right\|} \text{ より，}$$

$$x + 1 - (x+1, \frac{1}{\sqrt{2}})\frac{1}{\sqrt{2}} = x + 1 - \left(\int_{-1}^{1} (x+1)\frac{1}{\sqrt{2}} dx \right) \frac{1}{\sqrt{2}} = x + 1 - 1 = x$$

また，

$$\left\| x + 1 - \left(x+1, \frac{1}{\sqrt{2}} \right) \frac{1}{\sqrt{2}} \right\| = \|x\|$$

$$= \sqrt{(x, x)} = \sqrt{\int_{-1}^{1} x^2 \, dx} = \sqrt{[\frac{x^3}{3}]_{-1}^{1}} = \sqrt{\frac{2}{3}} \quad \therefore \; e_2 = \frac{x}{\sqrt{\frac{2}{3}}} = \sqrt{\frac{3}{2}} x$$

同様に，

$$e_3 = \frac{(x+1)^2 - \left((x+1)^2, \frac{1}{\sqrt{2}} \right) \frac{1}{\sqrt{2}} - \left((x+1)^2, \sqrt{\frac{3}{2}}x \right) \sqrt{\frac{3}{2}}x}{\left\| (x+1)^2 - ((x+1)^2, \frac{1}{\sqrt{2}})\frac{1}{\sqrt{2}} - ((x+1)^2, \sqrt{\frac{3}{2}}x)\sqrt{\frac{3}{2}}x \right\|} \text{ より，ここで，}$$

$$\frac{1}{\sqrt{2}}\left((x+1)^2, \frac{1}{\sqrt{2}}\right) = \frac{1}{\sqrt{2}} \int_{-1}^{1} (x+1)^2 \frac{1}{\sqrt{2}} dx = \frac{4}{3}$$

$$\sqrt{\frac{3}{2}}x\left((x+1)^2, \sqrt{\frac{3}{2}}x\right) = \sqrt{\frac{3}{2}}x \int_{-1}^{1} (x+1)^2 \sqrt{\frac{3}{2}}x\, dx$$

$$= \frac{3}{2}x \int_{-1}^{1} (x^3 + 2x^2 + x) dx = 2x$$

$$\therefore\ (x+1)^2 - \left((x+1)^2, \frac{1}{\sqrt{2}}\right)\frac{1}{\sqrt{2}} - ((x+1)^2, \sqrt{\frac{3}{2}}x)\sqrt{\frac{3}{2}}x = x^2 - \frac{1}{3}$$

$$\therefore\ \left\|(x+1)^2 - \left((x+1)^2, \frac{1}{\sqrt{2}}\right)\frac{1}{\sqrt{2}} - ((x+1)^2, \sqrt{\frac{3}{2}}x)\sqrt{\frac{3}{2}}x\right\|$$

$$= \sqrt{\int_{-1}^{1} (x^2 - \frac{1}{3})^2 dx} = \frac{2}{3}\sqrt{\frac{2}{5}} \quad \therefore\ e_3 = \frac{\sqrt{5}}{2\sqrt{2}}(3x^2 - 1)$$

■章末問題解答

3.1 $\det(\boldsymbol{abc}) = 0$ なら,$\boldsymbol{a}, \boldsymbol{b}, \boldsymbol{c}$ が 1 次従属 (定理 3.1 を参照)

$$\det\begin{pmatrix} 1 & k & -2 \\ 3 & -2 & 0 \\ -2 & 5 & 1 \end{pmatrix} = -2 - 30 + 8 - 3k = -24 - 3k$$

$$\therefore\ k = -8$$

$$(1, -8, -2) = \alpha(3, -2, 0) + \beta(-2, 5, 1)$$

両辺の各成分を比較する

$$\begin{cases} 3\alpha - 2\beta = 1 \\ -2\alpha + 5\beta = -8 \\ \beta = -2 \end{cases}$$

$$3\alpha = 1 - 4 = -3,\ \alpha = -1$$

よって,$\boldsymbol{a} = -\boldsymbol{b} - 2\boldsymbol{c}$

3.2 (1) $\boldsymbol{c} = (3, 2, 1) = \alpha(1, 0, 1) + \beta(1, 1, 0)$ なる α, β を求める

$$右辺 = (\alpha, 0, \alpha) + (\beta, \beta, 0) = (\alpha + \beta, \beta, \alpha)$$

したがって,$\alpha = 1, \beta = 2$ $\boldsymbol{c} = \boldsymbol{a} + 2\boldsymbol{b}$

(2) $\{\boldsymbol{a}, \boldsymbol{b}\} \ni \boldsymbol{d}$ と仮定すると

$$(0, 1, 1) = \alpha(1, 0, 1) + \beta(1, 1, 0)$$

$$= (\alpha, 0, \alpha) + (\beta, \beta, 0)$$

$$= (\alpha + \beta, \beta, \alpha)$$

各成分を比較すると,$\begin{cases} \alpha + \beta = 0 \\ \alpha = 1 \\ \beta = 1 \end{cases}$ よって矛盾する.

したがって,$\{\boldsymbol{a}, \boldsymbol{b}\} \not\ni \boldsymbol{d}$

3.3 (1) $\alpha e^{2t} + \beta t^2 + \gamma t = 0$

$t=0$ とおくと，$\alpha = 0$. $t=1, t=-1$ とそれぞれおくと $\beta + \gamma = 0$, $\beta - \gamma = 0$ これより $\beta = \gamma = 0$.

したがって，e^{2t}, t^2, t は 1 次独立.

(2) $\alpha \sin t + \beta \cos t + \gamma t = 0$

$t=0$ を代入すると $\beta = 0$, $t = \pi$ を代入すると $\pi \gamma = 0$ より $\gamma = 0$, $t = \dfrac{\pi}{4}$ を代入すると $\alpha \dfrac{\sqrt{2}}{2} = 0$ より $\alpha = \beta = \gamma = 0$.

よって 1 次独立

3.4 (1) $V = \{(x, y, z) | x = 10y - 5z\}$

$V \ni (x_1, y_1, z_1), (x_2, y_2, z_2)$

$x_1 + x_2 = 10y_1 - 5z_1 + 10y_2 - 5z_2 = 10(y_1 + y_2) - 5(z_1 + z_2)$

$kx = 10ky - 5kz$ が成立するので，部分ベクトル空間．

(2) $V = \{(x, 2, z) | x, z \in \mathbf{R}\}$

$V \not\ni (0, 0, 0)$ よって部分ベクトル空間ではない．

3.5 $X = \begin{pmatrix} x_{11} & \cdots & x_{1n} \\ \vdots & & \vdots \\ x_{n1} & \cdots & x_{nn} \end{pmatrix}$, $\mathrm{Tr}(X) = x_{11} + x_{22} + \cdots + x_{nn} = 0$ のとき，

$Y = \begin{pmatrix} y_{11} & \cdots & y_{1n} \\ \vdots & & \vdots \\ y_{n1} & \cdots & y_{nn} \end{pmatrix}$, $\mathrm{Tr}(Y) = y_{11} + y_{22} + \cdots + y_{nn} = 0$

$X + Y = \begin{pmatrix} x_{11} + y_{11} & \cdots & x_{1n} y_{1n} \\ \vdots & & \vdots \\ x_{n1} + y_{n1} & \cdots & x_{nn} + y_{nn} \end{pmatrix}$,

$\mathrm{Tr}(X + Y) = (x_{11} + y_{11}) + \cdots + (x_{nn} + y_{nn}) = 0$

$cX = \begin{pmatrix} cx_{11} & \cdots & cx_{1n} \\ \vdots & & \vdots \\ cx_{n1} & \cdots & cx_{nn} \end{pmatrix}$,

$\mathrm{Tr}(cX) = cx_{11} + \cdots + cx_{nn} = c(x_{11} + \cdots + x_{nn}) = 0$

$x_{11} = -x_{22} - x_{33} - \cdots - x_{nn}$

$X = \begin{pmatrix} -x_{22} - x_{33} - \cdots - x_{nn} & x_{12} & \cdots & x_{1n} \\ x_{21} & x_{22} & \cdots & x_{2n} \\ \vdots & & \vdots & \vdots \\ x_{n1} & x_{n2} & \cdots & x_{nn} \end{pmatrix}$

$$= \begin{pmatrix} -x_{22} & 0 & \cdots & 0 \\ 0 & x_{22} & & \vdots \\ \vdots & & \ddots & \vdots \\ 0 & \cdots & \cdots & 0 \end{pmatrix} + \begin{pmatrix} -x_{33} & 0 & \cdots & \cdots & 0 \\ 0 & 0 & & & \vdots \\ \vdots & & x_{33} & & \vdots \\ \vdots & & & \ddots & \vdots \\ 0 & \cdots & \cdots & \cdots & 0 \end{pmatrix}$$

$$+ \cdots + \begin{pmatrix} -x_{nn} & 0 & \cdots & \cdots & 0 \\ 0 & 0 & & & \vdots \\ & & \ddots & & \vdots \\ & & & 0 & \vdots \\ 0 & \cdots & \cdots & 0 & x_{nn} \end{pmatrix} + \begin{pmatrix} 0 & x_{12} & \cdots & 0 \\ 0 & 0 & \cdots & 0 \\ \vdots & & \ddots & \vdots \\ 0 & \cdots & & 0 \end{pmatrix}$$

$$+ \cdots + \begin{pmatrix} 0 & \cdots & \cdots & 0 \\ x_{21} & \ddots & & \vdots \\ \vdots & & \ddots & \vdots \\ 0 & \cdots & \cdots & 0 \end{pmatrix} + \cdots$$

対角線上成分がすべて 0.

上三角形 $1 + 2 + \cdots + (n-1) = \dfrac{n(n-1)}{2} \cdots \begin{pmatrix} 0 & & 1 \\ & \ddots & \\ 0 & & 0 \end{pmatrix}$ (基底)

下三角形全体 $\dfrac{n(n-1)}{2} \cdots \begin{pmatrix} 0 & & 0 \\ & \ddots & \\ 0 & 1 & 0 \end{pmatrix}$ (基底)

合わせて $n(n-1) = n^2 - n$ 個.

もう 1 つのタイプの基底 $\begin{pmatrix} 0 & & & & 0 \\ & -1 & & & \\ & & \ddots & & \\ & & & 1 & \\ 0 & & & & 0 \end{pmatrix}$ が $n-1$ 個.

全部で $n^2 - n + n - 1 = n^2 - 1$ で $\dim W = n^2 - 1$. たとえば, $n = 2$ のとき

$$X = \begin{pmatrix} x_{11} & x_{12} \\ x_{21} & x_{22} \end{pmatrix} = \begin{pmatrix} -x_{22} & x_{12} \\ x_{21} & x_{22} \end{pmatrix}$$

$$= \begin{pmatrix} -1 & 0 \\ 0 & 1 \end{pmatrix} x_{22} + \begin{pmatrix} 0 & 1 \\ 0 & 0 \end{pmatrix} x_{12} + \begin{pmatrix} 0 & 0 \\ 1 & 0 \end{pmatrix} x_{21}$$

3.6 求めるベクトルを (x, y, z) とする.

(1) $(1, 1, 2), (2, 0, -2)$

3 つのベクトルが独立であるように x, y, z を決めればよい.

$$\begin{pmatrix} 1 & 1 & 2 \\ 2 & 0 & -2 \\ x & y & z \end{pmatrix} \begin{matrix} \downarrow -2 \\ \\ \end{matrix} \bigg|_{-x} \to \begin{pmatrix} 1 & 1 & 2 \\ 0 & 2 & -6 \\ 0 & -x+y & -2x+z \end{pmatrix} \times \left(\tfrac{1}{2}\right)$$

$$\to \begin{pmatrix} 1 & 1 & 2 \\ 0 & 1 & 3 \\ 0 & -x+y & -2x+z \end{pmatrix} \bigg|_{x-y} \to \begin{pmatrix} 1 & 1 & 2 \\ 0 & 1 & 3 \\ 0 & 0 & 3x-3y-2x+z \end{pmatrix}$$

したがって，$x - 3y + z \neq 0$ ならば 1 次独立．たとえば $(1, 0, 0)$ をとれば $\boldsymbol{R}^3$ の基底になる．

(2) たとえば $\begin{vmatrix} -1 & 2 & 0 \\ 0 & 1 & 0 \\ 0 & 0 & 1 \end{vmatrix} \neq 0$ より $(-1, 2, 0), (0, 1, 0), (0, 0, 1)$ をとればよい．

3.7 (1) $W_1 = \{(x, y, z, w) | x + y = 0, z + w = 0\}$, $W_2 = \{(x, y, z, w) | y = w, \ x = z\}$
まず W_1 について．$y = -x, w = -z$ より

$$(x, y, z, w) = (x, -x, z, -z) = (1, -1, 0, 0)x + (0, 0, 1, -1)z$$

W_1 の基底は $(1, -1, 0, 0), (0, 0, 1, -1)$ で $\dim W_1 = 2$．

$$W_2 = (x, y, z, w) = (x, y, x, y) = (1, 0, 1, 0)x + (0, 1, 0, 1)y$$

W_2 の基底は $(1, 0, 1, 0), (0, 1, 0, 1)$ で $\dim W_2 = 2$．

$$W_1 \cap W_2 = \{(x, y, z, w) | x + y = 0, z + w = 0, x = z, y = w\}$$

$$\begin{cases} y = -x \\ w = -z \\ y = w \\ x = z \end{cases} \Rightarrow \begin{cases} x = x \\ y = -x \\ z = x \\ w = -x \end{cases}$$

$$(x, y, z, w) = (1, -1, 1, -1)x$$

したがって，基底は $(1, -1, 1, -1)$ で $\dim(W_1 \cap W_2) = 1$

(2) $W_1 + W_2 \ni \alpha(1, -1, 0, 0) + \beta(0, 0, 1, -1) + \gamma(1, 0, 1, 0) + \delta(0, 1, 0, 1)$

$$\begin{pmatrix} 1 & -1 & 0 & 0 \\ 0 & 0 & 1 & -1 \\ 1 & 0 & 1 & 0 \\ 0 & 1 & 0 & 1 \end{pmatrix} \bigg|_{-1} \to \begin{pmatrix} 1 & -1 & 0 & 0 \\ 0 & 0 & 1 & -1 \\ 0 & 1 & 1 & 0 \\ 0 & 1 & 0 & 1 \end{pmatrix} \bigg|_{-1}$$

$$\to \begin{pmatrix} 1 & -1 & 0 & 0 \\ 0 & 0 & 1 & -1 \\ 0 & 1 & 1 & 0 \\ 0 & 0 & -1 & 1 \end{pmatrix} \bigg|_1 \to \begin{pmatrix} 1 & -1 & 0 & 0 \\ 0 & 0 & 1 & -1 \\ 0 & 1 & 1 & 0 \\ 0 & 0 & 0 & 0 \end{pmatrix}$$

したがって，基底は $(1, -1, 0, 0), (0, 0, 1, -1), (0, 1, 1, 0)$ で

$$\dim(W_1 + W_2) = 3$$

$$\dim(W_1 + W_2) = \dim W_1 + \dim W_2 - \dim(W_1 \cap W_2) \ \text{より}$$

$$3 = 2 + 2 - 1$$

3.8 例題 3.10 (4) の考え方を行変形に適用して，各多項式の成分をとって，

$$\begin{pmatrix} 1 & -2 & 4 & 1 \\ 2 & -3 & 9 & -1 \\ 1 & 0 & 6 & -5 \\ 2 & -5 & 7 & 5 \end{pmatrix} \begin{matrix} \\ \downarrow -2 \\ \downarrow -1 \\ \downarrow -2 \end{matrix}$$

$$\rightarrow \begin{pmatrix} 1 & -2 & 4 & 1 \\ 0 & 1 & 1 & -3 \\ 0 & 2 & 2 & -6 \\ 0 & -1 & -1 & 3 \end{pmatrix} \begin{matrix} \\ \\ \downarrow -2 \\ \downarrow 1 \end{matrix}$$

$$\rightarrow \begin{pmatrix} 1 & -2 & 4 & 1 \\ 0 & 1 & 1 & -3 \\ 0 & 0 & 0 & 0 \\ 0 & 0 & 0 & 0 \end{pmatrix}$$

したがって，W の基底は $u_1 = t^3 - 2t^2 + 4t + 1$

$$u_2 = t^2 + t - 3 \quad \text{で} \quad \dim W = 2$$

注意 行変形を行うことは，与えられた多項式の各係数行ベクトルの和とスカラー倍を行っているだけである．よって，行変形後のベクトルは，与えられた4つの多項式 (ベクトル) で生成された部分空間に常に属するベクトルになる．

3.9 $f(\boldsymbol{X}) = (2 \ -3 \ 4)\boldsymbol{X}$, ただし $\boldsymbol{X} = \begin{pmatrix} x \\ y \\ z \end{pmatrix}$ とする.

$$f(\boldsymbol{X}_1 + \boldsymbol{X}_2) = (2 \ -3 \ 4) \begin{pmatrix} x_1 + x_2 \\ y_1 + y_2 \\ z_1 + z_2 \end{pmatrix}$$

$$= 2(x_1 + x_2) - 3(y_1 + y_2) + 4(z_1 + z_2)$$

$$= 2x_1 - 3y_1 + 4z_1 + 2x_2 - 3y_2 + 4z_2 = f(\boldsymbol{X}_1) + f(\boldsymbol{X}_2)$$

$$f(k\boldsymbol{X}) = 2(kx) - 3(ky) + 4(kz) = k(2x - 3y + 4z) = kf(\boldsymbol{X})$$

よって線形写像 $f(x,y,z) = 2x - 3y + 4z$ は $f: \boldsymbol{R}^3 \to \boldsymbol{R}$ への線形写像と考えられ，$\boldsymbol{R}^3$ の基底は $\{\boldsymbol{e}_1 = (1,0,0), \boldsymbol{e}_2 = (0,1,0), \boldsymbol{e}_3 = (0,0,1)\}$, $\boldsymbol{R}$ の基底は $\{1\}$ であるから，

$$f(\boldsymbol{e}_1) = 2 \cdot 1$$

$$f(\boldsymbol{e}_2) = -3 = -3 \cdot 1$$

$$f(\boldsymbol{e}_3) = 4 = 4 \cdot 1$$

よって表現行列は $(2 \ -3 \ 4)$

[別解] $f(x,y,z) = 2x - 3y + 4z = (2 \ -3 \ 4)\begin{pmatrix} x \\ y \\ z \end{pmatrix}$ より，$A = (2 \ -3 \ 4)$

3.10 (1) 任意の k に対して，$\boldsymbol{X} = (x, y)$ とすると，$f(k\boldsymbol{X}) = k^2 xy \neq kf(\boldsymbol{X})$. よって線形ではない.

(2) f が線形ならば $f(\boldsymbol{X} + \boldsymbol{Y}) = f(\boldsymbol{X}) + f(\boldsymbol{Y})$ で $\boldsymbol{X} = \boldsymbol{Y} = \boldsymbol{0}$ とおけば $f(\boldsymbol{0}) = 2f(\boldsymbol{0})$ より，$f(\boldsymbol{0}) = \boldsymbol{0}$. しかし $f(0,0) = (1,0) \neq (0,0)$ よって線形写像ではない.

3.11 $\varphi[f(x)] = f(x+1)$ で

$$\varphi : f(x) = ax^2 + bx + c \to f(x+1) = a(x+1)^2 + b(x+1) + c$$
$$= a(x^2 + 2x + 1) + bx + b + c = ax^2 + (2a+b)x + a + b + c$$
$$\therefore \varphi(ax^2 + bx + c) = ax^2 + (2a+b)x + a + b + c$$

ゆえに基底 $\{1, x, x^2\}$ における φ の像は

$$\varphi(1) = \varphi(0 \cdot x^2 + 0 \cdot x + 1) = 1 = 1 \cdot 1 + 0 \cdot x + 0 \cdot x^2$$
$$\varphi(x) = \varphi(0 \cdot x^2 + 1 \cdot x + 0) = x + 1 = 1 \cdot 1 + 1 \cdot x + 0 \cdot x^2$$
$$\varphi(x^2) = \varphi(1 \cdot x^2 + 0 \cdot x + 0) = x^2 + 2x + 1 = 1 \cdot 1 + 2 \cdot x + 1 \cdot x^2$$

よって，φ の表現行列 A は，$A = (\varphi(1), \varphi(x), \varphi(x^2))$ から

$$A = \begin{pmatrix} 1 & 1 & 1 \\ 0 & 1 & 2 \\ 0 & 0 & 1 \end{pmatrix} \qquad \therefore \det A = \begin{vmatrix} 1 & 1 & 1 \\ 0 & 1 & 2 \\ 0 & 0 & 1 \end{vmatrix} = 1 \neq 0$$

A^{-1} は余因子行列 $\tilde{A}$ を使って $A^{-1} = \dfrac{1}{|A|} \tilde{A}$ (定理 2.5，例題 2.10 参照)

$$A^{-1} = \begin{pmatrix} 1 & -1 & 1 \\ 0 & 1 & -2 \\ 0 & 0 & 1 \end{pmatrix}$$ となる．この各列ベクトルをとり，$\{1, x, x^2\}$ の基底に関して

$$\therefore \varphi^{-1}(1) = 1 \cdot 1 + 0 \cdot x + 0 \cdot x^2 = 1$$
$$\varphi^{-1}(x) = (-1) \cdot 1 + 1 \cdot x + 0 \cdot x^2 = x - 1$$
$$\varphi^{-1}(x^2) = 1 \cdot 1 - 2 \cdot x + 1 \cdot x^2 = x^2 - 2x + 1$$

$\therefore \varphi^{-1}$ の線形性から，

$$c \cdot \varphi^{-1}(1) = \varphi^{-1}(c) = c$$
$$b \cdot \varphi^{-1}(x) = \varphi^{-1}(bx) = bx - b$$
$$a \cdot \varphi^{-1}(x^2) = \varphi^{-1}(ax^2) = ax^2 - 2ax + a$$
$$\therefore \varphi^{-1}(ax^2 + bx + c) = a^2 + (b - 2a)x + a - b + c$$
$$\varphi^{-1}[f(x)] = f(x-1)$$

注意 A を求める方法だけであれば $\varphi(ax^2 + bx + c) = ax^2 + (2a+b)x + a + b + c$ より，基底 $\{1, x, x^2\}$ に関する成分のみをとると $\begin{pmatrix} c \\ b \\ a \end{pmatrix}$ となる．

これを $\varphi \to A$ によって写すと $\begin{pmatrix} a+b+c \\ 2a+b \\ a \end{pmatrix}$ となるから，

$$A \begin{pmatrix} c \\ b \\ a \end{pmatrix} = \begin{pmatrix} 1 & 1 & 1 \\ 0 & 1 & 2 \\ 0 & 0 & 1 \end{pmatrix} \begin{pmatrix} c \\ b \\ a \end{pmatrix} = \begin{pmatrix} a+b+c \\ 2a+b \\ a \end{pmatrix}$$

として求めて $A = \begin{pmatrix} 1 & 1 & 1 \\ 0 & 1 & 2 \\ 0 & 0 & 1 \end{pmatrix}$ としてもよい.

3.12 $\boldsymbol{a}_1 = (1, 2), \boldsymbol{a}_2 = (1, -1)$

$\|\boldsymbol{a}_1\| = \sqrt{1 + 2^2} = \sqrt{5}$

$\boldsymbol{e}_1 = \dfrac{\boldsymbol{a}_1}{\|\boldsymbol{a}_1\|} = \dfrac{1}{\sqrt{5}}(1, 2) = \left(\dfrac{1}{\sqrt{5}}, \dfrac{2}{\sqrt{5}}\right)$

次に,シュミットの直交化法で,$\boldsymbol{b}_2 = \boldsymbol{a}_2 - (\boldsymbol{a}_2, \boldsymbol{e}_1)\boldsymbol{e}_1$ だから,$\boldsymbol{a}_2 \cdot \boldsymbol{e}_1 = \dfrac{-1}{\sqrt{5}}$. よって,

$\boldsymbol{b}_2 = (1, -1) + \dfrac{1}{\sqrt{5}} \dfrac{1}{\sqrt{5}}(1, 2) = (1, -1) + \left(\dfrac{1}{5}, \dfrac{2}{5}\right) = \left(\dfrac{6}{5}, \dfrac{-3}{5}\right)$

$\|\boldsymbol{b}_2\| = \sqrt{\dfrac{36}{25} + \dfrac{9}{25}} = \dfrac{\sqrt{45}}{5} = \dfrac{3\sqrt{5}}{5} = \dfrac{3}{\sqrt{5}}$

$\therefore \ \boldsymbol{e}_2 = \dfrac{\boldsymbol{b}_2}{\|\boldsymbol{b}_2\|} = \dfrac{\sqrt{5}}{3}\left(\dfrac{6}{5}, \dfrac{-3}{5}\right) = \left(\dfrac{2}{\sqrt{5}}, \dfrac{-1}{\sqrt{5}}\right)$

3.13 (1) $(f, g) = \displaystyle\int_0^1 (t+2)(t^2 + t - 1)dt = \int_0^1 (t^3 + 3t^2 + t - 2)dt = \left[\dfrac{t^4}{4} + t^3 + \dfrac{t^2}{2} - 2t\right]_0^1$

$= \dfrac{1}{4} + 1 + \dfrac{1}{2} - 2 = \dfrac{1 + 2 - 4}{4} = \dfrac{-1}{4}$

(2) $\|f\| = \sqrt{\displaystyle\int_0^1 (t+2)^2 dt} = \sqrt{\int_0^1 (t^2 + 4t + 4)dt}$

$= \sqrt{\left[\dfrac{t^3}{3} + 2t^2 + 4t\right]_0^1} = \sqrt{\dfrac{19}{3}}$

(3) $\|g\| = \sqrt{\displaystyle\int_0^1 (t^2 + t - 1)^2 dt} = \sqrt{\int_0^1 (t^4 + 2t^3 - t^2 - 2t + 1)dt}$

$= \sqrt{\left[\dfrac{t^5}{5} + \dfrac{t^4}{2} - \dfrac{t^3}{3} - t^2 + t\right]_0^1} = \sqrt{\dfrac{1}{5} + \dfrac{1}{2} - \dfrac{1}{3} - 1 + 1} = \sqrt{\dfrac{11}{30}}$

(4) 1 次の多項式を $h(t) = \alpha t + \beta$ とおく.

$(f, h) = \displaystyle\int_0^1 (t+2)(\alpha t + \beta)dt = \int_0^1 \{\alpha t^2 + (2\alpha + \beta)t + 2\beta\}dt$

$= \left[\dfrac{\alpha}{3}t^3 + \dfrac{(2\alpha + \beta)}{2}t^2 + 2\beta t\right]_0^1 = \dfrac{4}{3}\alpha + \dfrac{5}{2}\beta = 0$

$\therefore \ \beta = -\dfrac{8}{15}\alpha$. よって,$h(t) = \alpha t - \dfrac{8}{15}\alpha$

第4章

■問題解答

[問題 1] 行列に行と列の基本変形を操作して簡単な行列に変形する.

(1) $r\begin{pmatrix} 1 & 0 \\ 2 & 2 \\ 1 & -1 \end{pmatrix} \begin{matrix} -2 \\ -1 \end{matrix} = r\begin{pmatrix} 1 & 0 \\ 0 & 2 \\ 0 & -1 \end{pmatrix} \bigg|_2 = r\begin{pmatrix} 1 & 0 \\ 0 & 0 \\ 0 & -1 \end{pmatrix} = r\begin{pmatrix} 1 & 0 \\ 0 & -1 \\ 0 & 0 \end{pmatrix} = 2$

(2) $r\begin{pmatrix} 1 & 2 & -1 & 2 \\ 2 & 5 & -2 & 3 \\ 1 & 2 & 1 & 2 \end{pmatrix} \begin{matrix} \\ \downarrow^{-2} \\ \downarrow^{-1} \end{matrix} = r\begin{pmatrix} 1 & 2 & -1 & 2 \\ 0 & 1 & 0 & -1 \\ 0 & 0 & 2 & 0 \end{pmatrix} = 3$

(3) $r\begin{pmatrix} 1 & 2 & 3 & 6 \\ 2 & 4 & 2 & 8 \\ 3 & 3 & 1 & 7 \\ 0 & 3 & 8 & 11 \end{pmatrix} \begin{matrix} \\ \downarrow^{-2} \\ \downarrow^{-3} \\ \\ \end{matrix} = r\begin{pmatrix} 1 & 2 & 3 & 6 \\ 0 & 0 & -4 & -4 \\ 0 & -3 & -8 & -11 \\ 0 & 3 & 8 & 11 \end{pmatrix} \begin{matrix} \\ \\ \\ \downarrow^{1} \end{matrix} = r\begin{pmatrix} 1 & 2 & 3 & 6 \\ 0 & 0 & -4 & -4 \\ 0 & -3 & -8 & -11 \\ 0 & 0 & 0 & 0 \end{pmatrix} = 3$

(4) $r\begin{pmatrix} x & 1 & 1 & 1 \\ 1 & x & 1 & 1 \\ 1 & 1 & x & 1 \\ 1 & 1 & 1 & x \end{pmatrix} \begin{matrix} \downarrow^{1} \\ \downarrow^{1} \\ \downarrow^{1} \\ \end{matrix} = r\begin{pmatrix} x & 1 & 1 & 1 \\ 1 & x & 1 & 1 \\ 1 & 1 & x & 1 \\ x+3 & x+3 & x+3 & x+3 \end{pmatrix}$

$x + 3 \neq 0$ なら，4行目を $x+3$ で割る．

$r\begin{pmatrix} x & 1 & 1 & 1 \\ 1 & x & 1 & 1 \\ 1 & 1 & x & 1 \\ 1 & 1 & 1 & 1 \end{pmatrix} \begin{matrix} \downarrow^{-1} \\ \downarrow^{-1} \\ \downarrow^{-1} \\ \end{matrix} = r\begin{pmatrix} x & 1 & 1 & 1 \\ 1-x & -1+x & 0 & 0 \\ 1-x & 0 & -1+x & 0 \\ 1-x & 0 & 0 & 0 \end{pmatrix}$

ここでさらに $x \neq 1$ のとき

$r\begin{pmatrix} x & 1 & 1 & 1 \\ 1-x & -1+x & 0 & 0 \\ 1-x & 0 & -1+x & 0 \\ 1-x & 0 & 0 & 0 \end{pmatrix} \begin{matrix} \\ \times\frac{1}{1-x} \\ \times\frac{1}{1-x} \\ \times\frac{1}{1-x} \end{matrix} = r\begin{pmatrix} x & 1 & 1 & 1 \\ 1 & -1 & 0 & 0 \\ 1 & 0 & -1 & 0 \\ 1 & 0 & 0 & 0 \end{pmatrix} = 4$

$x = 1$ のとき

$r\begin{pmatrix} 1 & 1 & 1 & 1 \\ 0 & 0 & 0 & 0 \\ 0 & 0 & 0 & 0 \\ 0 & 0 & 0 & 0 \end{pmatrix} = 1$

$x = -3$ のとき

$r\begin{pmatrix} 3 & 1 & 1 & 1 \\ 1 & 3 & 1 & 1 \\ 1 & 1 & 3 & 1 \\ 0 & 0 & 0 & 0 \end{pmatrix} \begin{matrix} \uparrow^{-3} \\ \uparrow^{-1} \\ \\ \end{matrix} = r\begin{pmatrix} 0 & -2 & -8 & -2 \\ 0 & 2 & -2 & 0 \\ 1 & 1 & 3 & 1 \\ 0 & 0 & 0 & 0 \end{pmatrix} = 3$

まとめると，

$r(A) = \begin{cases} 1 & x = 1 \\ 3 & x = -3 \\ 4 & \text{その他} \end{cases}$

[問題 2]

(1) 3つの行ベクトルを並べて行の基本変形で簡単にする．

注意 列変形は行わない．行変形を行うことは与えられた各ベクトルの和とスカラー倍を行っているだけである．よって，行変形後のベクトルは，与えられた4つのベクトルで生成された部分空間に常に属するベクトルとなる．

$\begin{pmatrix} 1 & -2 & 5 & 3 \\ 2 & 3 & 1 & -4 \\ 3 & 8 & -3 & -11 \end{pmatrix} \begin{matrix} \\ \downarrow^{-2} \\ \downarrow^{-3} \end{matrix} \rightarrow \begin{pmatrix} 1 & -2 & 5 & 3 \\ 0 & 7 & -9 & -10 \\ 0 & 14 & -18 & -20 \end{pmatrix} \begin{matrix} \\ \\ \downarrow^{-2} \end{matrix} \rightarrow \begin{pmatrix} 1 & -2 & 5 & 3 \\ 0 & 7 & -9 & -10 \\ 0 & 0 & 0 & 0 \end{pmatrix}$

したがって，W の基底は $\boldsymbol{a_1} = (1, -2, 5, 3), \boldsymbol{a_2} = (0, 7, -9, -10)$ で $\dim W = 2$

(2) $\boldsymbol{a_3} = (0, 0, 1, 0)$ と $\boldsymbol{a_4} = (0, 0, 0, 1)$ をつけ加えると，$\det \begin{pmatrix} \boldsymbol{a_1} \\ \boldsymbol{a_2} \\ \boldsymbol{a_3} \\ \boldsymbol{a_4} \end{pmatrix} \neq 0$ だから，$\boldsymbol{a_1}, \boldsymbol{a_2}, \boldsymbol{a_3}, \boldsymbol{a_4}$ が $\boldsymbol{R^4}$ の基底をなしている．

[問題 3]

(1) $\begin{pmatrix} 1 & 2 & 1 & 0 \\ 4 & 3 & 0 & 1 \end{pmatrix} \begin{matrix} \\ \scriptstyle{|-4} \end{matrix} \rightarrow \begin{pmatrix} 1 & 2 & 1 & 0 \\ 0 & -5 & -4 & 1 \end{pmatrix} \times \left(-\frac{1}{5}\right)$

注意 $\begin{pmatrix} 1 & 2 \\ 4 & 3 \end{pmatrix} \begin{pmatrix} 1 & 0 \\ 0 & 1 \end{pmatrix}$ を $\begin{pmatrix} 1 & 2 & 1 & 0 \\ 4 & 3 & 0 & 1 \end{pmatrix}$ と書いた．

$\rightarrow \begin{pmatrix} 1 & 2 & 1 & 0 \\ 0 & 1 & \frac{4}{5} & -\frac{1}{5} \end{pmatrix} \begin{matrix} \\ \scriptstyle{|-2} \end{matrix} \rightarrow \begin{pmatrix} 1 & 0 & -\frac{3}{5} & \frac{2}{5} \\ 0 & 1 & \frac{4}{5} & -\frac{1}{5} \end{pmatrix}$

よって，逆行列は $\begin{pmatrix} -\frac{3}{5} & \frac{2}{5} \\ \frac{4}{5} & -\frac{1}{5} \end{pmatrix}$

(2) $\begin{pmatrix} 2 & 5 & 1 & 0 \\ 3 & 1 & 0 & 1 \end{pmatrix} \times \frac{1}{2} \rightarrow \begin{pmatrix} 1 & \frac{5}{2} & \frac{1}{2} & 0 \\ 3 & 1 & 0 & 1 \end{pmatrix} \begin{matrix} \\ \scriptstyle{|-3} \end{matrix} \rightarrow \begin{pmatrix} 1 & \frac{5}{2} & \frac{1}{2} & 0 \\ 0 & -\frac{13}{2} & -\frac{3}{2} & 1 \end{pmatrix} \times \left(-\frac{2}{13}\right)$

$\begin{pmatrix} 1 & \frac{5}{2} & \frac{1}{2} & 0 \\ 0 & 1 & \frac{3}{13} & -\frac{2}{13} \end{pmatrix} \begin{matrix} \scriptstyle{-\frac{5}{2}} \\ \end{matrix} \rightarrow \begin{pmatrix} 1 & 0 & -\frac{1}{13} & \frac{5}{13} \\ 0 & 1 & \frac{3}{13} & -\frac{2}{13} \end{pmatrix}$

したがって，逆行列は

$\begin{pmatrix} -\frac{1}{13} & \frac{5}{13} \\ \frac{3}{13} & -\frac{2}{13} \end{pmatrix}$

(3) $\begin{pmatrix} 1 & 4 & 5 & 1 & 0 & 0 \\ 3 & 2 & 1 & 0 & 1 & 0 \\ 1 & 2 & -1 & 0 & 0 & 1 \end{pmatrix} \begin{matrix} \scriptstyle{|-3} \\ \scriptstyle{|-1} \\ \end{matrix} \rightarrow \begin{pmatrix} 1 & 4 & 5 & 1 & 0 & 0 \\ 0 & -10 & -14 & -3 & 1 & 0 \\ 0 & -2 & -6 & -1 & 0 & 1 \end{pmatrix} \begin{matrix} \\ \\ \scriptstyle{|-5} \end{matrix}$

$\rightarrow \begin{pmatrix} 1 & 4 & 5 & 1 & 0 & 0 \\ 0 & 0 & 16 & 2 & 1 & -5 \\ 0 & -2 & -6 & -1 & 0 & 1 \end{pmatrix} \begin{matrix} \times \frac{1}{16} \\ \times \left(-\frac{1}{2}\right) \end{matrix} \rightarrow \begin{pmatrix} 1 & 4 & 5 & 1 & 0 & 1 \\ 0 & 0 & 1 & \frac{1}{8} & \frac{1}{16} & -\frac{5}{16} \\ 0 & 1 & 3 & \frac{1}{2} & 0 & -\frac{1}{2} \end{pmatrix} \updownarrow$

$\rightarrow \begin{pmatrix} 1 & 4 & 5 & 1 & 0 & 0 \\ 0 & 1 & 3 & \frac{1}{2} & 0 & -\frac{1}{2} \\ 0 & 0 & 1 & \frac{1}{8} & \frac{1}{16} & -\frac{5}{16} \end{pmatrix} \begin{matrix} \\ \scriptstyle{|-5} \\ \scriptstyle{|-3} \end{matrix} \rightarrow \begin{pmatrix} 1 & 4 & 0 & \frac{3}{8} & -\frac{5}{16} & \frac{25}{16} \\ 0 & 1 & 0 & \frac{1}{8} & -\frac{3}{16} & \frac{7}{16} \\ 0 & 0 & 1 & \frac{1}{8} & \frac{1}{16} & -\frac{5}{16} \end{pmatrix} \begin{matrix} \scriptstyle{|-4} \\ \\ \end{matrix}$

$\rightarrow \begin{pmatrix} 1 & 0 & 0 & -\frac{1}{8} & \frac{7}{16} & -\frac{3}{16} \\ 0 & 1 & 0 & \frac{1}{8} & -\frac{3}{16} & \frac{7}{16} \\ 0 & 0 & 1 & \frac{1}{8} & \frac{1}{16} & -\frac{5}{16} \end{pmatrix}$

したがって，逆行列は $\begin{pmatrix} -\frac{1}{8} & \frac{7}{16} & -\frac{3}{16} \\ \frac{1}{8} & -\frac{3}{16} & \frac{7}{16} \\ \frac{1}{8} & \frac{1}{16} & -\frac{5}{16} \end{pmatrix}$

(4) $\begin{pmatrix} 1 & 2 & -1 & 1 & 0 & 0 \\ 6 & 5 & 0 & 0 & 1 & 0 \\ -1 & 1 & 1 & 0 & 0 & 1 \end{pmatrix} \begin{matrix} \scriptstyle{|-6} \\ \scriptstyle{|1} \\ \end{matrix} \rightarrow \begin{pmatrix} 1 & 2 & -1 & 1 & 0 & 0 \\ 0 & -7 & 6 & -6 & 1 & 0 \\ 0 & 3 & 0 & 1 & 0 & 1 \end{pmatrix} \begin{matrix} \\ \\ \times \frac{1}{3} \end{matrix}$

$$\rightarrow \begin{pmatrix} 1 & 2 & -1 & 1 & 0 & 0 \\ 0 & 1 & 0 & \frac{1}{3} & 0 & \frac{1}{3} \\ 0 & -7 & 6 & -6 & 1 & 0 \end{pmatrix} \downarrow 7 \rightarrow \begin{pmatrix} 1 & 2 & -1 & 1 & 0 & 0 \\ 0 & 1 & 0 & \frac{1}{3} & 0 & \frac{1}{3} \\ 0 & 0 & 6 & -\frac{11}{3} & 1 & \frac{7}{3} \end{pmatrix} \times \frac{1}{6}$$

$$\rightarrow \begin{pmatrix} 1 & 2 & -1 & 1 & 0 & 0 \\ 0 & 1 & 0 & \frac{1}{3} & 0 & \frac{1}{3} \\ 0 & 0 & 1 & -\frac{11}{18} & \frac{1}{6} & \frac{7}{18} \end{pmatrix} \uparrow 1 \rightarrow \begin{pmatrix} 1 & 2 & 0 & \frac{7}{18} & \frac{1}{6} & \frac{7}{18} \\ 0 & 1 & 0 & \frac{1}{3} & 0 & \frac{1}{3} \\ 0 & 0 & 1 & -\frac{11}{18} & \frac{1}{6} & \frac{7}{18} \end{pmatrix} \uparrow -2$$

$$\rightarrow \begin{pmatrix} 1 & 0 & 0 & -\frac{5}{18} & \frac{1}{6} & -\frac{5}{18} \\ 0 & 1 & 0 & \frac{1}{3} & 0 & \frac{1}{3} \\ 0 & 0 & 1 & -\frac{11}{18} & \frac{1}{6} & \frac{7}{18} \end{pmatrix}$$

右側の行列が逆行列.

[問題 4] $A^{-1} = \begin{pmatrix} -\frac{1}{10} & \frac{1}{2} & -1 & \frac{3}{10} \\ -\frac{2}{5} & 0 & 1 & -\frac{4}{5} \\ \frac{1}{5} & 0 & 0 & \frac{2}{5} \\ \frac{7}{10} & -\frac{1}{2} & 1 & -\frac{1}{10} \end{pmatrix}$

[問題 5]

(1) $f(x,y,s,t) = (x-y+s+t, x+2s-t, x+y+3s-3t)$

f の像 $= (z_1, z_2, z_3)$

$$\begin{cases} z_1 = x - y + s + t \\ z_2 = x + 2s - t \\ z_3 = x + y + 3s - 3t \end{cases} \Rightarrow \begin{pmatrix} z_1 \\ z_2 \\ z_3 \end{pmatrix} = x \begin{pmatrix} 1 \\ 1 \\ 1 \end{pmatrix} + y \begin{pmatrix} -1 \\ 0 \\ 1 \end{pmatrix} + s \begin{pmatrix} 1 \\ 2 \\ 3 \end{pmatrix} + t \begin{pmatrix} 1 \\ -1 \\ -3 \end{pmatrix}$$

$\begin{pmatrix} 1 \\ 1 \\ 1 \end{pmatrix}, \begin{pmatrix} -1 \\ 0 \\ 1 \end{pmatrix}, \begin{pmatrix} 1 \\ 2 \\ 3 \end{pmatrix}, \begin{pmatrix} 1 \\ -1 \\ -3 \end{pmatrix} \in \text{Im} f$ であり,$\text{Im} f$ は部分空間であるからこれらのベクトルの和,スカラー倍はまた $\text{Im} f$ の中に入る.

$\begin{pmatrix} 1 & -1 & 1 & 1 \\ 1 & 0 & 2 & -1 \\ 1 & 1 & 3 & -3 \end{pmatrix}$ を列の基本変形で簡単にする.

$$\begin{pmatrix} 1 & -1 & 1 & 1 \\ 1 & 0 & 2 & -1 \\ 1 & 1 & 3 & -3 \end{pmatrix} \xrightarrow{\substack{-1 \\ -1 \\ 1}} \begin{pmatrix} 1 & 0 & 0 & 0 \\ 1 & 1 & 1 & -2 \\ 1 & 2 & 2 & -4 \end{pmatrix} \xrightarrow{\substack{2 \\ -1}} \begin{pmatrix} 1 & 0 & 0 & 0 \\ 1 & 1 & 0 & 0 \\ 1 & 2 & 0 & 0 \end{pmatrix}$$

$\alpha(1,1,1) + \beta(0,1,2) = (0,0,0)$ とすれば $\alpha = \beta = 0$. したがって,$(1,1,1)$ と $(0,1,2)$ は 1 次独立.$\text{Im} f$ の基底は $(1,1,1)$, $(0,1,2)$ で $\dim \text{Im} f = 2$.

(2) f の核 $\text{Ker} f$ は,$f(x,y,s,t) = (0,0,0)$ となる (x,y,s,t) を求めることである.

$$\begin{cases} x - y + s + t = 0 \\ x + 2s - t = 0 \\ x + y + 3s - 3t = 0 \end{cases}$$

行列 $\begin{pmatrix} 1 & -1 & 1 & 1 \\ 1 & 0 & 2 & -1 \\ 1 & 1 & 3 & -3 \end{pmatrix}$ を行の基本変形で簡単にする.

$$\begin{pmatrix} 1 & -1 & 1 & 1 \\ 1 & 0 & 2 & -1 \\ 1 & 1 & 3 & -3 \end{pmatrix} \begin{matrix} \downarrow^{-1} \\ \downarrow^{-1} \end{matrix} \to \begin{pmatrix} 1 & -1 & 1 & 1 \\ 0 & 1 & 1 & -2 \\ 0 & 2 & 2 & -4 \end{pmatrix} \downarrow^{-2}$$

$$\to \begin{pmatrix} 1 & -1 & 1 & 1 \\ 0 & 0 & 1 & -2 \\ 0 & 0 & 0 & 0 \end{pmatrix} \uparrow^{1} \to \begin{pmatrix} 1 & 0 & 2 & -1 \\ 0 & 1 & 1 & -2 \\ 0 & 0 & 0 & 0 \end{pmatrix}$$

$$\begin{cases} x = -2s + t \\ y = -s + 2t \\ s = s \\ t = t \end{cases}$$

$$\operatorname{Ker} f = \{s(-2,-1,1,0) + t(1,2,0,1) | s,t \in \boldsymbol{R}\}$$

$\alpha(-2,-1,1,0) + \beta(1,2,0,1) = (0,0,0,0)$ より $\alpha = \beta = 0$.
したがって，基底は $(-2,-1,1,0), (1,2,0,1)$．$\dim W = 2$．

[問題 6] $\operatorname{Ker} f$ は $f(A) = O_2$ を満たす A．したがって，$AM = MA$ (M と可換な行列)

$A = \begin{pmatrix} x & y \\ z & w \end{pmatrix}$ とおく．

$$AM = \begin{pmatrix} x & y \\ z & w \end{pmatrix} \begin{pmatrix} 2 & 1 \\ 0 & 1 \end{pmatrix} = \begin{pmatrix} 2x & x+y \\ 2z & z+w \end{pmatrix}$$

一方，$MA = \begin{pmatrix} 2 & 1 \\ 0 & 1 \end{pmatrix} \begin{pmatrix} x & y \\ z & w \end{pmatrix} = \begin{pmatrix} 2x+z & 2y+w \\ z & w \end{pmatrix}$

各成分を比較する．$\begin{cases} 2x = 2x + z \\ x + y = 2y + w \\ 2z = z \\ z + w = w \end{cases}$

これより，$z = 0, x = y + w$
したがって，

$$A = \begin{pmatrix} y+w & y \\ 0 & w \end{pmatrix} = y\begin{pmatrix} 1 & 1 \\ 0 & 0 \end{pmatrix} + w\begin{pmatrix} 1 & 0 \\ 0 & 1 \end{pmatrix}$$

$\alpha \begin{pmatrix} 1 & 1 \\ 0 & 0 \end{pmatrix} + \beta \begin{pmatrix} 1 & 0 \\ 0 & 1 \end{pmatrix} = \begin{pmatrix} 0 & 0 \\ 0 & 0 \end{pmatrix}$ より，$\alpha = \beta = 0$ が導かれるから 2 つの行列は 1 次独立．

したがって，基底は $\begin{pmatrix} 1 & 1 \\ 0 & 0 \end{pmatrix}$ と $\begin{pmatrix} 1 & 0 \\ 0 & 1 \end{pmatrix}$ で $\dim \operatorname{Ker} f = 2$．

[問題 7] 1 番目の式を (-3) 倍して 2 番目の式にたすと，

$$7x_2 + 7x_3 = 0$$

したがって，$x_3 = -x_2$．これを最初の式に代入すると

$$x_1 = 2x_2 + x_3 = 2x_2 - x_2 = x_2$$

解空間 W は $\left\{ \begin{pmatrix} x_1 \\ x_2 \\ x_3 \end{pmatrix} = \begin{pmatrix} t \\ t \\ -t \end{pmatrix} \middle| t \in \boldsymbol{R} \right\}$

$\dim W = 1$ で基底は $\begin{pmatrix} 1 \\ 1 \\ -1 \end{pmatrix}$

[問題 8] 連立方程式を行列表示する.

$$\begin{pmatrix} 1 & -3 & 1 & 1 \\ 5 & 1 & -2 & -3 \\ 2 & 10 & -5 & -6 \end{pmatrix} \begin{pmatrix} x \\ y \\ z \\ w \end{pmatrix} = \begin{pmatrix} 0 \\ 0 \\ 0 \end{pmatrix}$$

係数行列を行変換して簡単にする

$$\begin{pmatrix} 1 & -3 & 1 & 1 \\ 5 & 1 & -2 & -3 \\ 2 & 10 & -5 & -6 \end{pmatrix} \begin{vmatrix} -5 \\ -2 \end{vmatrix} \rightarrow \begin{pmatrix} 1 & -3 & 1 & 1 \\ 0 & 16 & -7 & -8 \\ 0 & 16 & -7 & -8 \end{pmatrix} \begin{vmatrix} \\ -1 \end{vmatrix} \rightarrow \begin{pmatrix} 1 & -3 & 1 & 1 \\ 0 & 16 & -7 & -8 \\ 0 & 0 & 0 & 0 \end{pmatrix}$$

したがって,

$$\begin{cases} x - 3y + z + w = 0 & \text{(i)} \\ 16y - 7z - 8w = 0 & \text{(ii)} \end{cases}$$

を解けばよい.

(ii) より, $y = \dfrac{1}{16}(7z + 8w)$

ここで, $z = 16t, w = 16s$ とおくと, $y = 7t + 8s$ (iii)

(iii) を (i) に代入すれば,

$$x = 3y - z - w = 21t + 24s - 16t - 16s = 5t + 8s$$

$$\begin{pmatrix} x \\ y \\ z \\ w \end{pmatrix} = \begin{pmatrix} 5t + 8s \\ 7t + 8s \\ 16t \\ 16s \end{pmatrix} = t \begin{pmatrix} 5 \\ 7 \\ 16 \\ 0 \end{pmatrix} + s \begin{pmatrix} 8 \\ 8 \\ 0 \\ 16 \end{pmatrix}$$

$$W = \left\{ t_1 \begin{pmatrix} 5 \\ 7 \\ 16 \\ 0 \end{pmatrix} + t_2 \begin{pmatrix} 1 \\ 1 \\ 0 \\ 2 \end{pmatrix} \middle| t_i \in \mathbf{R} \right\}$$

$\dim W = 2$

W の基底 $\begin{pmatrix} 5 \\ 7 \\ 16 \\ 0 \end{pmatrix}, \begin{pmatrix} 1 \\ 1 \\ 0 \\ 2 \end{pmatrix}$

[問題 9]

(1) 行列表示して行だけの基本変形で簡単にする.

$$\begin{pmatrix} 1 & 3 & 7 & 2 & 2 \\ 3 & 5 & -2 & -13 & 10 \\ 2 & 1 & -1 & -6 & 9 \end{pmatrix} \begin{vmatrix} -3 \\ -2 \end{vmatrix} \rightarrow \begin{pmatrix} 1 & 3 & 7 & 2 & 2 \\ 0 & -4 & -23 & -19 & 4 \\ 0 & -5 & -15 & -10 & 5 \end{pmatrix} \times \left(-\dfrac{1}{5}\right)$$

$$\rightarrow \begin{pmatrix} 1 & 3 & 7 & 2 & 2 \\ 0 & -4 & -23 & -19 & 4 \\ 0 & 1 & 3 & 2 & -1 \end{pmatrix} \begin{matrix} \\ \uparrow 4 \\ \end{matrix} \rightarrow \begin{pmatrix} 1 & 3 & 7 & 2 & 2 \\ 0 & 0 & -11 & -11 & 0 \\ 0 & 1 & 3 & 2 & -1 \end{pmatrix} \times \left(-\tfrac{1}{11}\right)$$

$$\rightarrow \begin{pmatrix} 1 & 3 & 7 & 2 & 2 \\ 0 & 0 & 1 & 1 & 0 \\ 0 & 1 & 3 & 2 & -1 \end{pmatrix}$$

連立方程式の形に戻す
$$\begin{cases} x_1 + 3x_2 + 7x_3 + 2x_4 = 2 & (\text{i}) \\ \quad\quad x_2 + 3x_3 + 2x_4 = -1 & (\text{ii}) \\ \quad\quad\quad\quad x_3 + x_4 = 0 & (\text{iii}) \end{cases}$$

(iii) より, $x_4 = -x_3$ (iv)

(iv) を (ii) に代入
$$x_2 = -3x_3 - 2x_4 - 1 = -3x_3 + 2x_3 - 1 = -x_3 - 1 \quad (\text{v})$$

(iv) と (v) を (i) に代入
$$x_1 = -3x_2 - 7x_3 - 2x_4 + 2 = -3(-x_3 - 1) - 7x_3 + 2x_3 + 2 = 3x_3 + 3 - 5x_3 + 2 = -2x_3 + 5$$

よって, $\begin{pmatrix} x_1 \\ x_2 \\ x_3 \\ x_4 \end{pmatrix} = \begin{pmatrix} -2x_3 \\ -x_3 \\ x_3 \\ -x_3 \end{pmatrix} + \begin{pmatrix} 5 \\ -1 \\ 0 \\ 0 \end{pmatrix} = x_3 \begin{pmatrix} -2 \\ -1 \\ 1 \\ -1 \end{pmatrix} + \begin{pmatrix} 5 \\ -1 \\ 0 \\ 0 \end{pmatrix}$. ただし $x_3 \in \mathbf{R}$

(2) 行列表示して行だけの基本変形で簡単にする.

$$\begin{pmatrix} 1 & 5 & -6 & 2 \\ 5 & 3 & 1 & 19 \\ 2 & -1 & 2 & 7 \end{pmatrix} \begin{matrix} \downarrow -5 \\ \downarrow -2 \end{matrix} \rightarrow \begin{pmatrix} 1 & 5 & -6 & 2 \\ 0 & -22 & 31 & 9 \\ 0 & -11 & 14 & 3 \end{pmatrix} \begin{matrix} \\ \uparrow -2 \end{matrix}$$

$$\rightarrow \begin{pmatrix} 1 & 5 & -6 & 2 \\ 0 & 0 & 3 & 3 \\ 0 & -11 & 14 & 3 \end{pmatrix} \times \tfrac{1}{3} \rightarrow \begin{pmatrix} 1 & 5 & -6 & 2 \\ 0 & 0 & 1 & 1 \\ 0 & -11 & 14 & 3 \end{pmatrix}$$

$$\rightarrow \begin{pmatrix} 1 & 5 & -6 & 2 \\ 0 & -11 & 14 & 3 \\ 0 & 0 & 1 & 1 \end{pmatrix} \begin{matrix} \\ \uparrow 6 \\ \downarrow -14 \end{matrix} \rightarrow \begin{pmatrix} 1 & 5 & 0 & 8 \\ 0 & -11 & 0 & -11 \\ 0 & 1 & 1 & 1 \end{pmatrix} \times \left(-\tfrac{1}{11}\right)$$

$$\rightarrow \begin{pmatrix} 1 & 5 & 0 & 8 \\ 0 & 1 & 0 & 1 \\ 0 & 0 & 1 & 1 \end{pmatrix} \begin{matrix} \uparrow -5 \\ \\ \end{matrix} \rightarrow \begin{pmatrix} 1 & 0 & 0 & 3 \\ 0 & 1 & 0 & 1 \\ 0 & 0 & 1 & 1 \end{pmatrix}$$

したがって, $x = 3, y = 1, z = 1$.

[問題 10] (1) 行列表示して行だけの変形をして簡単にする.

$$\begin{pmatrix} 1 & k & -5 & \vdots & 5 \\ 2 & -3 & -4 & \vdots & 3 \\ 0 & 19 & -6 & \vdots & 7 \end{pmatrix} \begin{matrix} \\ \downarrow -2 \\ \end{matrix} \rightarrow \begin{pmatrix} 1 & k & -5 & \vdots & 5 \\ 0 & -2k-3 & 6 & \vdots & -7 \\ 0 & 19 & -6 & \vdots & 7 \end{pmatrix} \begin{matrix} \\ \\ \uparrow 1 \end{matrix} \rightarrow \begin{pmatrix} 1 & k & -5 & \vdots & 5 \\ 0 & 19 & -6 & \vdots & 7 \\ 0 & -2k+16 & 0 & \vdots & 0 \end{pmatrix}$$

2 つの場合に分ける.

(a) $k = 8$

$$\begin{cases} x + 8y - 5z = 5 \\ 19y - 6z = 7 \end{cases}$$

これより，$z = \dfrac{1}{6}(19y - 7)$

$x = -8y + 5z + 5 = -8y + \dfrac{5}{6}(19y - 7) + 5 = \dfrac{1}{6}(47y - 5)$

$$\begin{cases} x = \frac{1}{6}(47t - 5) \\ y = t \\ z = \frac{1}{6}(19t - 7) \end{cases}$$

(b) $k \neq 8$

すぐわかることは $y = 0$, $z = -\dfrac{7}{6}$, $x = -\dfrac{5}{6}$

$x - 5z = 5$

(2) $\operatorname{rank} \begin{pmatrix} -4 & 1 & -3 \\ 1 & 2 & 3 \\ 2 & -3 & -1 \end{pmatrix} = 2$, $\operatorname{rank} \begin{pmatrix} -4 & 1 & -3 & 5 \\ 1 & 2 & 3 & 0 \\ 2 & -3 & -1 & 3 \end{pmatrix} = 3$

よって解なし．

■章末問題解答

4.1 (1) $r \begin{pmatrix} 2 & 1 & 1 \\ 4 & 1 & -1 \\ 1 & 0 & -1 \\ 1 & 1 & 2 \end{pmatrix} \begin{matrix} \downarrow 1 \\ \downarrow 1 \\ {} \\ -2 \end{matrix} = r \begin{pmatrix} 2 & 1 & 1 \\ 6 & 2 & 0 \\ 3 & 1 & 0 \\ -3 & -1 & 0 \end{pmatrix} \begin{matrix} \uparrow -2 \\ {} \\ \downarrow 1 \end{matrix}$

$= r \begin{pmatrix} 2 & 1 & 1 \\ 0 & 0 & 0 \\ 3 & 1 & 0 \\ 0 & 0 & 0 \end{pmatrix} = r \begin{pmatrix} 2 & 1 & 1 \\ 3 & 1 & 0 \\ 0 & 0 & 0 \\ 0 & 0 & 0 \end{pmatrix} = 2$

(2) $r \begin{pmatrix} 1 & -1 & 2 \\ -2 & -1 & -2 \\ 4 & -7 & 10 \end{pmatrix} \begin{matrix} \downarrow 2 \\ {} \\ -4 \end{matrix} = r \begin{pmatrix} 1 & -1 & 2 \\ 0 & -3 & 2 \\ 0 & -3 & 2 \end{pmatrix} \begin{matrix} {} \\ \downarrow -1 \end{matrix} = r \begin{pmatrix} 1 & -1 & 2 \\ 0 & -3 & 2 \\ 0 & 0 & 0 \end{pmatrix} = 2$

4.2 (1) は掃き出し法，(2) は余因子行列を使って求めると，

(1) $\begin{pmatrix} 1 & 2 & 1 & \vdots & 1 & 0 & 0 \\ 0 & 4 & 3 & \vdots & 0 & 1 & 0 \\ 3 & 1 & 0 & \vdots & 0 & 0 & 1 \end{pmatrix} \begin{matrix} {} \\ {} \\ -3 \end{matrix} \to \begin{pmatrix} 1 & 2 & 1 & \vdots & 1 & 0 & 0 \\ 0 & 4 & 3 & \vdots & 0 & 1 & 0 \\ 0 & -5 & -3 & \vdots & -3 & 0 & 1 \end{pmatrix} \begin{matrix} {} \\ \downarrow \frac{5}{4} \end{matrix}$

$\to \begin{pmatrix} 1 & 2 & 1 & 1 & 0 & 0 \\ 0 & 4 & 3 & 0 & 1 & 0 \\ 0 & 0 & \frac{3}{4} & -3 & \frac{5}{4} & 1 \end{pmatrix}_{\times \frac{4}{3}} \to \begin{pmatrix} 1 & 2 & 1 & \vdots & 1 & 0 & 0 \\ 0 & 4 & 3 & \vdots & 0 & 1 & 0 \\ 0 & 0 & 1 & \vdots & -4 & \frac{5}{3} & \frac{4}{3} \end{pmatrix} \begin{matrix} -3 \\ -1 \end{matrix}$

$\to \begin{pmatrix} 1 & 2 & 0 & 5 & -\frac{5}{3} & -\frac{4}{3} \\ 0 & 4 & 0 & 12 & -4 & -4 \\ 0 & 0 & 1 & -4 & \frac{5}{3} & \frac{4}{3} \end{pmatrix} \begin{matrix} \uparrow -\frac{1}{2} \\ {} \end{matrix} \to \begin{pmatrix} 1 & 0 & 0 & \vdots & -1 & \frac{1}{3} & \frac{2}{3} \\ 0 & 4 & 0 & \vdots & 12 & -4 & -4 \\ 0 & 0 & 1 & \vdots & -4 & \frac{5}{3} & \frac{4}{3} \end{pmatrix}_{\times \frac{1}{4}}$

$$\rightarrow \begin{pmatrix} 1 & 0 & 0 & -1 & \frac{1}{3} & \frac{2}{3} \\ 0 & 1 & 0 & 3 & -1 & -1 \\ 0 & 0 & 1 & -4 & \frac{5}{3} & \frac{4}{3} \end{pmatrix} \text{ したがって, } A^{-1} = \begin{pmatrix} -1 & \frac{1}{3} & \frac{2}{3} \\ 3 & -1 & -1 \\ -4 & \frac{5}{3} & \frac{4}{3} \end{pmatrix}$$

(2) $\begin{vmatrix} 1 & 3 & -1 \\ 3 & -1 & 5 \\ 4 & 6 & 1 \end{vmatrix} = -1 + 60 - 18 - (4 + 9 + 30) = -2$

$A_{11} = \begin{vmatrix} -1 & 5 \\ 6 & 1 \end{vmatrix} = -1 - 30 = -31, \quad A_{12} = -\begin{vmatrix} 3 & 5 \\ 4 & 1 \end{vmatrix} = 17$

$A_{13} = \begin{vmatrix} 3 & -1 \\ 4 & 6 \end{vmatrix} = 18 + 4 = 22, \quad A_{21} = -\begin{vmatrix} 3 & -1 \\ 6 & 1 \end{vmatrix} = -9$

$A_{22} = \begin{vmatrix} 1 & -1 \\ 4 & 1 \end{vmatrix} = 1 + 4 = 5, \quad A_{23} = -\begin{vmatrix} 1 & 3 \\ 4 & 6 \end{vmatrix} = 6$

$A_{31} = \begin{vmatrix} 3 & -1 \\ -1 & 5 \end{vmatrix} = 15 - 1 = 14, \quad A_{32} = -\begin{vmatrix} 1 & -1 \\ 3 & 5 \end{vmatrix} = -8$

$A_{33} = \begin{vmatrix} 1 & 3 \\ 3 & -1 \end{vmatrix} = -10$

$A^{-1} = \frac{1}{\det A} {}^t\!\begin{pmatrix} A_{11} & A_{12} & A_{13} \\ A_{21} & A_{22} & A_{23} \\ A_{31} & A_{32} & A_{33} \end{pmatrix} = -\frac{1}{2} \begin{pmatrix} -31 & -9 & 14 \\ 17 & 5 & -8 \\ 22 & 6 & -10 \end{pmatrix}$

4.3 $\begin{pmatrix} 1 & 3 & -2 & 5 \\ -3 & -7 & 4 & -9 \\ 4 & 7 & -3 & 11 \end{pmatrix} \begin{matrix} \downarrow 3 \\ \downarrow -4 \end{matrix} \rightarrow \begin{pmatrix} 1 & 3 & -2 & 5 \\ 0 & 2 & -2 & 6 \\ 0 & -5 & 5 & -9 \end{pmatrix} \downarrow \frac{5}{2}$

$\rightarrow \begin{pmatrix} 1 & 3 & -2 & 5 \\ 0 & 2 & -2 & 6 \\ 0 & 0 & 0 & 6 \end{pmatrix}, \begin{vmatrix} 3 & -2 & 5 \\ 2 & -2 & 6 \\ 0 & 0 & 6 \end{vmatrix} \neq 0$

よって, $\boldsymbol{a}, \boldsymbol{b}, \boldsymbol{c}$ は 1 次独立.

4.4 $\begin{pmatrix} 2 & 6 & 10 \\ 8 & 5 & 2 \\ 5 & 3 & 1 \end{pmatrix} \begin{matrix} \uparrow -2 \\ \uparrow -10 \end{matrix} \rightarrow \begin{pmatrix} -48 & -24 & 0 \\ -2 & -1 & 0 \\ 5 & 3 & 1 \end{pmatrix} \uparrow -24 \rightarrow \begin{pmatrix} 0 & 0 & 0 \\ -2 & -1 & 0 \\ 5 & 3 & 1 \end{pmatrix}$

次元は 2, 基底は $(-2, -1, 0), (5, 3, 1)$.

注意 例題 3.10(4) と同様の考えによる.

4.5 $\begin{pmatrix} 0 & 1 & 3 & 4 \\ 2 & -1 & 1 & 4 \\ 1 & 2 & 1 & 3 \end{pmatrix} \rightarrow \begin{pmatrix} 1 & 2 & 1 & 3 \\ 2 & -1 & 1 & 4 \\ 0 & 1 & 3 & 4 \end{pmatrix} \downarrow -2$

$\rightarrow \begin{pmatrix} 1 & 2 & 1 & 3 \\ 0 & -5 & -1 & -2 \\ 0 & 1 & 3 & 4 \end{pmatrix} \updownarrow 5 \rightarrow \begin{pmatrix} 1 & 2 & 1 & 3 \\ 0 & 1 & 3 & 4 \\ 0 & 0 & 14 & 18 \end{pmatrix} \times \frac{1}{14}$

$$\to \begin{pmatrix} 1 & 2 & 1 & 3 \\ 0 & 1 & 3 & 4 \\ 0 & 0 & 1 & \frac{9}{7} \end{pmatrix} \begin{matrix} \\ \uparrow -3 \end{matrix} \uparrow -1 \to \begin{pmatrix} 1 & 2 & 0 & * \\ 0 & 1 & 0 & * \\ 0 & 0 & 1 & * \end{pmatrix} \uparrow -2$$

$$\to \begin{pmatrix} 1 & 0 & 0 & * \\ 0 & 1 & 0 & * \\ 0 & 0 & 1 & * \end{pmatrix}$$

4.6 (1) $x_1 + 5x_2 - x_3 - 3x_4 = 9 \Rightarrow x_1 = -5x_2 + x_3 + 3x_4 + 9$ したがって,

$$\begin{pmatrix} x_1 \\ x_2 \\ x_3 \\ x_4 \end{pmatrix} = \begin{pmatrix} -5x_2 + x_3 + 3x_4 + 9 \\ x_2 \\ x_3 \\ x_4 \end{pmatrix}$$

$$= x_2 \begin{pmatrix} -5 \\ 1 \\ 0 \\ 0 \end{pmatrix} + x_3 \begin{pmatrix} 1 \\ 0 \\ 1 \\ 0 \end{pmatrix} + x_4 \begin{pmatrix} 3 \\ 0 \\ 0 \\ 1 \end{pmatrix} + \begin{pmatrix} 9 \\ 0 \\ 0 \\ 0 \end{pmatrix},$$

$$x_i \in \mathbf{R}$$

(2) $\begin{cases} x_1 + x_2 + x_3 = 4 \\ x_1 + 3x_2 + 2x_3 = 0 \end{cases} \Rightarrow \begin{cases} x_1 + x_2 + x_3 = 4 \\ 2x_2 + x_3 = -4 \end{cases}$ これより $x_3 = -2x_2 - 4$

$$\therefore x_1 = -x_2 - x_3 + 4 = -x_2 + 2x_2 + 4 + 4 = x_2 + 8$$

$$\begin{pmatrix} x_1 \\ x_2 \\ x_3 \end{pmatrix} = \begin{pmatrix} x_2 + 8 \\ x_2 \\ -2x_2 - 4 \end{pmatrix} = x_2 \begin{pmatrix} 1 \\ 1 \\ -2 \end{pmatrix} + \begin{pmatrix} 8 \\ 0 \\ -4 \end{pmatrix}$$

4.7 定理 4.4 から $\begin{pmatrix} 1 & 2 & 3 & | & a \\ 2 & 3 & -1 & | & b \\ 2 & 5 & 13 & | & c \end{pmatrix} \begin{matrix} \downarrow -2 \\ \\ \end{matrix} \downarrow -2 \to \begin{pmatrix} 1 & 2 & 3 & | & a \\ 0 & -1 & -7 & | & -2a+b \\ 0 & 1 & 7 & | & -2a+c \end{pmatrix} \downarrow 1 \to \begin{pmatrix} 1 & 2 & 3 & | & a \\ 0 & -1 & -7 & | & -2a+b \\ 0 & 0 & 0 & | & -4a+b+c \end{pmatrix}$

解をもつためには, $-4a + b + c = 0$

4.8 $\begin{cases} 3x - y + z + 2v - 3w = 1 & (\mathrm{i}) \\ 2y + z - v = 4 & (\mathrm{ii}) \\ v + 5w = 6 & (\mathrm{iii}) \end{cases}$

変形ができないのでこのまま順番に解を出す.

$$v = -5w + 6 \quad (\mathrm{iv})$$

(iv) を (ii) に代入

$$z = -2y + v + 4 = -2y - 5w + 10 \quad (\mathrm{v})$$

(v) を (i) に代入

$$3x = y - z - 2v + 3w + 1 = y + 2y + 5w - 10 + 10w - 12 + 3w + 1$$

$$= 3y + 18w - 21 \quad \therefore x = y + 6w - 7$$

まとめて

$$\begin{pmatrix} x \\ y \\ z \\ v \\ w \end{pmatrix} = \begin{pmatrix} y + 6w - 7 \\ y \\ -2y - 5w + 10 \\ -5w + 6 \\ w \end{pmatrix} = y \begin{pmatrix} 1 \\ 1 \\ -2 \\ 0 \\ 0 \end{pmatrix} + w \begin{pmatrix} 6 \\ 0 \\ -5 \\ -5 \\ 1 \end{pmatrix} + \begin{pmatrix} -7 \\ 0 \\ 10 \\ 6 \\ 0 \end{pmatrix}$$

4.9 $A = \begin{pmatrix} -1 & 3 & -4 \\ 3 & 1 & 7 \\ 3 & 5 & 5 \end{pmatrix}$

$$\operatorname{Im} f = \left\{ \begin{pmatrix} -1 \\ 3 \\ 3 \end{pmatrix}, \begin{pmatrix} 3 \\ 1 \\ 5 \end{pmatrix}, \begin{pmatrix} -4 \\ 7 \\ 5 \end{pmatrix} \right\}$$

より，ベクトル

$$\begin{pmatrix} -1 \\ 3 \\ 3 \end{pmatrix}, \begin{pmatrix} 3 \\ 1 \\ 5 \end{pmatrix}, \begin{pmatrix} -4 \\ 7 \\ 5 \end{pmatrix}$$

の和，スカラー倍はまた $\operatorname{Im} f$ に入るから，

$$\begin{pmatrix} -1 & 3 & -4 \\ 3 & 1 & 7 \\ 3 & 5 & 5 \end{pmatrix}$$

の列変形を行い，

$$\left\{ \begin{pmatrix} -1 \\ 3 \\ 3 \end{pmatrix}, \begin{pmatrix} 0 \\ 10 \\ 14 \end{pmatrix}, \begin{pmatrix} 0 \\ -5 \\ -7 \end{pmatrix} \right\} = \left\{ \begin{pmatrix} -1 \\ 3 \\ 3 \end{pmatrix}, \begin{pmatrix} 0 \\ -5 \\ -7 \end{pmatrix} \right\}$$

∴ したがって，$\operatorname{Im} f$ の基底は，次のようになる．

$$\begin{pmatrix} -1 \\ 3 \\ 3 \end{pmatrix}, \begin{pmatrix} 0 \\ -5 \\ -7 \end{pmatrix}$$

また，$\operatorname{Ker} f$ は連立方程式 $\begin{cases} -x + 3y - 4z = 0 \\ 3x + y + 7z = 0 \\ 3x + 5y + 5z = 0 \end{cases}$ の解空間から $\begin{pmatrix} -1 & 3 & -4 \\ 3 & 1 & 7 \\ 3 & 5 & 5 \end{pmatrix}$ の行変形を行い，

$$\begin{pmatrix} -1 & 3 & -4 \\ 3 & 1 & 7 \\ 3 & 5 & 5 \end{pmatrix} \!\!\downarrow\!\! 3 \;\; 3 \to \begin{pmatrix} -1 & 3 & -4 \\ 0 & 10 & -5 \\ 0 & 14 & -7 \end{pmatrix} \!\!\downarrow\!\! -\tfrac{7}{5}$$

$$\to \begin{pmatrix} -1 & 3 & -4 \\ 0 & 10 & -5 \\ 0 & 0 & 0 \end{pmatrix}$$

$$\begin{cases} -x + 3y - 4z = 0 \\ 2y - z = 0 \end{cases}$$

$z = 2y$

$$x = 3y - 4z = 3y - 8y = -5y$$

$$\therefore \operatorname{Ker} f = \begin{pmatrix} x \\ y \\ z \end{pmatrix} = y \begin{pmatrix} -5 \\ 1 \\ 2 \end{pmatrix}, \quad \text{したがって } \operatorname{Ker} f \text{ の基底は } \begin{pmatrix} -5 \\ 1 \\ 2 \end{pmatrix}$$

4.10 (1) $f(x,y,z) = \begin{pmatrix} 1 & 2 & -1 \\ 0 & 1 & 1 \\ 1 & 1 & -2 \end{pmatrix} \begin{pmatrix} x \\ y \\ z \end{pmatrix}$

問題 4.5 と同様の考えによって，$\operatorname{Im} f$ を生成する列ベクトル $\begin{pmatrix} 1 \\ 0 \\ 1 \end{pmatrix}$, $\begin{pmatrix} 2 \\ 1 \\ 1 \end{pmatrix}$, $\begin{pmatrix} -1 \\ 1 \\ -2 \end{pmatrix}$ で行列 $\begin{pmatrix} 1 & 2 & -1 \\ 0 & 1 & 1 \\ 1 & 1 & -2 \end{pmatrix}$ をつくり，列変形をすると

$$\begin{pmatrix} 1 & 2 & -1 \\ 0 & 1 & 1 \\ 1 & 1 & -2 \end{pmatrix} \xrightarrow[\substack{-2 \\ 1}]{} \begin{pmatrix} 1 & 0 & 0 \\ 0 & 1 & 1 \\ 1 & -1 & -1 \end{pmatrix} \xrightarrow[-1]{} \begin{pmatrix} 1 & 0 & 0 \\ 0 & 1 & 0 \\ 1 & -1 & 0 \end{pmatrix}$$

したがって，$\operatorname{Im} f = (1, 0, 1), (0, 1, -1)$ で $\dim \operatorname{Im} f = 2$

(2) $\begin{cases} x + 2y - z = 0 \\ y + z = 0 \\ x + y - 2z = 0 \end{cases} \xrightarrow{-1} \begin{cases} x + 2y - z = 0 \\ y + z = 0 \\ -y - z = 0 \end{cases} \xrightarrow{-1}$

$\rightarrow \begin{cases} x + 2y - z = 0 \\ y + z = 0 \end{cases} \rightarrow \begin{cases} z = -y \\ x + 2y + y = 0 \\ x = -3y \end{cases} \rightarrow \begin{cases} x = -3y \\ y = y \\ z = -y \end{cases}$

$\operatorname{Ker} f = \{(-3, 1, -1)\}$，したがって $\dim \operatorname{Ker} f = 1$

4.11 (1) 章末問題 4.4 の考えによって

$\begin{pmatrix} 1 & 4 & -1 & 3 \\ 2 & 1 & -3 & -1 \\ 0 & 2 & 1 & -5 \end{pmatrix} \xrightarrow{-2} \begin{pmatrix} 1 & 4 & -1 & 3 \\ 0 & -7 & -1 & -7 \\ 0 & 2 & 1 & -5 \end{pmatrix} \xrightarrow{\frac{2}{7}}$

$\rightarrow \begin{pmatrix} 1 & 4 & -1 & 3 \\ 0 & -7 & -1 & -7 \\ 0 & 0 & \frac{5}{7} & -7 \end{pmatrix}$

$\begin{vmatrix} 1 & 4 & -1 \\ 0 & -7 & -1 \\ 0 & 0 & \frac{5}{7} \end{vmatrix} \neq 0$

したがって，W の次元は 3，基底は $(1, 4, -1, 3), (0, -7, -1, -7), (0, 0, 5, -49)$

(2) たとえば，$(0, 0, 0, 1)$ をとればよい．

4.12 $\begin{pmatrix} 1 & -2 & 0 & 3 \\ 1 & -1 & -1 & 4 \\ 1 & 0 & -2 & 5 \\ x & y & z & w \end{pmatrix}$ の階数が元のベクトルからつくる行列の階数と等しければよい．

$$\begin{pmatrix} 1 & -2 & 0 & 3 \\ 1 & -1 & -1 & 4 \\ 1 & 0 & -2 & 5 \\ x & y & z & w \end{pmatrix} \begin{matrix} \downarrow -1 \\ \\ \end{matrix} \begin{matrix} \downarrow -1 \\ \\ -x \end{matrix}$$

$$\rightarrow \begin{pmatrix} 1 & -2 & 0 & 3 \\ 0 & 1 & -1 & 1 \\ 0 & 2 & -2 & 2 \\ 0 & 2x+y & z & -3x+w \end{pmatrix} \begin{matrix} \downarrow -2 \\ \downarrow -(2x+y) \end{matrix} \rightarrow \begin{pmatrix} 1 & -2 & 0 & 3 \\ 0 & 1 & -1 & 1 \\ 0 & 0 & 0 & 0 \\ 0 & 0 & 2x+y+z & -5x-y+w \end{pmatrix}$$

したがって, $\begin{cases} 2x+y+z=0 \\ -5x-y+w=0 \end{cases}$

4.13 (1) まず U について

$$\begin{pmatrix} 1 & 3 & -2 & 2 & 3 \\ 1 & 4 & -3 & 4 & 2 \\ 2 & 3 & -1 & -2 & 9 \\ x & y & z & w & t \end{pmatrix} \begin{matrix} \downarrow -1 \\ \\ \end{matrix} \begin{matrix} \downarrow -2 \\ \\ -x \end{matrix}$$

$$\rightarrow \begin{pmatrix} 1 & 3 & -2 & 2 & 3 \\ 0 & 1 & -1 & 2 & -1 \\ 0 & -3 & 3 & -6 & 3 \\ 0 & -3x+y & 2x+z & -2x+w & -3x+t \end{pmatrix} \begin{matrix} \downarrow 3 \\ \downarrow 3x-y \end{matrix}$$

$$\rightarrow \begin{pmatrix} 1 & 3 & -2 & 2 & 3 \\ 0 & 1 & -1 & 2 & -1 \\ 0 & 0 & 0 & 0 & 0 \\ 0 & 0 & -x+y+z & 4x-2y+w & -6x+y+t \end{pmatrix}$$

U を定義する多項式は, $\begin{cases} -x+y+z=0 \\ 4x-2y+w=0 \\ -6x+y+t=0 \end{cases}$

U の基底は $(1,3,-2,2,3)$ と $(0,1,-1,2,-1)$.

同様に W について

$$\begin{pmatrix} 1 & 3 & 0 & 2 & 1 \\ 1 & 5 & -6 & 6 & 3 \\ 2 & 5 & 3 & 2 & 1 \\ x & y & z & w & t \end{pmatrix} \begin{matrix} \downarrow -1 \\ \\ \end{matrix} \begin{matrix} \downarrow -2 \\ \\ -x \end{matrix}$$

$$\rightarrow \begin{pmatrix} 1 & 3 & 0 & 2 & 1 \\ 0 & 2 & -6 & 4 & 2 \\ 0 & -1 & 3 & -2 & -1 \\ 0 & -3x+y & z & -2x+w & -x+t \end{pmatrix} \begin{matrix} \uparrow 2 \\ \downarrow (-3x+y) \end{matrix}$$

$$\begin{pmatrix} 1 & 3 & 0 & 2 & 1 \\ 1 & 5 & -6 & 6 & 3 \\ 2 & 5 & 3 & 2 & 1 \\ x & y & z & w & t \end{pmatrix} \begin{matrix} \downarrow -1 \\ \\ \end{matrix} \begin{matrix} \downarrow -2 \\ \\ -x \end{matrix}$$

$$\rightarrow \begin{pmatrix} 1 & 3 & 0 & 2 & 1 \\ 0 & -1 & 3 & -2 & -1 \\ 0 & 0 & 0 & 0 & 0 \\ 0 & 0 & -9x+3y+z & 4x-2y+w & 2x-y+t \end{pmatrix}$$

W の基底は，$(1,3,0,2,1), (0,-1,3,-2,-1)$. W を定義する多項式は

$$\begin{cases} -9x+3y+z = 0 \\ 4x-2y+w = 0 \\ 2x-y+t = 0 \end{cases}$$

$U+W$ の元は

$$\begin{pmatrix} 1 & 3 & -2 & 2 & 3 \\ 0 & 1 & -1 & 2 & -1 \\ 1 & 3 & 0 & 2 & 1 \\ 0 & -1 & 3 & -2 & -1 \end{pmatrix} \xrightarrow{-1} \begin{pmatrix} 1 & 3 & -2 & 2 & 3 \\ 0 & 1 & -1 & 2 & -1 \\ 0 & 0 & 2 & 0 & -2 \\ 0 & -1 & 3 & -2 & -1 \end{pmatrix}$$

$$\rightarrow \begin{pmatrix} 1 & 3 & -2 & 2 & 3 \\ 0 & 1 & -1 & 2 & -1 \\ 0 & 0 & 2 & 0 & -2 \\ 0 & 0 & 2 & 0 & -2 \end{pmatrix} \xrightarrow{-1} \begin{pmatrix} 1 & 3 & -2 & 2 & 3 \\ 0 & 1 & -1 & 2 & 1 \\ 0 & 0 & 2 & 0 & -2 \\ 0 & 0 & 0 & 0 & 0 \end{pmatrix}$$

したがって，$\dim(U+W) = 3$

基底は $(1,3,-2,2,3),\ (0,1,-1,2,1),\ (0,0,2,0,-2)$

(2) $(x,y,z,w,t) \in U \cap W$ であるためには

$$\begin{cases} -x+y+z = 0 \\ 4x-2y+w = 0 \\ -6x+y+t = 0 \\ -9x+3y+z = 0 \\ 4x-2y+w = 0 \\ 2x-y+t = 0 \end{cases}$$

$$\begin{pmatrix} -1 & 1 & 1 & 0 & 0 \\ 4 & -2 & 0 & 1 & 0 \\ -6 & 1 & 0 & 0 & 1 \\ -9 & 3 & 1 & 0 & 0 \\ 0 & 0 & 0 & 0 & 0 \\ 2 & -1 & 0 & 0 & 1 \end{pmatrix}$$

$$\rightarrow \begin{pmatrix} -1 & 1 & 1 & 0 & 0 \\ 0 & 2 & 4 & 1 & 0 \\ 0 & -5 & -6 & 0 & 1 \\ 0 & -6 & -8 & 0 & 0 \\ 0 & 0 & 0 & 0 & 0 \\ 0 & 1 & 2 & 0 & 1 \end{pmatrix}$$

$$\rightarrow \begin{pmatrix} -1 & 1 & 1 & 0 & 0 \\ 0 & 0 & 0 & 1 & -2 \\ 0 & 0 & 4 & 0 & 6 \\ 0 & 0 & 4 & 0 & 6 \\ 0 & 0 & 0 & 0 & 0 \\ 0 & 1 & 2 & 0 & 1 \end{pmatrix}$$

$$\begin{cases} -x + y + z = 0 \\ w - 2t = 0 \\ 2z + 3t = 0 \\ y + 2z + t = 0 \end{cases}$$

$w = 2t,\ z = -\dfrac{3}{2}t,\ y = -2z - t = 2t,\ x = y + z = 2t - \dfrac{3}{2}t = \dfrac{t}{2}$

$U \cap W = \left\{ \left(\dfrac{t}{2}, 2t, -\dfrac{3}{2}t, 2t, t \right) \right\} = \{t(1, 4, -3, 4, 2) | t \in \boldsymbol{R}\}$

$\dim(U \cap W) = 1$

4.14 (1) 多項式をベクトルの成分で表示する．$t^3 + 4t^2 - t + 3$ を $(1, 4, -1, 3)$ などとして章末問題 4.13 と同様の考えで

$$\begin{pmatrix} 1 & 4 & -1 & 3 \\ 1 & 5 & 0 & 5 \\ 3 & 10 & -5 & 5 \\ 1 & 4 & 0 & 6 \\ 1 & 2 & -1 & 5 \\ 2 & 2 & -3 & 9 \end{pmatrix} \begin{matrix} \downarrow -1 \\ \ \\ \downarrow -3 \\ \downarrow -1 \\ \downarrow -1 \\ \downarrow -2 \end{matrix}$$

$$\rightarrow \begin{pmatrix} 1 & 4 & -1 & 3 \\ 0 & 1 & 1 & 2 \\ 0 & -2 & -2 & -4 \\ 0 & 0 & 1 & 3 \\ 0 & -2 & 0 & 2 \\ 0 & -6 & -1 & 3 \end{pmatrix} \begin{matrix} \ \\ \downarrow 2 \\ \ \\ \downarrow 2 \\ \downarrow 6 \end{matrix} \rightarrow \begin{pmatrix} 1 & 4 & -1 & 3 \\ 0 & 1 & 1 & 2 \\ 0 & 0 & 0 & 0 \\ 0 & 0 & 1 & 3 \\ 0 & 0 & 2 & 6 \\ 0 & 0 & 5 & 15 \end{pmatrix}$$

$$\rightarrow \begin{pmatrix} 1 & 4 & -1 & 3 \\ 0 & 1 & 1 & 2 \\ 0 & 0 & 1 & 3 \\ 0 & 0 & 0 & 0 \\ 0 & 0 & 2 & 6 \\ 0 & 0 & 5 & 15 \end{pmatrix} \text{で} \begin{vmatrix} 1 & 4 & -1 \\ 0 & 1 & 1 \\ 0 & 0 & 1 \end{vmatrix} \neq 0 \text{ より,}$$

$\dim(U + W) = 3$

基底 $t^3 + 4t^2 - t + 3,\ t^2 + t + 2,\ t + 3$

(2) まず U, W を生成する同次連立方程式を求める．

$$U : \begin{pmatrix} 1 & 4 & -1 & 3 \\ 1 & 5 & 0 & 5 \\ 3 & 10 & -5 & 5 \\ x & y & z & w \end{pmatrix} \begin{matrix} \downarrow -1 \\ \downarrow -3 \\ \downarrow -x \end{matrix}$$

$$\rightarrow \begin{pmatrix} 1 & 4 & -1 & 3 \\ 0 & 1 & 1 & 2 \\ 0 & -2 & -2 & -4 \\ 0 & -4x+y & x+z & -3x+w \end{pmatrix} \begin{matrix} \downarrow 2 \\ \downarrow 4x-y \end{matrix}$$

$$\rightarrow \begin{pmatrix} 1 & 4 & -1 & 3 \\ 0 & 1 & 1 & 2 \\ 0 & 0 & 0 & 0 \\ 0 & 0 & 4x-y+x+z & 8x-2y-3x+w \end{pmatrix}$$

したがって，(x,y,z,w) が U の元であるには連立方程式 $\begin{cases} 5x - y + z = 0 \\ 5x - 2y + w = 0 \end{cases}$ が成り立つ．

$$W: \begin{pmatrix} 1 & 4 & 0 & 6 \\ 1 & 2 & -1 & 5 \\ 2 & 2 & -3 & 9 \\ x & y & z & w \end{pmatrix} \begin{matrix} \downarrow -1 \\ \downarrow -2 \\ \downarrow -x \end{matrix}$$

$$\rightarrow \begin{pmatrix} 1 & 4 & 0 & 6 \\ 0 & -2 & -1 & -1 \\ 0 & -6 & -3 & -3 \\ 0 & -4x+y & z & -6x+w \end{pmatrix} \begin{matrix} \downarrow -3 \\ \downarrow -6x+w \end{matrix}$$

$$\rightarrow \begin{pmatrix} 1 & 4 & 0 & 6 \\ 0 & -2 & -1 & -1 \\ 0 & 0 & 0 & 0 \\ 0 & 12x-2w-4x+y & 6x-w+z & 0 \end{pmatrix}$$

同様に W は $\begin{cases} 8x+y-2w=0 \\ 6x+z-w=0 \end{cases}$ の解である．

したがって $U \cap W$ の元は，次の連立方程式を同時に満たす．

$$\begin{cases} 5x - y + z = 0 \\ 5x - 2y + w = 0 \\ 8x + y - 2w = 0 \\ 6x + z - w = 0 \end{cases}$$

$$x=x, \quad y=6x, \quad z=x, \quad w=7x$$

$U \cap W$ の基底は，t^3+6t^2+t+7

$$\dim(U \cap W) = 1$$

4.15 (1)(ⅰ) $T(f+g)(x) = f(x) + g(x) - \lambda \int_0^1 (3xy - 5x^2y^2)(f(y)+g(y))dy$

$$= (Tf)(x) + (Tg)(x)$$

(ⅱ) $T(kf)(x) = kf(x) - \lambda \int_0^1 (3xy - 5x^2y^2)kf(y)dy$

$$= k(Tf)(x)$$

したがって，T は線形である．

$\operatorname{Ker} T$ は $f(x) = \lambda \int_0^1 (3xy - 5x^2y^2)f(y)dy$ をみたす $f(x)$ を求めること．

右辺は x に関して 2 次式でしかも定数項は 0 だから，$f(x)$ も 2 次式で，$f(x) = ax + bx^2$

という形をしている.

(2) $\lambda = 4$ の場合

$$\begin{aligned}
ax + bx^2 &= 4\int_0^1 (3xy - 5x^2y^2)(ay + by^2)dy \\
&= 4\int_0^1 (3axy^2 - 5ax^2y^3 + 3bxy^3 - 5bx^2y^4)dy \\
&= 4\left[axy^3 - \frac{5ax^2}{4}y^4 + \frac{3bx}{4}y^4 - bx^2y^5 \right]_0^1 \\
&= 4\left(ax - \frac{5ax^2}{4} + \frac{3bx}{4} - bx^2 \right) \\
&= 4ax - 5ax^2 + 3bx - 4bx^2 \\
&= (4a + 3b)x - (5a + 4b)x^2
\end{aligned}$$

両辺を比較して, $\begin{cases} 4a + 3b = a \\ 5a + 4b = -b \end{cases}$

よって $b = -a$. これより $a(x - x^2)$

第5章

■問題解答

[問題 1]

(1) A の固有多項式を計算する.

$$\det(A - \alpha E) = \begin{vmatrix} 2-\lambda & -5 \\ -4 & 1-\lambda \end{vmatrix} = \lambda^2 - 3\lambda - 18 = (\lambda + 3)(\lambda - 6)$$

$\lambda = 6$ に対する固有ベクトル

$$\begin{pmatrix} 2-6 & -5 \\ -4 & 1-6 \end{pmatrix} \begin{pmatrix} x_1 \\ x_2 \end{pmatrix} = \begin{pmatrix} 0 \\ 0 \end{pmatrix}$$

これから

$$t_1 \begin{pmatrix} 5 \\ -4 \end{pmatrix}, \ \dim W_6 = 1$$

同様に $\lambda = -3$ に対する固有ベクトル

$$\begin{pmatrix} 2+3 & -5 \\ -4 & 1+3 \end{pmatrix} \begin{pmatrix} x_1 \\ x_2 \end{pmatrix} = \begin{pmatrix} 0 \\ 0 \end{pmatrix}$$

これより

$$t_2 \begin{pmatrix} 1 \\ 1 \end{pmatrix} \ (t_2 \neq 0), \ \dim W_{-3} = 1$$

(2) B の固有多項式を計算する.

$$\det(B - \alpha E) = \begin{vmatrix} 1-\lambda & 2 \\ 3 & -4-\lambda \end{vmatrix} = \lambda^2 + 3\lambda - 10 = (\lambda + 5)(\lambda - 2)$$

$\lambda = 2$ に対する固有ベクトル

$$\begin{pmatrix} 1-2 & 2 \\ 3 & -4-2 \end{pmatrix} \begin{pmatrix} x_1 \\ x_2 \end{pmatrix} = \begin{pmatrix} 0 \\ 0 \end{pmatrix}$$

これから

$$t_1 \begin{pmatrix} 2 \\ 1 \end{pmatrix} \ (t_1 \neq 0), \ \dim W_2 = 1$$

同様に $\lambda = -5$ に対する固有ベクトル

$$\begin{pmatrix} 1+5 & 2 \\ 3 & -4+5 \end{pmatrix} \begin{pmatrix} x_1 \\ x_2 \end{pmatrix} = \begin{pmatrix} 0 \\ 0 \end{pmatrix}$$

これより

$$t_2 \begin{pmatrix} 1 \\ -3 \end{pmatrix} \ (t_2 \neq 0), \ \dim W_{-5} = 1$$

(3) C の固有多項式を計算する.

$$\det(C - \alpha E) = \begin{vmatrix} 1-\lambda & -2 & 0 \\ -1 & 4-\lambda & 2 \\ -1 & -1 & 3-\lambda \end{vmatrix} = -(\lambda - 1)(\lambda - 3))(\lambda - 4)$$

$\lambda = 1$ に対する固有ベクトル

$$\begin{pmatrix} 0 & -2 & 0 \\ -1 & 3 & 2 \\ -1 & -1 & 2 \end{pmatrix} \begin{pmatrix} x_1 \\ x_2 \\ x_3 \end{pmatrix} = \begin{pmatrix} 0 \\ 0 \\ 0 \end{pmatrix}$$

これから

$$t_1 \begin{pmatrix} 2 \\ 0 \\ 1 \end{pmatrix} \ (t_1 \neq 0), \ \dim W_1 = 1$$

同様に $\lambda = 3$ に対する固有ベクトル

$$t_2 \begin{pmatrix} 1 \\ -1 \\ 1 \end{pmatrix} \ (t_2 \neq 0), \ \dim W_3 = 1$$

同様に $\lambda = 4$ に対する固有ベクトル

$$t_3 \begin{pmatrix} 2 \\ -3 \\ 1 \end{pmatrix} \ (t_3 \neq 0), \ \dim W_4 = 1$$

[問題 2] まず D の表現行列を求めると,

$$D(1) = 0 = 0 \cdot 1 + 0 \cdot \cos t + 0 \cdot \sin t$$

$$D(\cos t) = -\sin t = 0 \cdot 1 + 0 \cdot \cos t + (-1) \cdot \sin t$$

$$D(\sin t) = \cos t = 0 \cdot 1 + 1 \cdot \cos t + 0 \cdot \sin t$$

$$\therefore D \leftrightarrow \begin{pmatrix} 0 & 0 & 0 \\ 0 & 0 & 1 \\ 0 & -1 & 0 \end{pmatrix}$$

$$f_D(\lambda) = \begin{pmatrix} -\lambda & 0 & 0 \\ 0 & -\lambda & 1 \\ 0 & -1 & -\lambda \end{pmatrix} = (-\lambda)^3 - \lambda = -\lambda^3 - \lambda = -\lambda(\lambda^2 + 1) = 0$$

から,$\lambda = 0, \pm i$

$\lambda = 0$ のとき,

$$\begin{pmatrix} 0 & 0 & 0 \\ 0 & 0 & 1 \\ 0 & -1 & 0 \end{pmatrix} \begin{pmatrix} x_1 \\ x_2 \\ x_3 \end{pmatrix} = 0 \begin{pmatrix} x_1 \\ x_2 \\ x_3 \end{pmatrix} \text{より,} \begin{cases} x_2 = 0 \\ x_3 = 0 \end{cases}$$

$x_1 = s_1$ (任意) として,

$$\begin{pmatrix} x_1 \\ x_2 \\ x_3 \end{pmatrix} = \begin{pmatrix} s_1 \\ 0 \\ 0 \end{pmatrix} = s_1 \begin{pmatrix} 1 \\ 0 \\ 0 \end{pmatrix}, \text{ここで} \begin{pmatrix} 1 \\ 0 \\ 0 \end{pmatrix} \text{は基底 } 1, \cos t, \sin t \text{ の成分から,固有ベクトルは}$$

$s_1(1, \cos t, \sin t) \begin{pmatrix} 1 \\ 0 \\ 0 \end{pmatrix} = s_1 \cdot 1 \ (s_1 \neq 0)$ と書け, $\lambda = 0$ の固有空間 W_0 は, $W_0 = \{1\}$ で $\dim W_0 = 1$

$\lambda = i$ のとき

$$\begin{pmatrix} 0 & 0 & 0 \\ 0 & 0 & 1 \\ 0 & -1 & 0 \end{pmatrix} \begin{pmatrix} x_1 \\ x_2 \\ x_3 \end{pmatrix} = i \begin{pmatrix} x_1 \\ x_2 \\ x_3 \end{pmatrix} \text{より,} \begin{cases} x_1 = 0 \\ x_3 = ix_2 \\ -x_2 = ix_3 \end{cases} \Leftrightarrow \begin{cases} x_1 = 0 \\ x_3 = ix_2 \end{cases}$$

未知数 3, 方程式 2, 自由度 1. よって, $x_2 = s_2$ とすると,

$$\begin{pmatrix} x_1 \\ x_2 \\ x_3 \end{pmatrix} = \begin{pmatrix} 0 \\ s_2 \\ is_2 \end{pmatrix} = s_2 \begin{pmatrix} 0 \\ 1 \\ i \end{pmatrix} \text{から,固有ベクトルは } s_2(1, \cos t, \sin t) \begin{pmatrix} 0 \\ 1 \\ i \end{pmatrix} = s_2(\cos t + i \sin t)$$

$(s_2 \neq 0)$ また, $W_i = \{\cos t + i \sin t\}$ $\therefore \dim W_i = 1$ (複素次元として)

$\lambda = -i$ のとき

$$\begin{pmatrix} 0 & 0 & 0 \\ 0 & 0 & 1 \\ 0 & -1 & 0 \end{pmatrix} \begin{pmatrix} x_1 \\ x_2 \\ x_3 \end{pmatrix} = -i \begin{pmatrix} x_1 \\ x_2 \\ x_3 \end{pmatrix} \text{より,} \begin{cases} x_1 = 0 \\ x_3 = -ix_2 \\ -x_2 = -ix_3 \end{cases} \Leftrightarrow \begin{cases} x_1 = 0 \\ x_2 = ix_3 \end{cases}$$

未知数 3, 方程式 2, 自由度 1. $x_3 = s_3$ とすると,

$$\begin{pmatrix} x_1 \\ x_2 \\ x_3 \end{pmatrix} = \begin{pmatrix} 0 \\ is_3 \\ s_3 \end{pmatrix} = s_3 \begin{pmatrix} 0 \\ i \\ 1 \end{pmatrix} \text{から,固有ベクトルは } s_3(1, \cos t, \sin t) \begin{pmatrix} 0 \\ i \\ 1 \end{pmatrix} = s_3(i \cos t + \sin t)$$

$(s_3 \neq 0)$ また, $W_{-i} = \{i \cos t + \sin t\}$ $\therefore \dim W_{-i} = 1$ (複素次元として)

[問題 3] (1) $A^2 = \begin{pmatrix} 3 & 1 \\ -1 & 2 \end{pmatrix} \begin{pmatrix} 3 & 1 \\ -1 & 2 \end{pmatrix} = \begin{pmatrix} 8 & 5 \\ -5 & 3 \end{pmatrix}$

(2) 同じように A^3 を計算する.

$$A^3 = \begin{pmatrix} 8 & 5 \\ -5 & 3 \end{pmatrix} \begin{pmatrix} 3 & 1 \\ -1 & 2 \end{pmatrix} = \begin{pmatrix} 19 & 18 \\ -18 & 1 \end{pmatrix}$$

(3) $A^2 - 5A + 7E = O_2$ (固有多項式からケーリー・ハミルトンの定理を使えば)
(4) $A^2 - 6A + 5E = (A^2 - 5A + 7E) + (-A - 2E)$ で最初の項は零行列だから二番目の項だけを計算する.

$$-A - 2E = \begin{pmatrix} -3 & -1 \\ 1 & -2 \end{pmatrix} + \begin{pmatrix} -2 & 0 \\ 0 & -2 \end{pmatrix} = \begin{pmatrix} -5 & -1 \\ 1 & -4 \end{pmatrix}$$

$A^2 - 5A + 7E = O_2$ を使えば (1), (2) とも $A^2 = 5A - 7E$ で, $A^3 = 5A^2 - 7A = 5(5A - 7E) - 7A = 18A - 35E$ となり計算が少し楽になる.

[問題 4] $f_A(\lambda) = \begin{vmatrix} 1-\lambda & 2 & -1 \\ 2 & 3-\lambda & -2 \\ -1 & -2 & 2-\lambda \end{vmatrix} = -\lambda^3 + 6\lambda^2 - 2\lambda - 1 = -(\lambda^3 - 6\lambda^2 + 2\lambda + 1)$ より,

$$\therefore f_A(A) = -(A^3 - 6A^2 + 2A + E) = 0 \quad \therefore E = -A^3 + 6A^2 - 2A \quad (\text{i})$$

また, $\begin{vmatrix} 1 & 2 & -1 \\ 2 & 3 & -2 \\ -1 & -2 & 2 \end{vmatrix} \xrightarrow{-2}_{1} \begin{vmatrix} 1 & 2 & -1 \\ 0 & -1 & 0 \\ 0 & 0 & 1 \end{vmatrix} = \begin{vmatrix} -1 & 0 \\ 0 & 1 \end{vmatrix} = -1 \neq 0$

より A^{-1} は存在するから, (i)へ A^{-1} をかけると,

$$E \cdot A^{-1} = -A^3 \cdot A^{-1} + 6A^2 A^{-1} - 2AA^{-1}$$

$$\therefore A^{-1} = -A^2 + 6A - 2E$$

$$= -\begin{pmatrix} 1 & 2 & -1 \\ 2 & 3 & -2 \\ -1 & -2 & 2 \end{pmatrix} \begin{pmatrix} 1 & 2 & -1 \\ 2 & 3 & -2 \\ -1 & -2 & 2 \end{pmatrix} + 6\begin{pmatrix} 1 & 2 & -1 \\ 2 & 3 & -2 \\ -1 & -2 & 2 \end{pmatrix} - 2\begin{pmatrix} 1 & 0 & 0 \\ 0 & 1 & 0 \\ 0 & 0 & 1 \end{pmatrix}$$

$$= \begin{pmatrix} -2 & 2 & 1 \\ 2 & -1 & 0 \\ 1 & 0 & 1 \end{pmatrix}$$

[問題 5]

(1) A の固有値と固有ベクトルを求める.

$$\det(A - \lambda E) = \begin{vmatrix} 1-\lambda & 1 \\ 0 & 1-\lambda \end{vmatrix} = (1-\lambda)^2$$

したがって, 固有値は $\lambda = 1$ で対応する固有ベクトルは

$\begin{pmatrix} 0 & 1 \\ 0 & 0 \end{pmatrix} \begin{pmatrix} x \\ y \end{pmatrix} = \begin{pmatrix} 0 \\ 0 \end{pmatrix} \Rightarrow y = 0$. よって, $\begin{pmatrix} x \\ 0 \end{pmatrix} = x\begin{pmatrix} 1 \\ 0 \end{pmatrix}$ $(x \neq 0)$. 2つの1次独立なベクトルが得られないので対角化不可能.

(2) $\det(B - \lambda E) = \begin{vmatrix} 3-\lambda & 0 \\ 9 & -\lambda \end{vmatrix} = \lambda(\lambda - 3)$ $P^{-1}BP = \begin{pmatrix} 0 & 0 \\ 0 & 3 \end{pmatrix}$ となる. ただし $P = \begin{pmatrix} 0 & 1 \\ 1 & 3 \end{pmatrix}$.

2つの固有値 $\lambda = 0, 3$ は異なるから対角化可能.

(3) $\det(C - \lambda E) = \begin{vmatrix} 1-\lambda & 2 & 1 \\ 0 & 1-\lambda & 0 \\ 3 & -2 & -\lambda \end{vmatrix} = -\lambda(1-\lambda)^2 - 3(1-\lambda)$

$$= -(1-\lambda)(\lambda - \lambda^2 + 3) = (1-\lambda)(\lambda^2 - \lambda - 3)$$

3つの固有値 $\lambda = 1, \dfrac{1+\sqrt{13}}{2}, \dfrac{1-\sqrt{13}}{2}$ は異なるから対角化可能. $Q^{-1}CQ = \begin{pmatrix} 1 & 0 & 0 \\ 0 & \frac{1+\sqrt{13}}{2} & 0 \\ 0 & 0 & \frac{1-\sqrt{13}}{2} \end{pmatrix}$

(4) $\det(D - \lambda E) = \begin{vmatrix} -2-\lambda & 1 & 2 \\ -3 & 2-\lambda & 2 \\ -2 & 2 & 1-\lambda \end{vmatrix}$

$$= (\lambda + 2)(\lambda - 2)(1 - \lambda) - 4 - 12 + 4(2 - \lambda) + 3(1 - \lambda) + 4(2 + \lambda)$$

$$= (1 - \lambda)(\lambda^2 - 4 + 3) = (1 - \lambda)(\lambda^2 - 1) = -(\lambda - 1)^2(\lambda + 1)$$

固有値は $\lambda = -1$ と $\lambda = 1$(重解)
固有ベクトルを求める.

$\lambda = 1$
$$\begin{pmatrix} -3 & 1 & 2 \\ -3 & 1 & 2 \\ -2 & 2 & 0 \end{pmatrix} \begin{pmatrix} x \\ y \\ z \end{pmatrix} = \begin{pmatrix} 0 \\ 0 \\ 0 \end{pmatrix}$$

$$\begin{cases} -3x + y + 2z = 0 \\ -x + y = 0 \end{cases}$$

これより $y = x, z = x$

$$\begin{pmatrix} x \\ y \\ z \end{pmatrix} = t \begin{pmatrix} 1 \\ 1 \\ 1 \end{pmatrix} \quad (t \neq 0)$$

すなわち $\lambda = 1$ に対応する固有ベクトル空間の次元は 1 で重複度 2 と異なるため,対角化不可能.

[問題 6]

(1) $f_A(\lambda) = \begin{vmatrix} a - \lambda & b \\ 0 & 2 - \lambda \end{vmatrix} = (a - \lambda)(2 - \lambda) = 0$ より,$\lambda = 2, a$

$a = 2$ のとき,$\lambda = 2$ (重複度 2). そのときの固有空間の次元は

$$\begin{pmatrix} 2 & b \\ 0 & 2 \end{pmatrix} \begin{pmatrix} x_1 \\ x_2 \end{pmatrix} = 2 \begin{pmatrix} x_1 \\ x_2 \end{pmatrix} \Leftrightarrow bx_2 = 0$$

ここで,$b = 0$ のとき,x_2 : 任意. また x_1 も任意より,$x_1 = t_1, x_2 = t_2$ として,

$$\begin{pmatrix} x_1 \\ x_2 \end{pmatrix} = \begin{pmatrix} t_1 \\ t_2 \end{pmatrix} = t_1 \begin{pmatrix} 1 \\ 0 \end{pmatrix} + t_2 \begin{pmatrix} 0 \\ 1 \end{pmatrix}$$

となり,$W_2 = \left\{ \begin{pmatrix} 1 \\ 0 \end{pmatrix}, \begin{pmatrix} 0 \\ 1 \end{pmatrix} \right\}, \dim W_2 = 2$ となり重複度と一致. よって対角化可能.

$b \neq 0$ のとき,$x_2 = 0$ で x_1 は任意から,$x_1 = t_1$ として,

$$\begin{pmatrix} x_1 \\ x_2 \end{pmatrix} = \begin{pmatrix} t_1 \\ 0 \end{pmatrix} = t_1 \begin{pmatrix} 1 \\ 0 \end{pmatrix}$$

$$\therefore W_2 = \left\{ \begin{pmatrix} 1 \\ 0 \end{pmatrix} \right\}, \dim W_2 = 1 \neq (重複度 2)$$

よって対角化不可能.
$a \neq 2$ のとき,2 つの固有値 $(\lambda = 2, a)$ が異なるから,定理 5.5 より対角化可能である. したがって,$a \neq 2$ または $a = 2, b = 0$.

$a \neq 2$ のときは以下のように解答してもよい.

$a \neq 2$ より,$\lambda = 2, a$.

$\lambda = 2$ のとき (重複度 1) の固有空間の次元は

$$\begin{pmatrix} a & b \\ 0 & 2 \end{pmatrix} \begin{pmatrix} x_1 \\ x_2 \end{pmatrix} = 2 \begin{pmatrix} x_1 \\ x_2 \end{pmatrix} \Leftrightarrow bx_2 = (2 - a)x_1$$

$a \neq 2$ より,$x_1 = \dfrac{b}{2-a} x_2$ (方程式 1,未知数 2,自由度 1)
そこで,$x_2 = s_2$ とすると,

$$\begin{pmatrix} x_1 \\ x_2 \end{pmatrix} = \begin{pmatrix} \frac{b}{2-a} s_2 \\ s_2 \end{pmatrix} = s_2 \begin{pmatrix} \frac{b}{2-a} \\ 1 \end{pmatrix}$$

$$\therefore W_2 = \left\{ \begin{pmatrix} \frac{b}{2-a} \\ 1 \end{pmatrix} \right\}, \dim W_2 = 1 = (\text{重複度 1})$$

また, $\lambda = a$ のとき (重複度 1) の固有空間の次元は,

$$\begin{pmatrix} a & b \\ 0 & 2 \end{pmatrix} \begin{pmatrix} x_1 \\ x_2 \end{pmatrix} = a \begin{pmatrix} x_1 \\ x_2 \end{pmatrix} \Leftrightarrow \begin{cases} bx_2 = 0 \\ (2-a)x_2 = 0 \end{cases} \Leftrightarrow x_2 = 0$$

また, x_1 : 任意から, $x_1 = s_1$ (任意) とすると,

$$\begin{pmatrix} x_1 \\ x_2 \end{pmatrix} = \begin{pmatrix} s_1 \\ 0 \end{pmatrix} = s_1 \begin{pmatrix} 1 \\ 0 \end{pmatrix}$$

$$\therefore W_a = \left\{ \begin{pmatrix} 1 \\ 0 \end{pmatrix} \right\} \dim W_a = 1 = (\text{重複度 1})$$

よって対角化可能.

以上から, 対角化可能な条件は $a \neq 2$ または $a = 2, b = 0$.

(2) $f_A(\lambda) = \begin{vmatrix} a-\lambda & 0 & 0 \\ 0 & a-\lambda & 1 \\ 0 & 0 & b-\lambda \end{vmatrix} = (a-\lambda)^2(b-\lambda) = 0$ から, $\lambda = a, b$

(i) $a = b$ のとき, $\lambda = a$ (重複度 3) のとき

$$\begin{pmatrix} a & 0 & 0 \\ 0 & a & 1 \\ 0 & 0 & a \end{pmatrix} \begin{pmatrix} x_1 \\ x_2 \\ x_3 \end{pmatrix} = a \begin{pmatrix} x_1 \\ x_2 \\ x_3 \end{pmatrix} \Leftrightarrow x_3 = 0. \text{方程式 1, 未知数 3, 自由度 2}$$

そこで, $x_1 = t_1, x_2 = t_2$ とすれば,

$$\begin{pmatrix} x_1 \\ x_2 \\ x_3 \end{pmatrix} = \begin{pmatrix} \lambda_1 \\ \lambda_2 \\ 0 \end{pmatrix} = t_1 \begin{pmatrix} 1 \\ 0 \\ 0 \end{pmatrix} + t_2 \begin{pmatrix} 0 \\ 1 \\ 0 \end{pmatrix}$$

$$\therefore W_a = \left\{ \begin{pmatrix} 1 \\ 0 \\ 0 \end{pmatrix}, \begin{pmatrix} 0 \\ 1 \\ 0 \end{pmatrix} \right\}, \dim W_a = 2 \neq (\text{重複度 3}).$$

よって対角化不可能.

(ii) $a \neq b$ のとき, $\lambda = a$ (重複度 2), b (重複度 1)

$\lambda = a$ のとき,

$$\begin{pmatrix} a & 0 & 0 \\ 0 & a & 1 \\ 0 & 0 & b \end{pmatrix} \begin{pmatrix} x_1 \\ x_2 \\ x_3 \end{pmatrix} = a \begin{pmatrix} x_1 \\ x_2 \\ x_3 \end{pmatrix} \Leftrightarrow x_3 = 0. \text{方程式 1, 未知数 3, 自由度 2}$$

$x_1 = t_1, x_2 = t_2$ として,

$$\begin{pmatrix} x_1 \\ x_2 \\ x_3 \end{pmatrix} = \begin{pmatrix} \lambda_1 \\ \lambda_2 \\ 0 \end{pmatrix} = \lambda_1 \begin{pmatrix} 1 \\ 0 \\ 0 \end{pmatrix} + \lambda_2 \begin{pmatrix} 0 \\ 1 \\ 0 \end{pmatrix}$$

$$\therefore W_a = \left\{ \begin{pmatrix} 1 \\ 0 \\ 0 \end{pmatrix}, \begin{pmatrix} 0 \\ 1 \\ 0 \end{pmatrix} \right\}, \dim W_a = 2 = (a \text{ の重複度 2})$$

$\lambda = b$ のとき,
$$\begin{pmatrix} a & 0 & 0 \\ 0 & a & 1 \\ 0 & 0 & b \end{pmatrix} \begin{pmatrix} x_1 \\ x_2 \\ x_3 \end{pmatrix} = b \begin{pmatrix} x_1 \\ x_2 \\ x_3 \end{pmatrix} \Leftrightarrow \begin{cases} (a-b)x_1 = 0 \\ x_3 = (b-a)x_2 \end{cases} \Leftrightarrow \begin{cases} x_1 = 0 \\ x_3 = (b-a)x_2 \end{cases}$$

$x_2 = t_3$ とすると,
$$\begin{pmatrix} x_1 \\ x_2 \\ x_3 \end{pmatrix} = \begin{pmatrix} 0 \\ t_3 \\ (b-a)t_3 \end{pmatrix} = t_3 \begin{pmatrix} 0 \\ 1 \\ b-a \end{pmatrix}$$

$$\therefore W_b = \left\{ \begin{pmatrix} 0 \\ 1 \\ b-a \end{pmatrix} \right\}, \dim W_b = 1 = (\lambda = b \text{ の重複度 1})$$

よって対角化可能.

以上から,対角化可能である条件は $a \neq b$.

[問題 7]

(1) $f_A(\lambda) = \begin{vmatrix} 2-\lambda & -1 \\ -1 & 2-\lambda \end{vmatrix} = (\lambda-1)(\lambda-3) = 0$ から,$\lambda = 1, 3$

$\lambda = 1$ の固有ベクトルは,$\begin{pmatrix} 2 & -1 \\ -1 & 2 \end{pmatrix} \begin{pmatrix} x_1 \\ x_2 \end{pmatrix} = 1 \begin{pmatrix} x_1 \\ x_2 \end{pmatrix} \Leftrightarrow x_1 = x_2$. 未知数 2, 方程式 1, 自由度 1

$\therefore x_1 = t_1$ として,
$$\begin{pmatrix} x_1 \\ x_2 \end{pmatrix} = \begin{pmatrix} t_1 \\ t_1 \end{pmatrix} = t_1 \begin{pmatrix} 1 \\ 1 \end{pmatrix} \ (t_1 \neq 0) \therefore W_1 = \left\{ \begin{pmatrix} 1 \\ 1 \end{pmatrix} \right\}$$

$\lambda = 3$ のときの固有ベクトル
$$\begin{pmatrix} 2 & -1 \\ -1 & 2 \end{pmatrix} \begin{pmatrix} x_1 \\ x_2 \end{pmatrix} = 3 \begin{pmatrix} x_1 \\ x_2 \end{pmatrix} \Leftrightarrow x_1 + x_2 = 0$$

$x_2 = t_2$ とすれば,
$$\begin{pmatrix} x_1 \\ x_2 \end{pmatrix} = \begin{pmatrix} -t_2 \\ t_2 \end{pmatrix} = t_2 \begin{pmatrix} -1 \\ 1 \end{pmatrix} \ (t_2 \neq 0), W_3 = \left\{ \begin{pmatrix} -1 \\ 1 \end{pmatrix} \right\}$$

$\begin{pmatrix} 1 \\ 1 \end{pmatrix}$ と $\begin{pmatrix} -1 \\ 1 \end{pmatrix}$ を正規直交化して (両方とも単位ベクトルにすればよい (なぜなら固有値が異なるから,この 2 つのベクトルは直交している))

そこで,$\frac{1}{\sqrt{2}} \begin{pmatrix} 1 \\ 1 \end{pmatrix} = \begin{pmatrix} \frac{1}{\sqrt{2}} \\ \frac{1}{\sqrt{2}} \end{pmatrix}, \frac{1}{\sqrt{2}} \begin{pmatrix} -1 \\ 1 \end{pmatrix} = \begin{pmatrix} -\frac{1}{\sqrt{2}} \\ \frac{1}{\sqrt{2}} \end{pmatrix}$

よって,対角化する直交行列は,$T = \begin{pmatrix} \frac{1}{\sqrt{2}} & -\frac{1}{\sqrt{2}} \\ \frac{1}{\sqrt{2}} & \frac{1}{\sqrt{2}} \end{pmatrix}$ として,

$$T^{-1}AT = \begin{pmatrix} 1 & 0 \\ 0 & 3 \end{pmatrix}$$

(2) $f_A(\lambda) = \begin{vmatrix} -\lambda & 2 & 2 \\ 2 & -\lambda & 2 \\ 2 & 2 & -\lambda \end{vmatrix} = (-\lambda+4)(\lambda+2)^2 = 0$ より,$\lambda = 4$ (重複度 1),$\lambda = -2$ (重複度 2)

$\lambda = 4$ のとき,

$$\begin{pmatrix} 0 & 2 & 2 \\ 2 & 0 & 2 \\ 2 & 2 & 0 \end{pmatrix} \begin{pmatrix} x_1 \\ x_2 \\ x_3 \end{pmatrix} = 4 \begin{pmatrix} x_1 \\ x_2 \\ x_3 \end{pmatrix} \Leftrightarrow \begin{cases} x_2 + x_3 = 2x_1 \\ x_1 + x_3 = 2x_2 \\ x_1 + x_2 = 2x_3 \end{cases} \Leftrightarrow x_1 = x_2 = x_3$$

方程式 2,未知数 3,自由度 1.
$x_3 = t_1$ とおくと,
$$\begin{pmatrix} x_1 \\ x_2 \\ x_3 \end{pmatrix} = \begin{pmatrix} t_1 \\ t_1 \\ t_1 \end{pmatrix} = t_1 \begin{pmatrix} 1 \\ 1 \\ 1 \end{pmatrix} \quad \therefore W_4 = \left\{ \begin{pmatrix} 1 \\ 1 \\ 1 \end{pmatrix} \right\}$$

$\lambda = -2$ のとき,
$$\begin{pmatrix} 0 & 2 & 2 \\ 2 & 0 & 2 \\ 2 & 2 & 0 \end{pmatrix} \begin{pmatrix} x_1 \\ x_2 \\ x_3 \end{pmatrix} = -2 \begin{pmatrix} x_1 \\ x_2 \\ x_3 \end{pmatrix} \Leftrightarrow x_1 + x_2 + x_3 = 0$$

未知数 3,方程式 1,自由度 2.
$x_2 = t_2, x_3 = t_3$ として,
$$\begin{pmatrix} x_1 \\ x_2 \\ x_3 \end{pmatrix} = \begin{pmatrix} -t_2 - t_3 \\ t_2 \\ t_3 \end{pmatrix} = t_2 \begin{pmatrix} -1 \\ 1 \\ 0 \end{pmatrix} + t_3 \begin{pmatrix} -1 \\ 0 \\ 1 \end{pmatrix} \quad \therefore W_{-2} = \left\{ \begin{pmatrix} -1 \\ 1 \\ 0 \end{pmatrix}, \begin{pmatrix} -1 \\ 0 \\ 1 \end{pmatrix} \right\}$$

W_{-2} と W_4 の基底 $\boldsymbol{a_1} = \begin{pmatrix} -1 \\ 1 \\ 0 \end{pmatrix}, \boldsymbol{a_2} = \begin{pmatrix} -1 \\ 0 \\ 1 \end{pmatrix}, \boldsymbol{a_3} = \begin{pmatrix} 1 \\ 1 \\ 1 \end{pmatrix}$ としてシュミットの直交化法を使って正規直交系 $\boldsymbol{e_1}, \boldsymbol{e_2}, \boldsymbol{e_3}$ をつくる.

$\boldsymbol{e_1} = \begin{pmatrix} -\frac{1}{\sqrt{2}} \\ \frac{1}{\sqrt{2}} \\ 0 \end{pmatrix}, \boldsymbol{e_2} = \begin{pmatrix} \frac{1}{\sqrt{6}} \\ \frac{1}{\sqrt{6}} \\ -\frac{2}{\sqrt{6}} \end{pmatrix}, \boldsymbol{e_3} = \begin{pmatrix} \frac{1}{\sqrt{3}} \\ \frac{1}{\sqrt{3}} \\ \frac{1}{\sqrt{3}} \end{pmatrix}$ より, $T = \begin{pmatrix} -\frac{1}{\sqrt{2}} & \frac{1}{\sqrt{6}} & \frac{1}{\sqrt{3}} \\ \frac{1}{\sqrt{2}} & \frac{1}{\sqrt{6}} & \frac{1}{\sqrt{3}} \\ 0 & -\frac{2}{\sqrt{6}} & \frac{1}{\sqrt{3}} \end{pmatrix}$ とすると,

$$T^{-1}AT = \begin{pmatrix} -2 & 0 & 0 \\ 0 & -2 & 0 \\ 0 & 0 & 4 \end{pmatrix}$$

[問題 8] $f_A(\lambda) = \begin{vmatrix} 1-\lambda & -1 & 0 & -1 \\ -1 & 1-\lambda & -1 & 0 \\ 0 & -1 & 1-\lambda & -1 \\ -1 & 0 & -1 & 1-\lambda \end{vmatrix} = (\lambda-1)^2(\lambda-3)(\lambda+1) = 0$ より, $\lambda = 1$(重複度 2), 3(重複度 1), -1(重複度 1)

$\lambda = 1$ のとき,
$$\begin{pmatrix} 1 & -1 & 0 & -1 \\ -1 & 1 & -1 & 0 \\ 0 & -1 & 1 & -1 \\ -1 & 0 & -1 & 1 \end{pmatrix} \begin{pmatrix} x_1 \\ x_2 \\ x_3 \\ x_4 \end{pmatrix} = 1 \cdot \begin{pmatrix} x_1 \\ x_2 \\ x_3 \\ x_4 \end{pmatrix} \Leftrightarrow \begin{cases} x_1 + x_3 = 0 \\ x_2 + x_4 = 0 \end{cases}$$

方程式 2,未知数 4,自由度 2.
$x_3 = t_1, x_4 = t_2$ として,
$$\begin{pmatrix} x_1 \\ x_2 \\ x_3 \\ x_4 \end{pmatrix} = \begin{pmatrix} -t_1 \\ -t_2 \\ t_1 \\ t_2 \end{pmatrix} = t_1 \begin{pmatrix} -1 \\ 0 \\ 1 \\ 0 \end{pmatrix} + t_2 \begin{pmatrix} 0 \\ -1 \\ 0 \\ 1 \end{pmatrix} \quad \therefore W_1 = \left\{ \begin{pmatrix} -1 \\ 0 \\ 1 \\ 0 \end{pmatrix}, \begin{pmatrix} 0 \\ -1 \\ 0 \\ 1 \end{pmatrix} \right\}$$

$\lambda = 3$ のとき,

$$\begin{pmatrix} 1 & -1 & 0 & -1 \\ -1 & 1 & -1 & 0 \\ 0 & -1 & 1 & -1 \\ -1 & 0 & -1 & 1 \end{pmatrix} \begin{pmatrix} x_1 \\ x_2 \\ x_3 \\ x_4 \end{pmatrix} = 3 \begin{pmatrix} x_1 \\ x_2 \\ x_3 \\ x_4 \end{pmatrix} \Leftrightarrow \begin{cases} x_1 = x_3 \\ x_2 = x_4 \\ x_3 + x_4 = 0 \end{cases}$$

方程式 3, 未知数 4, 自由度 1

$x_4 = t_3$ とすると,

$$\begin{pmatrix} x_1 \\ x_2 \\ x_3 \\ x_4 \end{pmatrix} = \begin{pmatrix} -t_3 \\ t_3 \\ -t_3 \\ t_3 \end{pmatrix} = t_3 \begin{pmatrix} -1 \\ 1 \\ -1 \\ 1 \end{pmatrix} \qquad \therefore W_3 = \left\{ \begin{pmatrix} -1 \\ 1 \\ -1 \\ 1 \end{pmatrix} \right\}$$

$\lambda = -1$ のとき,

$$\begin{pmatrix} 1 & -1 & 0 & -1 \\ -1 & 1 & -1 & 0 \\ 0 & -1 & 1 & -1 \\ -1 & 0 & -1 & 1 \end{pmatrix} \begin{pmatrix} x_1 \\ x_2 \\ x_3 \\ x_4 \end{pmatrix} = (-1) \begin{pmatrix} x_1 \\ x_2 \\ x_3 \\ x_4 \end{pmatrix} \Leftrightarrow x_1 = x_2 = x_3 = x_4$$

方程式 3, 未知数 4, 自由度 1

$x_4 = t_4$ とすると,

$$\begin{pmatrix} x_1 \\ x_2 \\ x_3 \\ x_4 \end{pmatrix} = \begin{pmatrix} t_4 \\ t_4 \\ t_4 \\ t_4 \end{pmatrix} = t_4 \begin{pmatrix} 1 \\ 1 \\ 1 \\ 1 \end{pmatrix} \qquad \therefore W_{-1} = \left\{ \begin{pmatrix} 1 \\ 1 \\ 1 \\ 1 \end{pmatrix} \right\}$$

これらの基底から正規直交化する (固有値が異なるときは直交していることに注意)

$$\underbrace{\boldsymbol{a_1} = \begin{pmatrix} -1 \\ 0 \\ 1 \\ 0 \end{pmatrix}, \boldsymbol{a_2} = \begin{pmatrix} 0 \\ -1 \\ 0 \\ 1 \end{pmatrix}, \boldsymbol{a_3} = \begin{pmatrix} -1 \\ 1 \\ -1 \\ 1 \end{pmatrix}, \boldsymbol{a_4} = \begin{pmatrix} 1 \\ 1 \\ 1 \\ 1 \end{pmatrix}}_{\text{シュミットの直交化法}} \text{として,}$$

$$\boldsymbol{e_1} = \begin{pmatrix} -\frac{1}{\sqrt{2}} \\ 0 \\ \frac{1}{\sqrt{2}} \\ 0 \end{pmatrix}, \boldsymbol{e_2} = \begin{pmatrix} 0 \\ -\frac{1}{\sqrt{2}} \\ 0 \\ \frac{1}{\sqrt{2}} \end{pmatrix}, \boldsymbol{e_3} = \begin{pmatrix} -\frac{1}{2} \\ \frac{1}{2} \\ -\frac{1}{2} \\ \frac{1}{2} \end{pmatrix}, \boldsymbol{e_4} = \begin{pmatrix} \frac{1}{2} \\ \frac{1}{2} \\ \frac{1}{2} \\ \frac{1}{2} \end{pmatrix} \text{として,}$$

$$T = \begin{pmatrix} -\frac{1}{\sqrt{2}} & 0 & -\frac{1}{2} & \frac{1}{2} \\ 0 & -\frac{1}{\sqrt{2}} & \frac{1}{2} & \frac{1}{2} \\ \frac{1}{\sqrt{2}} & 0 & -\frac{1}{2} & \frac{1}{2} \\ 0 & \frac{1}{\sqrt{2}} & \frac{1}{2} & \frac{1}{2} \end{pmatrix}$$

[問題 9] まず 2 次形式を行列の形の直す. $X = \begin{pmatrix} x \\ y \end{pmatrix}$ とすると,

$$x^2 + 4xy - 2y^2 = (x\ y) \begin{pmatrix} 1 & 2 \\ 2 & -2 \end{pmatrix} \begin{pmatrix} x \\ y \end{pmatrix} = {}^t X A X$$

$$\det(A - \lambda E) = \begin{vmatrix} 1-\lambda & 2 \\ 2 & -2-\lambda \end{vmatrix} = \lambda^2 + \lambda - 6 = (\lambda+3)(\lambda-2)$$

2つの固有値が異なるので対角化可能である．

$\lambda = 2$ に対する固有ベクトル $t_1 \begin{pmatrix} 2 \\ 1 \end{pmatrix}$ $(t_1 \neq 0)$, $\lambda = -3$ に対する固有ベクトル $t_2 \begin{pmatrix} 1 \\ -2 \end{pmatrix}$ $(t_2 \neq 0)$.

2つのベクトルは，すでに直交している．各々大きさを正規化する．

$$\frac{1}{\sqrt{5}} \begin{pmatrix} 2 \\ 1 \end{pmatrix}$$

λ_2 に対する固有ベクトル $\frac{1}{\sqrt{5}} \begin{pmatrix} 1 \\ -2 \end{pmatrix}$

したがって，求める直交行列は $P = \begin{pmatrix} \frac{2}{\sqrt{5}} & \frac{1}{\sqrt{5}} \\ \frac{1}{\sqrt{5}} & -\frac{2}{\sqrt{5}} \end{pmatrix}$ で $P^{-1}AP = \begin{pmatrix} 2 & 0 \\ 0 & -3 \end{pmatrix}$

ここで，$Y = \begin{pmatrix} u \\ v \end{pmatrix}$, $Y = P^{-1}X$ とおく．

$${}^tXAX = {}^tYP^{-1}APY = {}^tY \begin{pmatrix} 2 & 0 \\ 0 & -3 \end{pmatrix} Y = 2u^2 - 3v^2$$

[問題 10] まず 2 次形式を行列の形になおす．

$$3x^2 + 2y^2 + 4z^2 + 4xy + 4xz = (x\ y\ z) \begin{pmatrix} 3 & 2 & 2 \\ 2 & 2 & 0 \\ 2 & 0 & 4 \end{pmatrix} \begin{pmatrix} x \\ y \\ z \end{pmatrix} = {}^tXAX$$

$$\det(A - \lambda E) = \begin{vmatrix} 3-\lambda & 2 & 2 \\ 2 & 2-\lambda & 0 \\ 2 & 0 & 4-\lambda \end{vmatrix} = -\lambda(\lambda-3)(\lambda-6)$$

3つの固有値が異なるので対角化可能である．

$\lambda_1 = 0$ に対する固有ベクトル $t_1 \begin{pmatrix} -2 \\ 2 \\ 1 \end{pmatrix}$ $(t_1 \neq 0)$

$\lambda_2 = 3$ に対する固有ベクトル $t_2 \begin{pmatrix} -1 \\ -2 \\ 2 \end{pmatrix}$ $(t_2 \neq 0)$

$\lambda_3 = 6$ に対する固有ベクトル $t_3 \begin{pmatrix} 2 \\ 1 \\ 2 \end{pmatrix}$ $(t_3 \neq 0)$

3つのベクトルから，シュミットの直交化法で，

$$\frac{1}{3} \begin{pmatrix} -2 \\ 2 \\ 1 \end{pmatrix},\ \frac{1}{3} \begin{pmatrix} -1 \\ -2 \\ 2 \end{pmatrix},\ \frac{1}{3} \begin{pmatrix} 2 \\ 1 \\ 2 \end{pmatrix}$$

したがって，求める直交行列は

$$P = \frac{1}{3}\begin{pmatrix} -2 & -1 & 2 \\ 2 & -2 & 1 \\ 1 & 2 & 2 \end{pmatrix} \text{ で } P^{-1}AP = \begin{pmatrix} 0 & 0 & 0 \\ 0 & 3 & 0 \\ 0 & 0 & 6 \end{pmatrix}$$

ここで $Y = \begin{pmatrix} u \\ v \\ w \end{pmatrix}, Y = P^{-1}X$ とおく

$${}^t XAX = {}^t YP^{-1}APY = {}^t Y \begin{pmatrix} 0 & 0 & 0 \\ 0 & 3 & 0 \\ 0 & 0 & 6 \end{pmatrix} Y = 3v^2 + 6w^2$$

[問題 11] $2a(x^2+y^2+z^2) + xy + yz + zx = (x\ y\ z)\begin{pmatrix} 2a & \frac{1}{2} & \frac{1}{2} \\ \frac{1}{2} & 2a & \frac{1}{2} \\ \frac{1}{2} & \frac{1}{2} & 2a \end{pmatrix}\begin{pmatrix} x \\ y \\ z \end{pmatrix} > 0$ より，正であるため

の条件から，$2a > 0,\ \begin{vmatrix} 2a & \frac{1}{2} \\ \frac{1}{2} & 2a \end{vmatrix} > 0,\ \begin{vmatrix} 2a & \frac{1}{2} & \frac{1}{2} \\ \frac{1}{2} & 2a & \frac{1}{2} \\ \frac{1}{2} & \frac{1}{2} & 2a \end{vmatrix} > 0$ から，これらを解いて $a > \frac{1}{4}$

[問題 12] $2a(x^2+y^2+z^2) + xy + yz + zx = (x\ y\ z)\begin{pmatrix} 2a & \frac{1}{2} & \frac{1}{2} \\ \frac{1}{2} & 2a & \frac{1}{2} \\ \frac{1}{2} & \frac{1}{2} & 2a \end{pmatrix}\begin{pmatrix} x \\ y \\ z \end{pmatrix} < 0$ より，負であるため

の条件から，$2a < 0,\ \begin{vmatrix} 2a & \frac{1}{2} \\ \frac{1}{2} & 2a \end{vmatrix} > 0,\ \begin{vmatrix} 2a & \frac{1}{2} & \frac{1}{2} \\ \frac{1}{2} & 2a & \frac{1}{2} \\ \frac{1}{2} & \frac{1}{2} & 2a \end{vmatrix} < 0$ から，これらを解いて $a < -\frac{1}{2}$

[問題 13] $f(x) = x^m$ なる関数を考える．条件から $f(A) = A^m = O_n$

しかし，フロベニウスの定理から，A の固有値を $\alpha_1, \alpha_2, \cdots \alpha_n$ とすると $f(A)$ の固有値は $f(\alpha_1), f(\alpha_2), \cdots f(\alpha_n)$ であるが，$f(A) = O_n$ であるから $f(\alpha_1) = \alpha_1^m, f(\alpha_2) = \alpha_2^m, \cdots f(\alpha_n) = \alpha_n^m$ は零行列の固有値でもある．

しかし，零行列の固有値は

$$\begin{vmatrix} 0-\lambda & 0 & \cdots & 0 \\ 0 & 0-\lambda & \cdots & 0 \\ & & & \\ 0 & 0 & & 0-\lambda \end{vmatrix} = (\lambda)^n = 0 \quad \therefore \lambda = 0 \quad (\text{すべての固有値が } 0)$$

つまり，$f(\alpha_1) = \alpha_1^m = 0, f(\alpha_2) = \alpha_2^m = 0, \cdots f(\alpha_n) = \alpha_n^m = 0$ より，$\alpha_1 = \alpha_2 = \cdots = \alpha_n = 0$

[問題 14] $f(x) = x^3 + x$ を考える．条件から $f(A) = A^3 + A = O$

いま，A の固有値を λ とすると，$f(A) = A^3 + A = O$ の固有値は $f(\lambda) = \lambda^3 + \lambda$ であるが，$f(A) = O$ の固有値は零行列の固有値ですべて 0．よって $\lambda^3 + \lambda = 0$ となり，$\lambda(\lambda^2 + 1) = 0$ から，

$$\lambda = 0,\ \pm i$$

■章末問題解答

5.1 A の固有多項式を求める．

$$\det(A - \lambda E) = \begin{vmatrix} -3-\lambda & -2 & -2 \\ 2 & 1-\lambda & 2 \\ 2 & 2 & 1-\lambda \end{vmatrix}$$

$$= -(\lambda+3)(1-\lambda)^2 - 8 - 8 + 4(1-\lambda) + 4(1-\lambda) + 4(\lambda+3)$$

$$= -(\lambda+3)(\lambda-1)^2 - 16 + 4 - 4\lambda + 4 - 4\lambda + 4\lambda + 12$$

$$= -(\lambda+3)(\lambda-1)^2 - 4(\lambda-1) = -(\lambda-1)[(\lambda+3)(\lambda-1) + 4]$$

$$= -(\lambda-1)(\lambda^2 + 2\lambda + 1) = -(\lambda-1)(\lambda+1)^2$$

したがって，A の固有値は $\lambda = 1, \lambda = -1$ である．

$\lambda = 1$ に対する固有ベクトルは

$$\begin{pmatrix} -4 & -2 & -2 \\ 2 & 0 & 2 \\ 2 & 2 & 0 \end{pmatrix} \begin{pmatrix} x \\ y \\ z \end{pmatrix} = \begin{pmatrix} 0 \\ 0 \\ 0 \end{pmatrix}$$

$$\begin{cases} -2x - y - z = 0 & (\text{i}) \\ x\phantom{{}-y} + z = 0 & (\text{ii}) \\ x + y\phantom{{}+z} = 0 & (\text{iii}) \end{cases}$$

(ii) より，$z = -x$. (iii) より，$y = -x$. これらは (i) をみたす．したがって，

$$\begin{pmatrix} x \\ y \\ z \end{pmatrix} = \begin{pmatrix} x \\ -x \\ -x \end{pmatrix} = x \begin{pmatrix} 1 \\ -1 \\ -1 \end{pmatrix} \quad (x \neq 0)$$

$$W_1 = \left\{ t_1 \begin{pmatrix} 1 \\ -1 \\ -1 \end{pmatrix} \middle| t_1 \in \boldsymbol{R} \right\} \text{ が固有空間で } \dim W_1 = 1$$

$\lambda = -1$ (2重根) に対する固有ベクトルは，

$$\begin{pmatrix} -2 & -2 & -2 \\ 2 & 2 & 2 \\ 2 & 2 & 2 \end{pmatrix} \begin{pmatrix} x \\ y \\ z \end{pmatrix} = \begin{pmatrix} 0 \\ 0 \\ 0 \end{pmatrix}$$

$$\Rightarrow x + y + z = 0$$

$$z = -x - y$$

$$\begin{pmatrix} x \\ y \\ z \end{pmatrix} = \begin{pmatrix} x \\ y \\ -x-y \end{pmatrix} = x \begin{pmatrix} 1 \\ 0 \\ -1 \end{pmatrix} + y \begin{pmatrix} 0 \\ 1 \\ -1 \end{pmatrix} \quad (x \neq 0 \text{ または } y \neq 0)$$

$$W_{-1} = \left\{ t_2 \begin{pmatrix} 1 \\ 0 \\ -1 \end{pmatrix} + t_3 \begin{pmatrix} 0 \\ 1 \\ -1 \end{pmatrix} \middle| t_i \in \boldsymbol{R} \right\}$$

$$\dim W_{-1} = 2$$

5.2 A の固有方程式は，

$$\det(A - \lambda E) = \begin{vmatrix} 3-\lambda & -i \\ 2i & 1-\lambda \end{vmatrix} = (3-\lambda)(1-\lambda) - 2 = \lambda^2 - 4\lambda + 1$$

固有値は $\lambda = 2 \pm \sqrt{3}$

$\lambda = 2 + \sqrt{3}$ に対する固有ベクトル

$$\begin{pmatrix} 3-2-\sqrt{3} & -i \\ 2i & 1-2-\sqrt{3} \end{pmatrix} \begin{pmatrix} x \\ y \end{pmatrix} = \begin{pmatrix} 0 \\ 0 \end{pmatrix}$$

これより, $(1-\sqrt{3})x - iy = 0$ が得られ, $y = -(1-\sqrt{3})ix$

したがって, $\begin{pmatrix} x \\ y \end{pmatrix} = t_1 \begin{pmatrix} 1 \\ -(1-\sqrt{3})i \end{pmatrix}$ $(t_1 \neq 0)$

$\lambda = 2 - \sqrt{3}$ に対する固有ベクトル

$$\begin{pmatrix} 3-2+\sqrt{3} & -i \\ 2i & 1-2+\sqrt{3} \end{pmatrix} \begin{pmatrix} x \\ y \end{pmatrix} = \begin{pmatrix} 0 \\ 0 \end{pmatrix}$$

これより, $(1+\sqrt{3})x - iy = 0$ が得られる. これより, $y = -(1+\sqrt{3})ix$

したがって, 対応する固有ベクトルは,

$$\begin{pmatrix} x \\ y \end{pmatrix} = t_2 \begin{pmatrix} 1 \\ -(1+\sqrt{3})i \end{pmatrix} \ (t_2 \neq 0)$$

5.3 まず固有多項式を求める.

$$\det(A - \lambda E) = \begin{vmatrix} 1-\lambda & -1 & 2 \\ 2 & 1-\lambda & 0 \\ -2 & 3 & -5-\lambda \end{vmatrix} = -\lambda^3 - 3\lambda^2 + 3\lambda + 1$$

行列式 $\det A$ は, 固有多項式の定数項つまり $\det A = 1 \neq 0$ より, 零でないから逆行列が存在する.

ケーリー・ハミルトンの定理より,

$$A^3 + 3A^2 - 3A - E_3 = O_3$$

A^{-1} をかけて, $A^2 + 3A - 3E - A^{-1} = O_3$. よって,

$$A^{-1} = A^2 + 3A - 3E$$

$$= \begin{pmatrix} 1 & -1 & 2 \\ 2 & 1 & 0 \\ -2 & 3 & -5 \end{pmatrix}^2 + 3 \begin{pmatrix} 1 & -1 & 2 \\ 2 & 1 & 0 \\ -2 & 3 & -5 \end{pmatrix} - 3 \begin{pmatrix} 1 & 0 & 0 \\ 0 & 1 & 0 \\ 0 & 0 & 1 \end{pmatrix}$$

$$= \begin{pmatrix} -5 & 1 & -2 \\ 10 & -1 & 4 \\ 8 & -1 & 3 \end{pmatrix}$$

5.4 $A = \begin{pmatrix} 3 & -5 \\ -3 & 1 \end{pmatrix}$ の固有多項式を求める.

$$\det(A - \lambda E) = \begin{vmatrix} 3-\lambda & -5 \\ -3 & 1-\lambda \end{vmatrix} = (3-\lambda)(1-\lambda) - 15$$

$\lambda^2 - 4\lambda - 12 = (\lambda+2)(\lambda-6)$

2つの固有値は異なるから対角化可能.

$\lambda = -2$ に対する固有ベクトル

$$\begin{pmatrix} 5 & -5 \\ -3 & 3 \end{pmatrix} \begin{pmatrix} x \\ y \end{pmatrix} = \begin{pmatrix} 0 \\ 0 \end{pmatrix} \Rightarrow x = y, \begin{pmatrix} x \\ y \end{pmatrix} = t_1 \begin{pmatrix} 1 \\ 1 \end{pmatrix} \ (t_1 \neq 0)$$

$\lambda = 6$ に対する固有ベクトル

$$\begin{pmatrix} -3 & -5 \\ -3 & -5 \end{pmatrix} \begin{pmatrix} x \\ y \end{pmatrix} = \begin{pmatrix} 0 \\ 0 \end{pmatrix} \Rightarrow 3x = -5y, y = \begin{pmatrix} x \\ -\frac{3}{5}x \end{pmatrix} = t_2 \begin{pmatrix} 5 \\ -3 \end{pmatrix} \ (t_2 \neq 0),$$

よって $P = \begin{pmatrix} 1 & 5 \\ 1 & -3 \end{pmatrix}$

5.5 A の固有多項式を求める.

$$\det(A - \lambda E) = \begin{vmatrix} 3-\lambda & 2 & 4 \\ 2 & -\lambda & 2 \\ 4 & 2 & 3-\lambda \end{vmatrix}$$

$$= -\lambda(3-\lambda)^2 + 16 + 16 + 16\lambda + 4(\lambda-3) + 4(\lambda-3)$$

$$= -\lambda(\lambda-3)^2 + 32 + 16\lambda + 8\lambda - 24$$

$$= -\lambda(\lambda^2 - 6\lambda + 9) + 24\lambda + 8$$

$$= -\lambda^3 + 6\lambda^2 - 9\lambda + 24\lambda + 8$$

$$= -\lambda^3 + 6\lambda^2 + 15\lambda + 8$$

$$= (\lambda+1)(-\lambda^2 + 7\lambda + 8)$$

$$= -(\lambda+1)(\lambda^2 - 7\lambda - 8) = -(\lambda+1)(\lambda+1)(\lambda-8) = -(\lambda+1)^2(\lambda-8)$$

固有値 $\lambda = -1$ (重複度 2), 8

$\lambda = -1$ に対する固有空間

$$\begin{pmatrix} 3+1 & 2 & 4 \\ 2 & 1 & 2 \\ 4 & 2 & 3+1 \end{pmatrix} \begin{pmatrix} x \\ y \\ z \end{pmatrix} = \begin{pmatrix} 0 \\ 0 \\ 0 \end{pmatrix}$$

これより, $2x + y + 2z = 0$

$$y = -2x - 2z$$

したがって,

$$\begin{pmatrix} x \\ y \\ z \end{pmatrix} = \begin{pmatrix} x \\ -2x-2z \\ z \end{pmatrix} = x \begin{pmatrix} 1 \\ -2 \\ 0 \end{pmatrix} + z \begin{pmatrix} 0 \\ -2 \\ 1 \end{pmatrix}$$

$$W_{-1} = \left\{ \begin{pmatrix} 1 \\ -2 \\ 0 \end{pmatrix} t_1 + \begin{pmatrix} 0 \\ -2 \\ 1 \end{pmatrix} t_2 \,\middle|\, t_i \in \mathbf{R} \right\} \text{ で基底は } \begin{pmatrix} 1 \\ -2 \\ 0 \end{pmatrix} \text{ と } \begin{pmatrix} 0 \\ -2 \\ 1 \end{pmatrix}$$

$\lambda = 8$ の固有空間は

$$\begin{pmatrix} -5 & 2 & 4 \\ 2 & -8 & 2 \\ 4 & 2 & -5 \end{pmatrix} \times \frac{1}{2}$$

$$\rightarrow \begin{pmatrix} -5 & 2 & 4 \\ 1 & -4 & 1 \\ 4 & 2 & -5 \end{pmatrix} \begin{matrix} \uparrow 5 \\ \\ \downarrow -4 \end{matrix} \rightarrow \begin{pmatrix} 0 & -18 & 9 \\ 1 & -4 & 1 \\ 0 & 18 & -9 \end{pmatrix} \times \left(-\frac{1}{9}\right)$$

$$\rightarrow \begin{pmatrix} 0 & 0 & 0 \\ 1 & -4 & 1 \\ 0 & -2 & 1 \end{pmatrix} \begin{matrix} \uparrow \\ -1 \end{matrix} \rightarrow \begin{pmatrix} 0 & 0 & 0 \\ 1 & -2 & 0 \\ 0 & -2 & 1 \end{pmatrix}$$

$$\begin{cases} x - 2y = 0 \\ -2y + z = 0 \end{cases} \Rightarrow \begin{matrix} x = 2y \\ z = 2y \end{matrix}$$

$$\begin{pmatrix} x \\ y \\ z \end{pmatrix} = \begin{pmatrix} 2y \\ y \\ 2y \end{pmatrix} = \begin{pmatrix} 2 \\ 1 \\ 2 \end{pmatrix} y$$

$$W_8 = \left\{ \begin{pmatrix} 2 \\ 1 \\ 2 \end{pmatrix} t_3 \,\middle|\, t_3 \in \boldsymbol{R} \right\}$$

よって基底は $\begin{pmatrix} 2 \\ 1 \\ 2 \end{pmatrix}$

したがって，各固有値の重複度が各固有空間の次元に等しいから対角化可能で正則行列 P は，

$$P = \begin{pmatrix} 1 & 0 & 2 \\ -2 & -2 & 1 \\ 0 & 1 & 2 \end{pmatrix} \text{とおけば,} \quad P^{-1}AP = \begin{pmatrix} -1 & 0 & 0 \\ 0 & -1 & 0 \\ 0 & 0 & 8 \end{pmatrix}$$

5.6 A の固有多項式を求める．

$$\det(A - \lambda E) = \begin{vmatrix} 3-\lambda & -2 & -1 \\ 0 & 1-\lambda & -1 \\ 2 & 1 & 5-\lambda \end{vmatrix}$$

$$= (3-\lambda)(1-\lambda)(5-\lambda) + 4 + 2(1-\lambda) + (3-\lambda)$$

$$(3-\lambda)(\lambda^2 - 6\lambda + 5 + 3) = (3-\lambda)(\lambda^2 - 6\lambda + 8) = (3-\lambda)(\lambda - 2)(\lambda - 4)$$

3つの解は異なるから対角化可能である．

対応する固有値が $\lambda = 2$ のとき

$$\begin{pmatrix} 1 & -2 & -1 \\ 0 & -1 & -1 \\ 2 & 1 & 3 \end{pmatrix} \begin{pmatrix} x \\ y \\ z \end{pmatrix} = \begin{pmatrix} 0 \\ 0 \\ 0 \end{pmatrix}$$

$z = -y$

$x - 2y + y = 0$ より，$x = y$

$$\begin{pmatrix} x \\ y \\ z \end{pmatrix} = t_1 \begin{pmatrix} 1 \\ 1 \\ -1 \end{pmatrix}$$

$\lambda = 3$ のとき

$$\begin{pmatrix} 0 & -2 & -1 \\ 0 & -2 & -1 \\ 2 & 1 & 2 \end{pmatrix} \begin{pmatrix} x \\ y \\ z \end{pmatrix} = \begin{pmatrix} 0 \\ 0 \\ 0 \end{pmatrix}$$

$z = -2y$

$2x + y + 2z = 0$ より，$2x + y - 4y = 0 \Rightarrow 2x = 3y \Rightarrow x = \dfrac{3}{2}y$

$$\begin{pmatrix} x \\ y \\ z \end{pmatrix} = t_2 \begin{pmatrix} 3 \\ 2 \\ -4 \end{pmatrix}$$

$\lambda = 4$ のとき

$$\begin{pmatrix} -1 & -2 & -1 \\ 0 & -3 & -1 \\ 2 & 1 & 1 \end{pmatrix} \begin{pmatrix} x \\ y \\ z \end{pmatrix} = \begin{pmatrix} 0 \\ 0 \\ 0 \end{pmatrix}$$

$$z = -3y$$

$$x = -2y - z = -2y + 3y = y$$

$$\begin{pmatrix} x \\ y \\ z \end{pmatrix} = t_3 \begin{pmatrix} 1 \\ 1 \\ -3 \end{pmatrix}$$

よって，$P = \begin{pmatrix} 1 & 3 & 1 \\ 1 & 2 & 1 \\ -1 & -4 & -3 \end{pmatrix}$

5.7 (1) まずはじめに A を対角化することを考える．

$$A = \begin{pmatrix} 1 & 1 \\ -2 & 4 \end{pmatrix}$$

固有多項式を求める

$$\det(A - \lambda E) = \begin{vmatrix} 1-\lambda & 1 \\ -2 & 4-\lambda \end{vmatrix} = (1-\lambda)(4-\lambda) + 2$$

$$= \lambda^2 - 5\lambda + 6 = (\lambda - 2)(\lambda - 3)$$

2 つの異なる固有値 2, 3 をもつから対角化可能．対応する固有ベクトルを求める．

$\lambda = 2$ のとき

$$\begin{pmatrix} 1-2 & 1 \\ -2 & 4-2 \end{pmatrix} \begin{pmatrix} x \\ y \end{pmatrix} = \begin{pmatrix} 0 \\ 0 \end{pmatrix} \Rightarrow x = y, \quad \begin{pmatrix} x \\ y \end{pmatrix} = t_1 \begin{pmatrix} 1 \\ 1 \end{pmatrix} \quad (t_1 \neq 0)$$

$\lambda = 3$ のとき

$$\begin{pmatrix} 1-3 & 1 \\ -2 & 4-3 \end{pmatrix} \begin{pmatrix} x \\ y \end{pmatrix} = \begin{pmatrix} 0 \\ 0 \end{pmatrix} \Rightarrow y = 2x, \quad \begin{pmatrix} x \\ y \end{pmatrix} = t_2 \begin{pmatrix} 1 \\ 2 \end{pmatrix} \quad (t_2 \neq 0)$$

したがって，$P = \begin{pmatrix} 1 & 1 \\ 1 & 2 \end{pmatrix}$ とおけば，$P^{-1}AP = \begin{pmatrix} 2 & 0 \\ 0 & 3 \end{pmatrix}$

A の n 乗を求めるため

$$P^{-1}APP^{-1}AP \cdots P^{-1}AP = \begin{pmatrix} 2^n & 0 \\ 0 & 3^n \end{pmatrix}$$

$$\therefore P^{-1}A^n P = \begin{pmatrix} 2^n & 0 \\ 0 & 3^n \end{pmatrix}$$

したがって，

$$A^n = P \begin{pmatrix} 2^n & 0 \\ 0 & 3^n \end{pmatrix} P^{-1}$$

ここで，P^{-1} を求めるために，

$$\begin{pmatrix} 1 & 1 & 1 & 0 \\ 1 & 2 & 0 & 1 \end{pmatrix} \Big\downarrow {-1} \to \begin{pmatrix} 1 & 1 & 1 & 0 \\ 0 & 1 & -1 & 1 \end{pmatrix} \Big\uparrow {-1}$$

$$\to \begin{pmatrix} 1 & 0 & 2 & -1 \\ 0 & 1 & -1 & 1 \end{pmatrix}$$

よって，$P^{-1} = \begin{pmatrix} 2 & -1 \\ -1 & 1 \end{pmatrix}$

$$A^n = \begin{pmatrix} 1 & 1 \\ 1 & 2 \end{pmatrix} \begin{pmatrix} 2^n & 0 \\ 0 & 3^n \end{pmatrix} \begin{pmatrix} 2 & -1 \\ -1 & 1 \end{pmatrix}$$

$$= \begin{pmatrix} 1 & 1 \\ 1 & 2 \end{pmatrix} \begin{pmatrix} 2^{n+1} & -2^n \\ -3^n & 3^n \end{pmatrix} = \begin{pmatrix} 2^{n+1} - 3^n & -2^n + 3^n \\ 2^{n+1} - 2 \cdot 3^n & -2^n + 2 \cdot 3^n \end{pmatrix}$$

(2) 微分方程式を行列表示する．

$$X = \begin{pmatrix} x \\ y \end{pmatrix}, \ X' = \begin{pmatrix} x' \\ y' \end{pmatrix}$$

$X' = AX$

$X = PY$ とおく．ただし，$Y = \begin{pmatrix} u \\ v \end{pmatrix}, \ P = \begin{pmatrix} 1 & 1 \\ 1 & 2 \end{pmatrix}$.

$X' = PY'$ だから，

$$PY' = APY \Rightarrow Y' = P^{-1}APY$$

(1) でみたように，$P^{-1}AP = \begin{pmatrix} 2 & 0 \\ 0 & 3 \end{pmatrix}$

$$\begin{pmatrix} u' \\ v' \end{pmatrix} = \begin{pmatrix} 2 & 0 \\ 0 & 3 \end{pmatrix} \begin{pmatrix} u \\ v \end{pmatrix}$$

これより，

$$\frac{du}{dt} = 2u \Rightarrow u = c_1 e^{2t}$$

$$\frac{dv}{dt} = 3v \Rightarrow v = c_2 e^{3t}$$

$$\begin{pmatrix} x \\ y \end{pmatrix} = \begin{pmatrix} 1 & 1 \\ 1 & 2 \end{pmatrix} \begin{pmatrix} c_1 e^{2t} \\ c_2 e^{3t} \end{pmatrix} = \begin{pmatrix} c_1 e^{2t} + c_2 e^{3t} \\ c_1 e^{2t} + 2c_2 e^{3t} \end{pmatrix}$$

$$\begin{cases} x = c_1 e^{2t} + c_2 e^{3t} \\ y = c_1 e^{2t} + 2c_2 e^{3t} \end{cases}$$

5.8 微分方程式を連立微分方程式になおす

$z = y'$ とおくと，$z' = y''$

与式 $\begin{cases} z' = -4z + 5y \\ y' = z \end{cases}$

$$\begin{pmatrix} z' \\ y' \end{pmatrix} = \begin{pmatrix} -4 & 5 \\ 1 & 0 \end{pmatrix} \begin{pmatrix} z \\ y \end{pmatrix}$$

$A = \begin{pmatrix} -4 & 5 \\ 1 & 0 \end{pmatrix}$, $X = \begin{pmatrix} z \\ y \end{pmatrix}$ とおくと, $X' = AX$

$$\det(A - \lambda E) = \det \begin{pmatrix} -4-\lambda & 5 \\ 1 & -\lambda \end{pmatrix} = \lambda^2 + 4\lambda - 5 = (\lambda - 1)(\lambda + 5)$$

$\lambda = 1$ に対して
$$\begin{pmatrix} -5 & 5 \\ 1 & -1 \end{pmatrix} \begin{pmatrix} x \\ y \end{pmatrix} = \begin{pmatrix} 0 \\ 0 \end{pmatrix}$$
$x = y$
$$\begin{pmatrix} x \\ y \end{pmatrix} = t_1 \begin{pmatrix} 1 \\ 1 \end{pmatrix}$$

$\lambda = -5$ に対して
$$\begin{pmatrix} 1 & 5 \\ 1 & 5 \end{pmatrix} \begin{pmatrix} x \\ y \end{pmatrix} = \begin{pmatrix} 0 \\ 0 \end{pmatrix}$$
$x = -5y$
$$\begin{pmatrix} x \\ y \end{pmatrix} = t_2 \begin{pmatrix} -5 \\ 1 \end{pmatrix}$$

$$\therefore P = \begin{pmatrix} 1 & -5 \\ 1 & 1 \end{pmatrix}$$

$X = PY$ とおく, $Y = \begin{pmatrix} u \\ v \end{pmatrix}$

$$Y' = P^{-1}APY = \begin{pmatrix} 1 & 0 \\ 0 & -5 \end{pmatrix} Y$$

$$\begin{cases} u' = u \\ v' = -5v \end{cases} \Rightarrow \begin{array}{l} u = c_1 e^t \\ v = c_2 e^{-5t} \end{array}$$

$$\begin{pmatrix} z \\ y \end{pmatrix} = \begin{pmatrix} 1 & -5 \\ 1 & 1 \end{pmatrix} \begin{pmatrix} c_1 e^t \\ c_2 e^{-5t} \end{pmatrix} = \begin{pmatrix} c_1 e^t - 5c_2 e^{-5t} \\ c_1 e^t + c_2 e^{-5t} \end{pmatrix}$$

$$\therefore y = c_1 e^t + c_2 e^{-5t}$$

注意 常微分方程式を学習すれば

$\alpha^2 + 4\alpha - 5 = 0$
$(\alpha - 1)(\alpha + 5) = 0$ で $\alpha = 1, -5$ となり,
$y = c_1 e^t + c_2 e^{-5t}$ はすぐに得られる.

5.9 $x^2 - 12xy - 4y^2 = (x, y) \begin{pmatrix} 1 & -6 \\ -6 & -4 \end{pmatrix} \begin{pmatrix} x \\ y \end{pmatrix} = {}^t XAX$

A の固有方程式は,
$$\det(A - \lambda E) = \begin{vmatrix} 1-\lambda & -6 \\ -6 & -4-\lambda \end{vmatrix} = (\lambda - 1)(\lambda + 4) - 36$$
$$= \lambda^2 + 3\lambda - 40 = (\lambda - 5)(\lambda + 8) = 0$$

$\lambda = 5$ に対する固有ベクトル

$$\begin{pmatrix} -4 & -6 \\ -6 & -9 \end{pmatrix} \begin{pmatrix} x \\ y \end{pmatrix} = \begin{pmatrix} 0 \\ 0 \end{pmatrix} \Rightarrow \begin{pmatrix} x \\ y \end{pmatrix} = t_1 \begin{pmatrix} 3 \\ -2 \end{pmatrix} \quad (t_1 \neq 0)$$

$\lambda = -8$ に対する固有ベクトル

$$\begin{pmatrix} 9 & -6 \\ -6 & 4 \end{pmatrix} \begin{pmatrix} x \\ y \end{pmatrix} = \begin{pmatrix} 0 \\ 0 \end{pmatrix} \Rightarrow \begin{pmatrix} x \\ y \end{pmatrix} = t_2 \begin{pmatrix} 2 \\ 3 \end{pmatrix} \quad (t_2 \neq 0)$$

この二つのベクトルから，シュミットの直交化法で

$$\begin{pmatrix} \frac{3}{\sqrt{13}} \\ \frac{-2}{\sqrt{13}} \end{pmatrix}, \begin{pmatrix} \frac{2}{\sqrt{13}} \\ \frac{3}{\sqrt{13}} \end{pmatrix}$$

したがって，直交行列 $P = \begin{pmatrix} \frac{3}{\sqrt{13}} & \frac{2}{\sqrt{13}} \\ \frac{-2}{\sqrt{13}} & \frac{3}{\sqrt{13}} \end{pmatrix}$ で，$X = PY, Y = \begin{pmatrix} u \\ v \end{pmatrix}$ とおけば，

$${}^tY {}^t PAPY = {}^tY P^{-1} APY = {}^tY \begin{pmatrix} 5 & 0 \\ 0 & -8 \end{pmatrix} Y = 5u^2 - 8v^2 = 1$$

2次曲線は双曲線である．

5.10 与えられた2次形式が非負である条件を求めればよいから，
$(x \ y \ z) \begin{pmatrix} 1 & a & -1 \\ a & 2a & 2a \\ -1 & 2a & 1 \end{pmatrix} \begin{pmatrix} x \\ y \\ z \end{pmatrix}$ より，定理 5.12 を使って，

$\det(1) = 1 > 0, \quad \det \begin{pmatrix} 1 & a \\ a & 2a \end{pmatrix} = 2a - a^2 = a(2-a) \geqq 0$

$\det \begin{pmatrix} 1 & a & -1 \\ a & 2a & 2a \\ -1 & 2a & 1 \end{pmatrix} = 2a - 2a^2 - 2a^2 - 2a - 4a^2 - a^2 = -9a^2 \geqq 0$

以上から，これをすべて満たす a の範囲は $a = 0$

5.11 A の固有値がすべて 0 であれば固有多項式は $f_A(\lambda) = -\lambda^3$ という形をしている．したがって，ケーリー・ハミルトンの定理より，

$$f_A(A) = -A^3 = O_3 \therefore A^3 = O_3$$

5.12 固有値を $\lambda_1, \cdots, \lambda_n$ とする．互いに異なるから正則行列 P で対角化できる．

$$P^{-1}AP = \begin{pmatrix} \lambda_1 & & 0 \\ & \ddots & \\ 0 & & \lambda_n \end{pmatrix}$$

仮に，A がべき零行列であるとする．$A^k = O_n$ なる k が存在する．

$$(P^{-1}AP)(P^{-1}AP) \cdots (P^{-1}AP) = P^{-1}A^k P = O_n$$

左辺は $\begin{pmatrix} \lambda_1^k & & 0 \\ & \ddots & \\ 0 & & \lambda_n^k \end{pmatrix}$ となり，$\lambda_1^k = \cdots = \lambda_n^k = 0$ より，$\lambda_1 = \cdots = \lambda_n = 0$

したがって，$P^{-1}AP = O_n$．これより $A = O_n$．これは固有値がすべて 0 で n 重解であり，仮定に反する．

索　引

あ　行

1次結合　50
1次従属　51
1次独立　51
一般解　104

か　行

解空間　104
ガウスの定理　116
核　80
奇置換　20
基底　56
基本解　104
基本行列　90
基本変形　90
逆行列　16
逆置換　18
行変形　90
行列　1
行列式　22
行列の階数　89
行列の対角化　128
行列の分割　7
偶置換　20
クラーメルの公式　33
ケーリー・ハミルトンの
　　定理　126
交代行列　10
恒等置換　18
互換　19
固有空間　113
固有多項式　115

固有値　113
固有ベクトル　113
固有方程式　115

さ　行

サラスの方法　22
次元　56
実2次形式の標準形
　　141
自明な解　34
写像　66
シュミットの直交化法
　　82
巡回置換　19
小行列式　28
シルベスターの慣性法則
　　145
正規直交基底　82
生成　48
正則行列　16
正値2次形式　143
正方行列　7
線形写像　70
線形変換　70
全射　68
全単射　68
像　67, 80

た　行

対称行列　10
単位行列　7
単射　67

置換　18
置換の合成　19
置換の符号　20
直交行列　12
直交変換　141
転置行列　4
特殊解　109
トレース　116

な　行

内積　82
2次形式　140

は　行

掃き出し法　94
表現行列　73
部分空間　47
フロベニウスの定理
　　145
べき零行列　146
ベクトル空間　43
変換行列　78

や　行

余因子行列　31
余因子展開　28

ら　行

零因子　4
零行列　4
列変形　90

著者略歴

大関 清太（おおぜき・きよた）
1977年 Waterloo 大学大学院数学専攻博士課程修了（Ph.D.）
1994年 宇都宮大学工学部機械システム工学科 教授
2008年 宇都宮大学大学院工学研究科機械知能工学専攻 教授
2013年 宇都宮大学名誉教授
　　　 現在に至る

遠藤 博（えんどう・ひろし）
1974年 東京理科大学大学院理学研究科数学専攻修士課程修了
1994年 "Al.I.Cuza" University of Iasi（Ph.D.）
2002年 宇都宮大学工学部機械システム工学科 教授
2008年 宇都宮大学大学院工学研究科機械知能工学専攻 教授
2014年 宇都宮大学定年退官
現　在 日本大学理工学部，東京理科大学，千葉工業大学にて非常勤講師

例題と演習でマスターする　線形代数　Ⓒ 大関清太・遠藤 博　*2008*

2008年6月30日　第1版第1刷発行　【本書の無断転載を禁ず】
2018年3月9日　第1版第7刷発行

著　者　大関清太・遠藤　博
発行者　森北博巳
発行所　森北出版株式会社
　　　　東京都千代田区富士見1-4-11（〒102-0071）
　　　　電話 03-3265-8341／FAX 03-3264-8709
　　　　http://www.morikita.co.jp/
　　　　日本書籍出版協会・自然科学書協会　会員
　　　　JCOPY ＜(社)出版者著作権管理機構 委託出版物＞

落丁・乱丁本はお取替えいたします　　印刷／モリモト印刷・製本／協栄製本

Printed in Japan ／ ISBN978-4-627-06141-5

MEMO